供电企业专业技能培训教材

地区电网调控技术与管理

国网武汉供电公司　组编

中国电力出版社
CHINA ELECTRIC POWER PRESS

内 容 提 要

为推进调控管理水平不断提高,增强专业技术力量,确保人才培养提速,全面适应电网快速发展要求,国家电网武汉供电公司电力调度控制中心组织编写本书。

本书共有七章,主要介绍了电力基本知识、调控运行、方式计划、继电保护、自动化、新能源管理等方面内容,适用于地级、县级两级调控中心的日常培训及新入职员工上岗培训。

图书在版编目(CIP)数据

地区电网调控技术与管理/国网武汉供电公司组编. —北京:中国电力出版社,2024.1
供电企业专业技能培训教材
ISBN 978-7-5198-8351-5

Ⅰ.①地… Ⅱ.①国… Ⅲ.①电力系统调度－技术培训－教材 Ⅳ.①TM73

中国国家版本馆 CIP 数据核字(2023)第 225510 号

出版发行:中国电力出版社
地　　　址:北京市东城区北京站西街 19 号(邮政编码 100005)
网　　　址:http://www.cepp.sgcc.com.cn
责任编辑:马淑范(010-63412397)
责任校对:黄 蓓　朱丽芳
装帧设计:赵丽媛
责任印制:杨晓东

印　　　刷:三河市航远印刷有限公司
版　　　次:2024 年 1 月第一版
印　　　次:2024 年 1 月北京第一次印刷
开　　　本:710 毫米×1000 毫米　16 开本
印　　　张:17
字　　　数:307 千字
定　　　价:76.00 元

《供电企业专业技能培训教材》

┤ 丛书编委会 ├

主　　任　夏怀民　汤定超

委　　员　田　超　笪晓峰　沈永琰　刘文超　朱　伟

　　　　　李东升　李会新　曾海燕

┤ 本书编写组 ├

主　　编　陈　爽

副 主 编　周革胜　卢　伟　高　镇

主　　审　宋甜甜　曾　超　刘　华　杨丙权

参编人员　杨　玺　岳小兵　何　钦　黄　欢　周　峥

　　　　　王安龙　罗　超　周涛涛　程　洁　刘博特

　　　　　陈奕睿　丁　冉　彭子睿　董中和　聂　宇

　　　　　刘　颖　李　蔚　蒋浩晨　洪文洁

前言

"国势之强由于人，人材之成出于学"。党的二十大报告中提出，坚持为党育人、为国育才，全面提高人才自主培养质量，着力造就拔尖创新人才，聚天下英才而用之。为新时代做好人才工作指明了方向。培养人才是教育培训的核心职能，要坚持把高质量发展作为教育培训的生命线。在全面提高人才自主培养质量的过程中，立足实际、锐意创新，才能推动教育培训工作的基础性、全局性、先导性作用。

"为学之实，固在践履"。国网武汉供电公司以推进"两个转化、一个融入"为目标，即以"人才势能转化为发展动能、将规模优势转化为高质量发展胜势，融入地方经济社会发展大局"为目标，深入推进"3+1+1"人才体系建设，聚焦职员、工匠、主任工程师、"一长三员"等关键人群，开展履职考核评价。强化全员素质能力提升，分层分类组织干部政治"三力"、青马班、班组长轮训，取得显著成效。然而在双碳、电网转型的背景下，传统的电力技能，无法满足职工对新技能、新工艺的迫切需求。公司主动适应改革发展的新要求、新业态、新模式，组织公司系统内技术技能专家，挖掘近年来在工作中积累的先进经验，结合新理论、新技术、新方法、新设备要求，整理汇编系列培训教材，提高人才自主培养质量，加快建设具有武汉特色、一流水平的高质量"大培训"人才体系。

本套专业教材适用于培训教学、员工自学、技术推广等领域。2023 年首批出版四本，分别是《网络安全漏洞验证及处置》《地区电网调控技术与管理》《重要用户配电设备运维及管理》《信息网络运维与故障处理》，在各专业领域，以各岗位能力规范为指导，以国家、行业及公司发布的法律法规、规章制度、规程规范、技术标准等为依据，以模块化教材为特点，语言简练、通俗易懂，专业术语完整准确。

在出版过程中，参与编写和审定的专家们以高度的责任感和严谨的作风，几易其稿，多次修订才最终定稿。在本套教材即将出版之际，谨向所有参与和支持本书籍出版的专家表示衷心的感谢！

目 录

第一章 电力基本知识

第一节 电力系统

一、电力系统概念

电力系统是由发电、输电、变电、配电和用电等环节组成的电能生产与消费系统。它的作用主要是将其他能源形式转换为电能，并输送到负荷中心，再通过各种设备转换为动力、热、光等不同形式能量，服务于社会的生产生活。由于电能目前无法大量储存，因此，电力系统是一个实时生产、实时消费的动态平衡系统。

电力系统中变电站及输配电线路组成的整体布局像网一样，称为电力网，简称电网。它主要包含输电、变电、配电三个部分，电网的作用是输送与分配电能，改变电压。

二、电力系统运行基本要求

（1）电力系统应满足安全可靠、经济高效、灵活调节的基本原则，包括以下要求：

1）满足安全稳定运行要求，保障电力供应的充裕可靠；满足安全标准；

2）充分利用已有设备资源，提高整体利用效率效益。统筹发展需求、建设投资、运行成本等因素，通过多方案比选确定技术经济指标较优的规划设计方案；

3）适应电源结构、负荷特性、运行条件等变化，满足新能源和各类用电负荷的接入电网结构应按照电压等级和供电范围分层分区，控制短路电流，各电压等级及交直流系统之间应相互协调。

（2）应根据其功能定位，确定适当的配置比例，保证合理电源结构和布局。

（3）电力系统无功功率应满足电压分层控制和分区就地平衡。

（4）电力系统二次设备和一次相调配合并设计、同步建设、同步投运。

（5）继电保护装置应满足可靠性、选择性、速动性、灵敏性要求；新设备在电力系统中首次应用时，应开展相关继电保护对新设备并网的适应性研究。

（6）应根据电网结构、运行特点、通信通道等条件配置必要的安全自动装置。并应具备开放、智能、安全、共享的调度自动化系统，以及充足、安全、可靠的电力专用通信资源。

（7）对于经论证可提升安全稳定性和经济性的电力新技术，应积极稳妥推广应用。

三、电力系统运行方式

1. 正常运行方式

保障电力系统在正常状态下（包含发电机组检修）安全经济运行的方式。要求：①对用户充分供给质量合格的电能；②电力系统中所有设备不出现过负荷，不产生超过规定的运行过电压，所有输电线路的输送功率都在稳定极限以内；③有符合规定的发电有功功率及无功功率备用容量；④电力资源得到合理利用；⑤系统间联络线受电力、电量符合协议规定；⑥继电保护及安全自动装置配置得当且整定正确；⑦电力系统运行符合经济性要求；⑧电网结构合理，有较高的可靠性、稳定性和抗事故能力；⑨通信畅通，信息传送正常。

2. 检修运行方式

编制电力系统检修运行方式的目的，是保证在检修时系统仍能正常运行。当主要设备检修时，会引起电力系统运行情况的较大变化，如输电线路输送功率大幅度变化，系统稳定性降低，局部地区电压质量下降，局部电网解列单独运行等。当主要设备检修和某些继电保护装置校验时，必须事先编制好相应的运行方式，制定提高系统安全稳定的措施。编制检修运行方式时，应进行功率分布计算，稳定极限校验，电力平衡，水库运用计划调整，保障供电可靠性，短路容量检验，校核继电保护整定值，安排通信方式等工作。

3. 事故后运行方式

电力系统在发生事故之后可以暂时维持运行所编制的非正常运行方式。电力系统处于事故后运行方式时，其可靠性下降。作为向正常运行方式过渡的临时运行方式，其持续时间应尽量缩短。这主要取决于：①电力系统各级调度人员能否迅速正确处理事故；②备用设备投入运行的速度；③因故障而损坏的设备的修复速度，或采取替代措施的速度。

四、电力系统电压等级

电力系统是一个动态平衡系统。电力系统从建立开始，随着设备制造水平的提升，电力系统使用电压等级越来越高，从 6、10、20、35、66、110、220、330、380、500、750kV，到目前最高 1000kV；至于直流电压等级，则有±420、±500、±660、±800、±1100kV。一般说来，电压等级越高，系统传送电能损耗越低，电力系统传送的电能越多，系统运行越经济。

1. 常规电压等级

（1）特高压：1000kV。

（2）超高压：330、380、500、750kV。

（3）高压：6、10、20、35、66、110、220kV。

（4）低压：1kV 以下，主要指 220、380V。

2. 湖北省内电网主要使用的电压等级

（1）500kV 电压等级：为湖北省外网主要下送通道，主要承担外网受电及联络功能。

（2）220kV 电压等级：主要承担 500kV 电能下送及 220kV 分区供电及区域联络支撑功能。500、220kV 等级电网一般也称为主网。

（3）110、35kV 电压等级：主要承担负荷下送功能，降低运行电压。35～110kV 电网一般也称为负荷网。

（4）10kV 电压等级：主要承担为用户配送电力的功能。10kV 电压等级电网称为配电网，简称配网。10kV 配网接有大量高压用户，也接有大量配电变压器（将 10kV 转换为 380V），为低压用户供电。

（5）380、220V 电压等级：低压用户使用的电压等级。10kV 配电变压器二次相电压为 220V、线电压（两相之间）为 380V。一般低压电器都是 220V，主要应用于家用电器、照明等，俗称照明电。部分大型电动机需要使用 380V 两相供电，主要用于动力，俗称动力电。

第二节 常用电气主接线

电气主接线是指电网以此设备按照其连接顺序所构成的电路。

一、电网的接线方式

电网的接线方式分为有备用和无备用两种。

有备用接线方式是指用户可以从两个及以上方向上取得电源的接线方式。它包括双回路的放射式、干线式、链式，以及环式和两端供电的网络。有备用接线方式的供电可靠性和电压质量较高，但不够经济。

无备用接线方式是指用户仅能从一个方向上取得电源的接线方式。它包括单回的放射式、干线式、链式网络。无备用接线方式简单、经济、运行方便，但供电可靠性差。

二、母线接线方式

母线是汇集和分配电能的通路设备。母线的接线方式主要有以下几种：

（1）单母线接线方式，包括单母线、单母线分段、单母线加旁路、单母线分段加旁路，如图 1-1～图 1-4 所示。

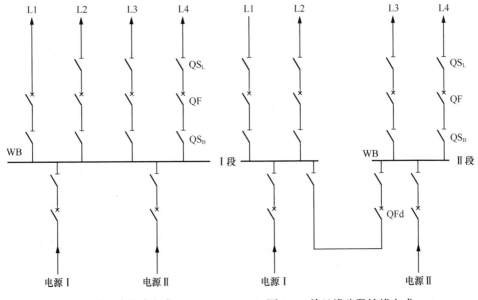

图 1-1 单母线接线方式　　　　图 1-2 单母线分段接线方式

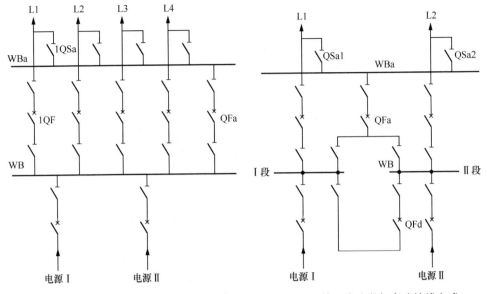

图 1-3 单母线加旁路接线方式　　　　图 1-4 单母线分段加旁路接线方式

（2）双母线接线方式，包括双母线、双母线分段、双母线加旁路、双母线分段加旁路，如图 1-5～图 1-7 所示。

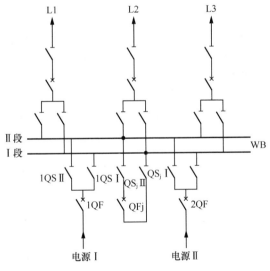

图 1-5 双母线接线方式

（3）三母线接线方式，包括三母线、三母线分段、三母线加旁路，此种方式应用不多。

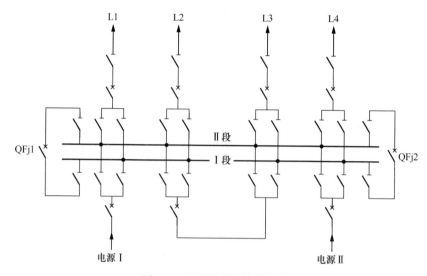

图 1-6　双母线分段接线方式

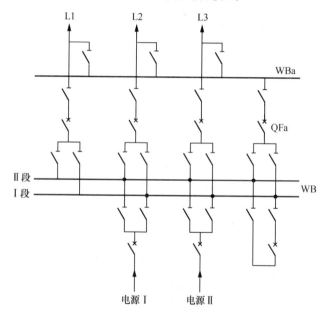

图 1-7　双母线加旁路接线方式

（4）3/2 接线方式，包括 3/2 接线、3/2 接线母线分段。

（5）4/3 接线方式，包括 4/3 接线、4/3 接线母线分段，此种方式应用不多。

（6）单元接线方式，包括单元接线、扩展单元接线。

（7）桥形接线方式，包括内桥形接线、外桥形接线、扩展内桥接线，如图 1-8、图 1-9 所示。

（8）环形接线方式（角形接线），包括三角形接线、四角形接线、多角形接线。

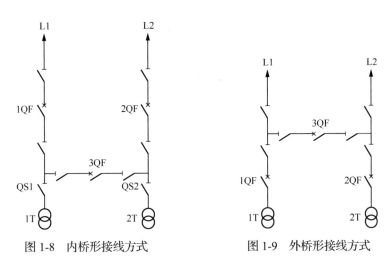

图 1-8 内桥形接线方式   图 1-9 外桥形接线方式

第三节 输 电 线 路

一、输电线路概述

输电线路是实现电能传送的主要通道。按照输送电流的性质，输电线路可分为交流输电线路和直流输电线路。

由于电力发展初期，直流输电技术难度较高，以致输电能力和效益受到限制，未被广泛使用。交流输电发展较快，在电网中大范围得到应用，目前，交流输电电压达到 1000kV。20 世纪 60 年代，直流输电技术获得突破，在电网中得到了推广应用；目前，直流输电电压等级已达到 ±1100kV，电网真正迎来了交直流混合应用的时代。

输电线路按照结构形式可分为架空输电线路和电缆线路。

二、架空输电线路

架空输配电线路的主要部件有导线、避雷线、线路金具、绝缘子、杆塔、拉线和基础、接地装置等。

1. 导线

导线是固定在杆塔上输送电流用的金属线。由于导线常年在大气环境中运行，经常承受拉力，并受风、冰、雨、雪和温度变化的影响，而且空气中所含化学杂质的侵蚀，因此，导线除了有良好的导电率之外，还要有足够的机械强度和防腐性能。

现在的输电线路多采用中心为机械强度高的钢线，周围是电导率较高的硬铝绞线的钢芯铝绞线。

按照钢芯铝绞线其铝、钢截面比的不同，分为正常型（LGJ）、加强型（LGJJ）、轻型（LGJQ）三种。在高压输电线路中，采用正常型比较多。此外，还有特殊用途导线。

2. 避雷线

避雷线的作用是防止雷电直接击于导线上，并把雷电流引入大地。110kV 以上线路一般全线架设避雷线。

3. 线路金具

通常把输电线路使用的金属部件总称为线路金具。其类型繁多，分连接金具、接续金具、固定金具、保护金具、拉线金具。

4. 绝缘子

绝缘子是线路绝缘的主要元件，用来支撑或悬吊导线使之与杆塔绝缘。一般直线杆塔多采用单串绝缘子。为控制风偏角，有时采用 V 形绝缘子串。

5. 杆塔

杆塔是用来支持导线、避雷线及其他附件的，使导线、避雷线、杆塔彼此保持一定的安全距离，并使导线对地、交叉跨越物或其他建筑物等设施保持允许的安全距离。杆塔分为直线杆塔、耐张杆塔、终端杆塔。

6. 拉线和基础

为节省杆塔钢材，国内外广泛使用带拉线的杆塔。基础是用来支撑杆塔的，一般受到下压力、上拔力和倾覆力等作用。

7. 接地装置

埋设在基础土壤中的圆钢、扁钢、钢管或其组合式结构，均称为接地装置。

三、电缆线路

电缆线路由导线、绝缘层、保护层等构成。

1. 导线

导线是用于传输电能，用铜或铝制成的单股或多股的线，通常用多股。

2. 绝缘层

绝缘层的作用是使导线与导线、导线与保护层互相绝缘。绝缘材料有橡胶、沥青、聚乙烯、聚氯乙烯、棉、麻、绸、油浸纸和矿物油、植物油等，目前大多数用油浸纸。

3. 保护层

保护层具有保护绝缘层，并有防止绝缘油外溢的作用，分为内护层和外护层。

电缆线路的造价比架空线路高，但其不用架设杆塔，占地少，供电可靠，极少受外力破坏，人身安全更有保障。

第四节 变 电 站

一、变电站类型

变电站是电网中变换电压、接受和分配电能的电力装置，它是联系发电厂和电力用户的中间环节，同时可通过变电站将各电压等级的电网联系起来。变电站的作用是变换电压、传输和分配电能。变电站由电力变压器、配电装置、二次系统及必要的附属设备组成。

变电站按用途不同，可分为升压变电站和降压变电站。

变电站按操控方式不同，可分为有人值守变电站和无人值守变电站。

变电站按结构不同，可分为室外变电站、室内变电站、地下式变电站、移动式变电站、箱式变电站。

变电站按在电网中的地位不同，可分为枢纽变电站、地区变电站、终端变电站。枢纽变电站位于电网的枢纽点，连接电网高压和中压的几个部分，汇集多个电源，供电范围较广，一般采用供电可靠性较高的接线形式。地区变电站位于电网中间或末端，它主要承担为地区供电的功能，对供电可靠性要求没有枢纽变电站高。终端变电站位于电网终端，接近负荷点，经降压后直接向用户供电。

二、变电站主要电气设备

变电站电气设备主要由一次设备和二次设备构成。一次设备是指直接生产、输送和分配电能的高压电气设备。二次设备是对一次设备进行监视、测量、控制、调节和保护的低压电气设备。

变电站一次设备主要包括变压器、断路器、隔离开关、载流导体（母线、引线、电力电缆）、限流限压设备（电抗器、避雷器）等。

变电站二次设备主要包括仪表、控制和信号元件、继电保护装置、操作、信号电源回路，控制电路及连接导线，发出音响的信号元件，接线端子排及熔断器等。

1. 变压器

变压器是利用电磁感应的原理来改变交流电压的装置。变压器主要由铁芯、绕组、套管、油箱、储油器、散热器及附属设备组成。

（1）变压器的分类。

1）按用途分为电力变压器、仪用变压器（如电压器互感器、电流互感器）、特殊用途变压。

2）按相数分为单相变压器、三相变压器。目前，220kV 及以下多为三相变压器，500kV 及以上为单相变压器。

3）按绕组形式分为自耦变压器、双绕组变压器、三绕组变压器。自耦变压器多用于连接超高压、大容量电网。双绕组变压器用于连接两个电压等级电网。三绕组变压器用于连接三个电压等级电网，一般用于区域变电站。

4）按冷却介质分为油浸式变压器、干式变压器、充气式变压器。

5）按冷却方式分为自冷、风冷、水冷、强迫油循环风冷等。

6）按调压方式分为有载调压（带负荷运行时）、无载调压（停电时）。

（2）变压器的主要参数。

1）额定容量：变压器在额定电压、额定电流时传送的视在功率即为额定容量，kVA（MVA）。

2）额定电压：变压器长时间运行的工作电压，kV。

3）额定电流：变压器在额定电压情况下，允许长期通过的最大工作电流，A（kA）。

4）容量比：变压器各侧额定容量之比。

5）电压比：变压器各侧额定电压之比。

6）百分比阻抗（短路电压）：变压器二次绕组短路，使一次侧电压逐渐升高，当二次绕组的短路电流达到额定值时，一次侧电压与额定电压比值的百分数。短路电压对变压器并列运行有重要意义，短路电压小的变压器在并列运行时承担的工作量大。因此，并列运行变压器时，最好短路电压相等，至少不能相差太大。

7）接线组别：表示变压器低压绕组对高压绕组的相位移关系，和变压器一、二次绕组的连接方式。常有 Yd、Yy0、Yd11 等接线形式。

Yd 表示变压器一次侧为星形接线，二次侧为角形接线。

Yy0 表示变压器一次侧为星形接线，二次侧为星形接线，一次侧、二次侧没有相角位移。

Yd11 表示变压器一次侧为星形接线，二次侧为角形接线，一次侧、二次侧有顺时针 11×30° 相角位移。相角位移大小由变压器二次绕组的缠绕方式决定。

8）额定温升：变压器内绕组或上层油的温度与自然环境温度之差，也称为绕组或上层油温升。温升较高，变压器负载能力下降。

2. 母线

母线的主要作用是汇集和分配电能，是电网电流的汇集点。母线上可以连接发电机、变压器和线路。母线材质一般采用导电率较高的铜或铝。

母线按照外形和结构可大致分为三类：

（1）硬母线，包括矩形母线、圆形母线、管形母线等。

（2）软母线，包括铝绞线、铜绞线、钢芯铝绞线、扩径空心导线等。

（3）封闭母线，包括共箱母线、分相母线等。

母线连接有多种连接方式。一般说来，枢纽变电站多采用双母线、三母线、3/2 接线、4/3 接线，该类型接线可靠性较高，但经济效率差。中间变电站或终端变电站多采用单母线、桥形接线、角形接线或单元接线，该类型接线形式简单，投资小，可靠性较差。

3. 高压断路器

断路器是一种用于控制电路开合状态的电气设备。断路器可分为高压断路器和低压断路器。

高压断路器具有完善的灭弧结构和足够的断流能力，可以断开正常负荷电流及故障电流。高压断路器一般由导电回路、灭弧室、操动机构和传动部分、外壳及支持部分组成。

（1）高压断路器的作用体现在两个方面：

1）控制作用：根据电网运行需要，将部分电气设备或输电线路投入或退出运行。

2）保护作用：当局部电网发生故障时，高压断路器通过和保护、自动化装置配合，将故障段切除，防止事故扩大。

（2）高压断路器的分类。高压断路器按照灭弧介质不同分为：

1）油断路器：利用油作为灭弧介质，分为多油和少油两种，目前已很少使用。

2）SF_6断路器：利用惰性 SF_6 气体来灭弧，应用较多，主要用于 110kV 以上设备，但 SF_6 气体有毒。

3）真空断路器：利用真空高度绝缘性来灭弧，多用于 35kV 及以下断路器，10kV 配网应用较多。

4）空气断路器：利用高速流动的压缩空气来灭弧，多用于 35kV 及以下断路器。

5）其他断路器：固体产气断路器、磁吹断路器等。

4. 隔离开关

隔离开关，一般指高压隔离开关，主要用于将电气设备从电网中脱离，并形成足够的安全距离。

隔离开关主要有三个作用：

（1）隔离电源，将高压检修设备与带电设备断开，使它们之间有明显可见的断开点。

（2）隔离开关与断路器配合，按系统运行需要进行倒闸操作，改变连接方式。

（3）用于连通或断开小电流电路。

隔离开关有很多类型：按照地点可分为户内式、户外式；按绝缘支柱数目可分为单柱式、双柱式、三柱式；按操动机构可分为手动、电动和气动型。

5. 其他设备

（1）电压互感器（TV）是一种电压变换装置，它一般并联在高压电路中，将高电压变化为低电压，用于仪表或继电保护装置测量电压。电压互感器可以看成电流源，禁止短路。

（2）电流互感器（TA）是一种电流变换装置，它一般串联在高压电路中，将大电流变换成低电压、小电流，用于仪表或继电保护装置测量电流。电流互感器可以看成电压源，禁止开路。

（3）电抗器分为串联电抗器、并联电抗器。串联电抗器一般用于变压器低压侧限制短路电流；并联电抗器用在超高压线路末端防止过电压，或在变电站低压侧用于无功补偿，吸收多余无功功率。

（4）电容器分为串联电容器、并联电容器。串联电容器一般用于超高压输电线路，降低线路阻抗，即常说的"串补"。并联电容器一般在变电站低压侧用于无功补偿，发出无功功率，提高末端电压。

（5）接地变压器（接地电阻）：由于 10kV 及 35kV 电网多采用不接地或经消弧线圈接地的形式，系统发生单相接地故障，一般接地运行 2h。但随着城市电缆网不断壮大，10kV 或 35kV 馈线更多采用电缆线路，电缆线路能够提供较多容性电流，当发生单相接地时，会产生较多容性对地电流，影响系统安全运行。这种情况下，在 35kV 或 10kV 电网中建立一个中性点，为系统中提供零序电流和零序电压，利用接地保护可靠切除故障。接地变压器就是人为制造了一个中性点接地电阻，当系统发生接地故障时，对正序、负序电流呈现高阻抗，对零序电流呈现低阻抗，使接地保护可靠动作，将接地故障可靠切除。

三、中性点接地方式

1. 中性点直接接地

中性点直接接地运行方式主要在 110kV 及以上的电力系统中采用。

优点：可以减少单相接地时线路跳闸造成的供电中断。当故障是暂时性的，则断路器跳闸后接地点电弧一般可自动熄灭，此时断路器自动重合后线路就可恢复正常运行。

缺点：单相短路电流以导线及大地为回路流通，包含面积很大，其磁力线对外界的干扰很强，会在附近的通信线路上感应出极危险的电压。

2. 中性点不接地

优点：单相接地故障时，三相之间的相电压保持不变，可以持续供电，提高供电可靠性。

缺点：发生金属性单相接地时，非故障相对地电压将升至线电压，如果接地点出现间接性拉弧，由于电网中的电感、电容的充放电效应，非故障相对地电压峰值电压可达到 3.5 倍额定电压，容易使非故障相绝缘击穿，造成事故扩大。并且，由于故障电流比较小，为故障检测和故障定位带来了困难。

3. 中性点经消弧线圈接地

优点：中性点经消弧线圈接地可以在中性点有偏移电压时在电感线圈上产生与接地电容电流方向相反的电感电流，减少甚至抵消接地电容电流，有利于电弧自行熄灭。这种接地方式的供电可靠性高，减少了供电中断，并能够实现瞬时故障自愈。

缺点：如果电弧没有熄灭，可能会烧坏设备并引起相间短路，并且如果产生间歇性电弧，则由于非故障相电容积累的自由电荷不断增多，位移电压不断升高，则会出现比较严重的过电压现象。

4. 中性点经小电阻接地

优点：可以有效限制过电压水平，系统单相接地时，健全相电压升高持续时间短，有利于设备安全；零序过流保护有较好的灵敏度，可以减少故障时间，防止事故扩大。

缺点：单相接地故障均会造成跳闸，使线路跳闸次数大大增加，不适用于架空线路；接地点电流较大，当零序保护动作不及时或拒动时，将使接地点及附近绝缘受到更大危害，造成相间短路；当一次设备故障无法及时动作切除故障时，将引起接地变压器后备保护动作，从而造成跳闸范围扩大。

第二章　地区电网调控运行与管理

第一节　电网调控管理

一、调控管理机构

电网调度系统包括电网内各级电网调控机构（以下简称调控机构）、厂站运维单位及输变电运维单位。电网运行实行"统一调度、分级管理"。电力调度应坚持"公开、公平、公正"原则。调控管理机构是电网运行的组织、指挥、指导、协调和控制机构，它既是生产运行单位，又是电网管理的职能部门。电力调度控制坚持安全第一、预防为主、综合治理的方针。

电网内各电网企业、发电企业、电力用户有责任共同维护电网的安全稳定运行。按照国家电力调控机构设置原则，调控机构分为五个层级，分别是国家电力调度机构、区域电力调度机构、省级电力调度机构、地级电力调度机构、县级电力调度机构。地区电网内设置两级调控机构，依次为：①市电力调度控制中心（以下简称地调）；②县（区）电力调度控制中心［部分地区为县（区）供电公司供电服务指挥分中心（电力调度控制分中心）］及配网调控运行班（以下简称县配调）。各级调度机构在调度业务工作中是上下级关系，下级调度机构必须服从上级调度机构的调度。电网内其他电力生产运行单位必须服从调控机构的调度。本市电网与相邻市级电网联网运行的调控管理，按上级调控管理机构制定的规程规定执行。

二、地区电网调控管理任务

（一）调控机构的主要任务

（1）按最大范围优化配置资源的原则，实现优化调度，充分发挥电力系统的发、输、变、配电设备能力，最大限度地满足用户的用电需要。

（2）按照电力系统运行的客观规律和有关规定，保障电网连续、稳定、正常运行，保证供电可靠性，使电能质量指标符合国家规定的标准。

（3）依据电力市场规则、有关合同或者协议，实施"公开、公平、公正"调度。

（二）调控管辖范围

调度管辖范围指调控机构行使调度指挥权的发、输、变、配电系统，包括直接调度范围（以下简称直调范围）、许可调度范围（以下简称许可范围）和委托调度范围（以下简称委托范围）。

凡归属各级调度管辖的一次设备，相应二次设备归其管辖。

1. 地调管辖范围

电网 110kV 及以上电压等级设备（不含上级调控机构调度及用户自行调度设备）。

（1）110kV 及以上变电站 6～35kV 母线及 TV、母线分段断路器。

（2）接入电压等级 35kV 及以上、装机容量 5 万 kW 以下的水力发电站及装机容量 10 万 kW 以下的火力发电站（厂）、新能源电站（厂），以及其他规定为地调调度管辖电厂的主设备。

（3）地区 500kV 变电站所用变压器站外电源线路。

（4）110kV 待用间隔，调度范围为母线侧隔离开关至线路侧隔离开关（小车）。

（5）220kV 终端变电站；省调直调的 220kV 母线上的待用间隔；110kV 及以下母线上的待用间隔。

（6）上级调控机构指定的发、输、变电设备。

2. 县配调管辖范围

辖区范围内 6～35kV 输、变、配电设备。

（1）220、110kV 变电站无功补偿设备、消弧线圈、220kV 变电站所用变压器、110kV 变电站所用变压器的高压断路器。

（2）接入电压等级为 35kV 以下水电发电站、火电发电站（厂）、新能源电站（厂），以及其他规定为县（配）调调度管辖电厂的主设备。

（3）辖区范围内 35kV 及以下待用间隔，调度范围为母线侧隔离开关至线路侧隔离开关（小车）。

（4）上级调控机构指定的发、输、变电设备。

3. 委托调度范围

（1）220kV变压器35kV侧及10kV侧断路器、110kV变压器35kV侧及10（20）kV侧断路器、35kV及以下母线母联断路器为地调调管范围，可以委托给县（配）调调管。

（2）500kV变电站站外所用线路为地调调管，可以委托给县（配）调调管。

（3）其他规定为地、配调委托下级调度管辖的设备。

4. 许可调度范围

县（配）调调度范围内对地调直调系统运行存在影响的设备，由地调下文纳入许可调度范围。

（三）调控主要职责

1. 地调主要职责

（1）落实国调及分中心、省调专业管理要求，组织实施地级电网调度控制专业管理，承担地区电网调度运行、调度计划、水电及新能源、运行方式、继电保护、自动化等各专业管理职责。

（2）负责地区电网调度运行管理，指挥所辖范围内电网的运行、操作和故障处置，执行上级调控机构发布的调度指令。

（3）负责本地区电网的安全、优质、经济运行，执行电力供应有关计划和协议规定，并按省调要求上报地区电网运行信息。

（4）组织开展调管范围内电网运行方式分析，制定地区电网运行方式，组织县（配）调制定县域电网运行方式。

（5）制定调管设备年度、月度、周、日前停电计划，受理并批复调管设备的停电、检修申请。

（6）根据省调下达的日供电调度计划制定、下达和调整本地区电网日发、供电调度计划；监督计划执行情况。

（7）根据省调的指令进行调峰、调频和控制联络线潮流；指挥实施并考核本地区电网的调峰和调压。

（8）负责划分本地区所辖县（配）调的调度管辖范围，负责对调度管辖范围内的设备进行统一命名编号。

（9）负责制定本地区电网超计划用电限电序位表和事故紧急限电序位表，经本级人民政府批准后执行。

（10）参与地区电网发展规划、工程设计审查，受理并批复直调设备新建、扩建和改建的投入运行申请，参与工程项目的验收，编制新设备启动调试调度方案并组织实施。

（11）组织电网调度自动化规划的编制工作，参加继电保护及安全自动装置规划的编制及审查工作，负责调度管辖范围内继电保护和安全自动装置的整定计算及运行管理。

（12）负责与有关单位签订并网调度协议、用户调度协议。

（13）参与电力系统事故调查，组织开展调管范围内故障分析。

（14）负责本地区电网调度系统值班人员的业务培训指导监督；负责所辖县级电网调控值班人员的业务技术培训指导监督。

（15）负责贯彻落实公司电力调度控制方面的规章制度、技术标准及其他规范性文件，负责制定本地区电网运行的有关规章制度和对县（配）调调度管理的考核办法。

（16）行使省调授予的其他职责。

2．县（配）调职责

（1）负责所辖电网的调控管理，执行上级调度及有关部门制定的有关规定。

（2）负责所辖电网的安全、优质、经济运行，执行电力供应有关计划和协议规定，并按上级调度要求上报电网运行信息。

（3）在地调的统一领导下，负责所辖范围内设备的运行、操作及电网的事故处理；负责所辖范围内设备的集中监控。

（4）负责所辖范围内配电网故障研判和配电网抢修协调指挥业务。

（5）县（配）调负责根据地调下达的日供电调度计划制定、下达和调整县域内电网日发、供电调度计划；监督计划执行情况。

（6）根据上级调度的指令进行调峰、调频；指挥实施并考核所辖范围内电网的调峰和调压。

（7）县（配）调负责编制和执行所辖电网的运行方式；负责编制并上报所辖电网内设备的检修计划；批准调度管辖范围内设备的检修。

（8）参与所辖范围内电网继电保护及安全自动装置、电网调度自动化系统规划的制定并负责其运行和技术管理。负责调度管辖范围内继电保护和安全自动装置的整定计算，监督定值的执行、核对及回执，并定期进行复核。参加所辖电网发展规划、设计和有关工程项目的审查。

（9）负责所辖范围内电网调度系统值班人员的业务培训、指导监督。

（10）行使地调授予的其他职责。

三、地区电网调控管理制度

（一）调度管理的一般规定

（1）各级调控机构的调度员在值班期间是所调度管辖范围内电网运行、事故处理的指挥人，按相关法律、规定行使调度指挥权，并对其下达调度指挥及调度指令的正确性负责。

（2）下级调控机构的调度员、集控站监控人员及厂、站、变电运维（检）班的运维人员接受调控机构值班调度员的调度指令和运行管理，并对执行指令的正确性负责。

（3）任何单位和个人不得干预调控机构值班调度员下达或执行调度指令，不得无故拒绝或延误执行值班调度员的调度指令。值班调度员有权拒绝各种非法干预。

（4）未经调控机构值班调度员指令，任何人不得操作该调控机构调度管辖范围内的设备。当电力系统运行遇有危及人身、电网、设备安全的情况时，调度系统值班人员可按照现场规程先行处理，同时立即汇报值班调度员。

（5）发生威胁电力系统安全运行的紧急情况时，值班调度员可直接（或者通过下级调控机构值班调度员）越级向下级调控机构管辖的厂、站、集控、变电运维（检）班等运行值班单位发布调度指令，并告知相应调控机构。此时，下级调控机构值班调度员不得发布与之相抵触的调度指令。

（6）对拒绝执行调度指令，破坏调度纪律，有以下行为之一者，调控机构应组织调查，通报批评并约谈相关单位负责人。直接责任人及其主管人员应由其所在单位给予行政处分：

1）不执行上级调控机构下达的发电、供电调度计划。

2）不执行有关调控机构批准的检修计划。

3）不执行调度指令和调控机构下达的保证电网安全的措施。

4）不如实反映调度指令执行情况。

5）不如实反映电网运行情况。

6）调度系统值班人员玩忽职守、徇私舞弊、以权谋私尚不构成犯罪。

（二）委托、许可设备的相关规定

（1）省调委托、许可设备改变运行状态，或进行虽不改变运行状态但对省调调度管辖设备运行有影响的工作，地调应向省调履行手续。

（2）当发生危及人身、电网及设备安全的紧急情况时，允许下级调控机构的值班调度员不经许可直接操作委托、许可设备，但应及时向上级调控机构值班调度员汇报。

（3）非上级调度委托、许可设备，如进行下列工作，下级调度应参照上级调度委托许可设备履行许可手续，并在操作前得到上级值班调度员的许可。

1）影响上级调度调度管辖安全自动装置（系统）切机、切负荷量的工作。

2）影响上级调度控制输电断面（线路、变压器）稳定限额、发电厂开机方式或发电出力的工作。

3）影响上级调度调度管辖保护装置定值的工作。

（三）调度自动化、电力通信设备的调度许可规则

（1）自动化主站系统设备的操作，如影响上级调度自动化管理部门调度管辖的调度自动化系统运行或信息完整准确，操作前应得到上级调度自动化管理部门的许可。

（2）影响一、二次设备正常运行的工作。

（3）影响安全自动装置正常运行的工作。

（4）影响调度通信、调度自动化数据、自动电压控制（AVC）功能实施的工作。

（5）影响电力调度业务正常进行的其他工作。

（四）调度员上岗管理要求

（1）调度系统值班人员须经培训、考核取得合格证书，由相应主管部门批准，并书面通知有关单位和部门后，方可正式上岗值班。

（2）有权接受调度指令的人员名单应根据调度管辖范围，报相应调控机构备案。

（五）调控运行交接班规范

1．调控运行交接班管理要求

（1）公司调控系统执行不间断有人值班制度。调控运行人员应按照计划值班

表值班，并按照规定的时间在值班场所进行调控运行交接班。调控运行交接班全过程应录音，应使用交接班日报。调控运行交接班完毕后，交接班双方调控运行人员应核对交接班日报无误后在交接班日报上签字确认，严禁用电子签名代替调控运行人员手动签名，形成交接班日志并存档。

（2）未经相应班组班长同意，不得改变调控运行交接班时间，不得私自换班。因特殊原因造成接班调控运行人员无法按时到岗，由相应班组班长批准，安排交班调控运行人员继续值班或者安排其他调控运行人员接班。所有值班安排调整，均应报分管副主任备案。

（3）调控运行交接班时，在至少保留一名交班人员履行实时调度监控职责的前提下，由地区调度班正值负责梳理交接班日志内容并组织交接班工作，所有参与人员列队开展调控运行交接班。

（4）接班调控运行人员应提前 15min 到达值班场所，认真阅读运行日志、检修工作单、操作票等各种记录，全面了解电网和设备运行情况。

（5）交班调控运行人员若在调控运行交接班前正在进行重大操作或者事故处理，或者调控运行交接班期间发生重大事故，如需各班组配合处理，应推迟调控运行交接班，并在重大操作或者事故处理告一段落后再进行调控运行交接班。

（6）交接班前，交班调控运行人员并负责完成调度席台面清理，务必做到工作席位干净，物品摆放整齐。未办完交接手续前，交班人员不得擅离职守。

（7）参加交接班人员应按要求统一着装，严禁穿着短裤、背心、拖鞋等不雅服装进入值班场所参加调控运行交接班。

2. 调控运行交接班业务内容

（1）地区调度班交接班业务内容。调控运行交接班由当班调度班正值负责主持，当班副值及接班正副值均参加。交接班内容包括：

1）当日设备停运及相应检修工作情况、对应方式变更情况、截止到交接班前调度操作票的操作情况及运维操作班到位情况。

2）已开工尚未完工的设备停运及相应检修工作、对应的方式变更、防全停方式、继电保护及保护自动装置更改情况等。

3）次日设备停运及相应检修工作情况，包括已签、未签的检修工作票。

4）其他重要电网运行方式变更，包括但不限于：变电站电源调整、变电站防全停方式、旁路代方式、变电站单电源运行、电厂开停机。

5）六级以上电网运行风险及控制措施。

6）电网事故及处置情况，包括保护动作情况、现场检查情况、负荷转移和方式调整、信息发布和检修人员抢修情况。

7）电网缺陷及处置情况。

8）电网设备越限、设备重过载及电压越限情况。

9）省调各类调度指令。

10）日志记录中其他重要内容。

（2）县配调参照地区调度班交接班业务内容执行。

3. 调控运行交接班业务考核标准

（1）因为交接班日志内容必须清楚、明确，如因交接班日志错误或不规范，导致接班调控运行人员工作失误，应追究交班调控运行人员的责任。

（2）经过交接班双方全体调控运行人员核对无误并签字确认的交接班日志，以及交接班全过程的录音资料，均属于调控运行交接班资料，由调控机构予以妥善保存，保存期限不低于1年。

（3）各班组安全监督管理人员每月应开展调控运行交接班检查和评价工作，包括定期参加调控运行交接班、定期抽查交接班日志和录音资料，评价结果应记录在各级调控机构月度安全工作监督报告。

（4）各县配调参照上述要求，严格执行调控运行交接班制度。调控中心将按季度对各县调交接班情况进行检查和评价，评价结果纳入县配调工作评价考核体系。

四、网络化下令系统管理

（一）网络化下令系统功能

为提升武汉地调调度运行数字化、智能化水平，提高电网调度运行指挥效率，确保调度运行指令下达的安全性、规范性和准确性，武汉地调开展了主网网络化下令系统的建设和应用，实现调度操作票从拟票、审核、预发、监护、执行、结票全过程网络化执行；通过改变调控运行人员传统的开票、人工发布、受令单位人工记录，以及调度倒闸操作票人工统计的模式，提高调控运行人员和受令单位人员工作效率，确保调控操作的安全性。该系统主要包括以下功能：

1. 受令资格管理

在变电运维或其他受令单位，登录网络收令系统的人员，具备关联持证上岗信息受令资格核验功能。具备受令资格的人员，可在线进行申请、注册用户，具备向系统管理员提出申请注销、变更单位、更改权限等功能。

2. 操作痕迹管理

具备网络化下令的全过程流程、操作内容、操作痕迹等信息记录，便于后期调查取证。调度可查看所有的操作流水，受令单位可查看本单位相关的操作流水。操作流水信息应支持根据具体业务流程进行过滤显示，如当前正在处理命令操作，操作流水自动显示命令操作相关流水信息。需要处理的环节，应在操作流水信息中突出显示，双击该信息可以进入该环节的处理页面。

3. 调度指令流程管理

具备预令网络电子化下发、受令对象签收、归档功能。具备正令执行网络电子化下发功能，包括调度下令、厂站接令、调度确认、厂站回令、调度收令、厂站确认等各环节。具备通过项号选择命令批量下发，具备调控值班人员选择手动确认或自动审核功能。

具备在网络等环节存在异常时的离线发令操作，可手动选择切换至拨电话方式下令。

4. 操作态势展示

操作态势展示实现操作信息的主动推送，自动向相关单位全景动态展示各类调度操作的计划安排及进展情况。

5. 检修单下发及状态同步

接入 OMS 系统检修单数据，保持与 OMS 系统检修单调度执行各环节状态同步。具备指令在网络交互系统填写检修单执行信息并回填至 OMS 系统检修单。

具备从调度端下发检修单至厂站端，厂站确认检修单的流程。具备厂站根据模板填写提出操作令申请、调度审批。具备检修单和操作票关联，根据停电操作票的执行信息，实现检修单停电开始信息、停电完工信息自动回填。基于检修单，支持厂站根据模板填写提出开工申请、调度审批，并实现检修单厂站/线路工作许可信息回填。具备厂站根据模板填写提出完工申请、调度审批。具备根据复电操作票的执行信息，实现检修单复电开始信息、复电完成信息自动回填。

6. 系统安全管理

调度指令数据加密。通过对需接入系统的终端进行终端注册与认证服务，所有接入终端都需经过授权严格控制。在受令端通过终端物理 MAC 地址、IP 地址绑定，确保网络化下令通道的安全可靠。

口令认证，具备用户口令身份验证机制，采用安全的身份鉴别机制确保用户访问安全性，以及操作身份合法性。

网络安全，采用 VPN、VLAN 等构建虚拟专网方式，提供一定的数据机密性和完整性安全。

系统健康状态监控。部署网络和主机的监控系统，监控网络和主机的运行状态，可以实时反映系统的性能，以及时做出相应的措施。

具备令作废功能，系统操作界面应简明大方。通过构建好后台服务实现方式，保障系统使用时的流畅性。

7. 电子公告牌

电子公告牌由今日计划工作、已开展工作两部分功能组成。今日计划工作的内容默认为当天需要处理的操作票数据，已开展工作的内容为调度侧正在执行的操作票工作和已执行完毕的操作票数据。

（二）网络化下令系统管理规范

1. 调度端管理规范

（1）预令下发。对于进行网络发令的调度运行操作任务，发令人必须提前准备好调度操作指令，并经审核通过，在网络化下令 Web 端将预令票下发给受令端。

（2）调度发令。调度端收到受令端操作申请时，确认具备调度发令条件后，在调度 Web 端向受令人员按顺序下达调度操作指令，相关要求如下：

1）主网调度发令分为电话发令、网络发令两种方式，两种方式具有同等效力。一般情况下，应采用网络发令为主、电话发令为备的方式发令。

2）若受令对象因网络中断等原因无法使用系统，调度可以在电子化下令系统中切换为电话下令形式，调度确认受令对象接收到指令后，手工记录下令信息。

3）特殊情况下，若两种发令方式同时出现，电话发令优先级高于网络发令。

（3）结束收令。调度端在调度 Web 终端接收到下令对象操作汇报，核对操作项目均已按要求执行后，进行收令。调度端应及时将本值的操作票按规定盖章并归档。

2. 受令端管理规范

（1）预令接收。受令端人员在网络化下令 Web 端或手机 App 端均可接收预令，受令人确认操作方式无误后签名。相关要求如下：

1）要求"谁签收，谁受令"。

2）若发现操作方式有误，应及时与地调调度员充分沟通，更改完善操作指令后重新完成签名受令流程。

3）预发令不具备操作效力，现场实际操作仍以当值地调调度员正式下达的操作指令为准。严禁用操作预令直接进行操作。

（2）现场执行。

1）受令端人员按照业务进场到达现场后，在现场 Web 端或手机 App 端通过登录密码进行操作人员身份确认后，在对应的操作指令进行"签到"汇报，通过网络发令模块向调度端发出到位操作申请，受令人员在现场终端接收到值班地调调度员发令后，按照调度发令的操作顺序，依次组织开展现场操作。

2）受令人已到站签到，并已核对现场设备具备操作条件后，方可进行网络化下令受令和操作。

3）受令人员到位后至操作任务完成前，受令人员在现场终端上只能操作已"签到"的调度操作指令票的相关内容。

4）受令人员开始任何一项操作前，应在现场终端对该操作项目内容进行复诵，复诵采用录音复诵，上传后方可组织现场操作，操作完毕后应在现场终端上及时填入操作完成时间。

5）受令人员不得跳项执行调度操作指令票上的项目，在未完成顺序靠前操作项目的复诵及执行汇报前，不得进入顺序靠后操作项目的复诵和执行。

6）受令人员按顺序完成调度下令的操作项目后，通过现场终端向值班地调调度员汇报操作执行情况，汇报采用录音。

7）操作过程中，若发生异常，应及时通过电话向值班地调调度员汇报，并按照电话内容执行下一步操作。

（3）结束回令。受令人员指令执行结束后进行回令，待调度端确认及收令后，指令结束归档。

3. 异常处置规定

（1）网络化下令过程中，若出现系统异常或网络异常等情况，导致网络化下令无法正常进行时，受令人应立即通过调度电话向发令人汇报，发令人改由调度电话进行下令。

（2）网络化下令执行过程中，若出现以下情况，发令、受令双方应立即通过调度电话告知对方：

1）现场不具备操作条件，对操作指令存在疑问，或操作指令与现场设备状态、操作要求不符；

2）执行操作指令可能对人身、电网、设备构成威胁；

3）因突发电网事故或设备异常可能影响正在执行中的操作，或因各种原因造成现场操作受阻；

4）发令、受令双方认为需要立即告知对方的其他信息。

第二节 电网操作管理

一、电网操作一般原则

地区电网内设备的操作，应按照设备的调度管辖范围，严格依据调度指令执行。属于上级调度委托、许可设备的操作必须先经过上级调度值班调度员许可后，再由值班调度员发布调度指令；属于各级调度直接调度管辖范围内设备的操作，必须由各级调度值班调度员发布调度指令后方可执行；属于直接调度管辖范围内设备的操作，若影响上级调度管辖设备的运行状态或安全稳定水平时，必须先经过上级调度值班调度员许可后，再由调度员发布调度指令后方可执行。特殊情况下，地调值班调度员可以收回委托给地调下级调控机构调度设备的调度管辖权，双方应做好记录；属于地调直接调度管辖范围内设备的操作，若影响下级调控机构调度管辖设备的运行状态或安全稳定水平时，应在操作前通知相关下级调控机构值班调度员；属于调度管辖范围内发电厂、变电站自行管辖范围内设备的操作，若影响地调调度管辖设备的运行状态或安全稳定水平时，必须先经过调度值班调度员许可后，再由厂、站安排操作事宜。

下级调度借用上级调度直接调度管辖范围内设备的操作，必须先经过上级调度值班调度员许可（同意）。双方在确认借用设备初始状态并履行调度权移交手续后，再由下级值班调度员发布调度指令后方可执行。双方应协商确定借用设备操作完毕后归还调度权时的状态。如果无明确要求，应将借用设备恢复到初始状态，再向上级调度归还借用设备调度权。省调备案设备操作前需向省调汇报。

（1）调度操作指令制度。

调度操作指令分为操作指令票和口头指令两种形式。操作指令票必须经过拟票、审票、受票和执行四个环节，其中拟票、审票不能由同一名调度员完成。

正常操作，调度员应填写操作指令票。两个或两个以上单位共同完成的操作任务，应填写逐项操作指令票。仅一个单位完成的操作任务，宜填写综合操作指令票。

单项操作或事故处理时，调度员可使用口头指令直接下操作指令，无须填写操作票，但发受令双方须将人员姓名、指令时间、操作任务记入口头指令簿或运行日志内。

（2）拟票。

填写操作指令票应以运行方式单、检修工作票、方式变更通知单、继电保护定值通知单等为依据。对于临时的操作任务，值班调度员可以根据系统运行状态，必要时通报有关专业人员，按照有关操作规定及方案填写操作指令票，进行操作。

填写操作指令票前，值班调度员应严格审查检修工作票内容、专业交代和说明，必须充分掌握前后运行方式的变化，并与相关调度系统运行值班人员、运维人员仔细核对有关设备状态，包括保护、自动装置等。

操作指令票应做到任务明确、内容正确，设备使用双重名称（设备名称和调度编号），并正确使用调度术语。

设备停送电操作的原则顺序是：停电操作时，先停一次设备，后停继电保护。送电操作时，先投继电保护，后操作一次设备。

（3）受票。

有计划的操作，地调值班调度员应在操作前将操作指令票填写好，下票给各操作单位。

操作环境为网络化下令，相关受票流程参考第二章第一节第四点。

操作环境为电话下令，值班调度员应通过录音电话下票。受票人应通过录音电话接受操作指令票，完整复诵操作指令票并使用普通话和调度术语。受票人应具备调控机构颁发的上岗证。双方核对操作指令票无误后，值班调度员应发出"下票时间"，受票人接到"下票时间"后才能根据操作指令票填写现场倒闸操作票。

（4）执行。

操作单位应根据操作指令票填写现场倒闸操作票。严禁用操作指令票代替现场倒闸操作票。值班调度员发布操作指令应准确简明、严肃认真。受令人应严肃认真地完整复诵操作指令。

操作环境为网络化下令，相关执行流程参考第二章第一节第四点。

操作环境为电话下令，下达和接受操作指令时，要使用录音电话并严格使用调度术语，双方首先互报单位和姓名，开关、隔离开关要用双重名称。"发令时间"是值班调度员正式发布操作指令的依据，运维人员、监控人员应按"发令时间"进行操作。运维人员、集控人员完成操作任务后，应立即向值班调度员汇报操作内容及完成情况，同时汇报"完成时间"。值班调度员接到操作"完成时间"的汇报后，必须发出"汇报时间"。运维人员、集控人员接到"汇报时间"，该项操作指令执行完毕。因其他原因造成操作指令票中若干项不执行或者全部作废，由值班调度员通过录音电话通知操作单位受票人或受令人，并告知不执行或作废的原因。

受令人与值班调度员必须时刻保持通信畅通，在操作或事故处理过程中，受令人听到调度联系电话铃声，应立即暂停操作，并迅速接听电话，确认电话内容与本操作任务无关，方可继续操作。在操作过程中如有疑问时，应停止操作，待询问清楚后再进行操作。

值班调度员对下达的操作指令的正确性负责，受令人对操作的正确性负责。

逐项操作指令票在执行过程中应坚持逐项发令、逐项执行、逐项汇报的原则。在不影响安全的情况下，如遇连续几项由同一单位操作，则可将这几项一次按顺序发令，操作单位应逐项执行，记录每一项操作完成时间后一次汇报。

同一操作单位同时收到两级调控机构值班调度员的操作指令时，由高一级调控机构值班调度员决定操作指令的先后顺序。

操作过程中，如果遇到设备缺陷、系统事故、交接班等情况，应暂停操作并立即向值班调度员汇报，由值班调度员决定是否继续进行操作。操作过程中，如果地调值班调度员与操作单位的通信中断，地调可委托下级调控机构代为转达调度指令。如果操作单位与地调值班调度员的通信中断，操作单位可暂停操作，通过其他方式联系地调。三方对调度指令均应做好详细记录，并复诵无误。严禁"约时"停送电。

（5）正常操作应尽可能避免在下列时间进行：

1）交接班时。

2）雷雨、大风等恶劣气候时。

3）系统发生异常及事故时。

4）通信、自动化系统发生异常及事故影响正常操作时。

事故处理及改善电网安全稳定运行状况的操作，应及时进行，并应考虑相应的安全措施，必要时应推迟交接班。

（6）操作前应考虑以下问题：

1）运行方式改变的正确性，运行方式改变后电网的稳定性和合理性，有功、无功功率平衡及必要的备用容量，防止事故的对策。

2）操作时可能引起的系统潮流、电压、频率的变化，避免潮流超过稳定极限、设备过负荷、电压超过正常允许范围等情况，必要时可先进行分析计算。

3）继电保护、安全自动装置运行方式是否合理，变压器中性点接地方式、无功补偿装置投入情况是否正确。

4）操作对安控、通信、自动化、计量等方面的影响。

5）断路器、隔离开关和接地开关的操作是否符合规定，严防带地线送电、带负荷拉合隔离开关、非同期并列等误操作。

6）新建、扩建、改建设备的投运，或者检修后可能引起相序、相位或极性错误的设备恢复送电时，应查明相序、相位或极性正确。新建设备的投运按照新设备送电流程执行。

7）设备检修完毕送电操作前，应核实设备检修的所有工作均已结束，相关检修票均已完工，设备具备送电条件，包括全部人员退出现场，工作地点的地线全部拆除，原下达的施工指令全部收回，线路检修完工汇报，除各受令班组的工作负责人外，必须有第二证明人证明；应核对检修票、操作票、运行方式单、继电保护单无误；应与调度系统运行值班人员核对现场设备状态。

8）设备停电操作前，应核对检修票、操作票、运行方式单、继电保护单无误；应与调度系统运行值班人员核对现场设备状态；正常情况下，应保证设备检修按计划时间开工。

9）对调度管辖范围以外设备和供电质量有较大影响时，应预先通知有关单位。

10）对110kV用户的专用线路进行停送电操作前，应通知用户（或通过营销部门）后方可进行。

11）现场运行维护单位对设备进行传动试验时，应与运行设备可靠隔离，未经地调值班调度员的许可，不得改变地调调度管辖的接地隔离开关的状态。

二、系统并解列操作

（一）并列操作

1. 并列操作的含义

并列操作是指发电机与电网或电网与电网之间在相序相同，且电压、频率允许的条件下并联运行的操作。

2. 并列操作的方法

电力系统并列的方法有准同期法和自同期法。

（1）准同期法。当满足条件或偏差在允许范围内时，合上电源间的并列断路器的并列方法，称为准同期并列。准同期并列时，手动操作合闸称为手动准同期并列，自动操作称为自动准同期并列。

准同期并列的优点是，在正常情况下并列时冲击电流很小，对电网设备冲击小，对电网扰动小；缺点是，由于准同期并列条件较复杂，并列操作时间长，同时对并列合闸时间要求较高，如果并列合闸时间不准确，可能造成非同期并列的严重后果，对设备和电网造成更大的冲击。准同期法不仅适用于发电机与电网的并列，也适用于两个电网之间的并列，是电力系统中最常见和主要的并列方式。

（2）自同期法。发电机自同期并入系统的方法是：在相序正确的条件下，启动未励磁的发电机，当转速按近同步转速时合上发电机开关，将发电机投入系统，然后再加刷磁，在原动机转矩、异步转矩、同步转矩等作用下，拖入同步。

自同期具有操作简单、并列迅速、便于自动化等优点，但由于自同期在合闸时的冲击电流和冲击转矩较大，同时并列瞬间要从电网吸收大量无功功率，造成电网电压短时下降。因此，自同期并列仅在系统中的小容量发电机上采用，大、中型发电机及电网间并列时一般采用准同期法进行。

3. 并列操作条件

（1）发电机自同期并列条件：

1）与母线直接连接容量在 3000kW 以上的汽轮发电机，计算汽轮发电机自同步电流，在满足一定条件时，方可采用自同期并列。

2）容量在 3000kW 及以下的汽轮发电机、各种容量的水轮发电机和同步调相机，以及与变压器作单元连接的汽轮发电机，均可采用自同期并列。

（2）准同期并列条件：

1）并列点两侧的相序一致、相位相同。

2）并列点两侧的频率相等（调整困难时，允许频率偏差不大于 0.50Hz）。

3）并列点两侧的电压相等（电压差尽可能减小，当无法调整时，允许电压相差不大于 20%）。

（二）解列操作

1. 解列操作的含义

解列操作是指通过人工操作或保护及自动装置动作，使电网中的断路器断开，使发电机（调相机）脱离电网，或电网分成两个及以上部分运行的过程。

2. 解列操作的条件及方法

解列操作时应将解列点的有功和无功潮流调至零，或调至最小，然后断开解列点断路器，完成解列操作。

（三）并、解列操作的注意事项

（1）地区电网与主电网并、解列时，操作前必须征得上级调度值班调度员的同意，并应注意重合闸方式的变更，继电保护定值和消弧线圈分接头的调整，以及低频减载装置投入方式等。

（2）解列时，将解列点有功潮流调整致零，电流调整至最小，如调整有困难，可使小电网向大电网输送少量功率，避免解列后小电网频率和电压较大幅度变化。

（3）选择解列点时，要考虑到再同期时找同期方便。

（四）并、解列操作中的危险点及其预控措施

1. 并、解列操作的危险点

（1）误解列，解列点未满足解列条件时就进行解列操作，致使小电网的频率和电压发生较大幅度变化甚至瓦解。

（2）非同期并列，对系统造成严重冲击。

2. 误解列的防范措施

（1）解列操作前通知相关单位。

（2）解列时，将解列点有功潮流调整至零，电流调整至最小，然后再进行解列操作。

3. 非同期并列的防范措施

（1）在初次合环或进行可能引起相位变化的检修以后，必须进行相位测定正确后才能进行合环操作。

（2）防止人员误操作。

（3）检查同期点的同期装置完好。

（4）准同期时，严格遵守准同期并列的条件。

（五）非同期的概念

准同期并列的条件有：

（1）并列点两侧的相序、相位相同。

（2）并列点两侧的频率相等。

（3）并列点两侧的电压相等。

当不满足上述条件进行系统并列时，即为非同期并列。

（六）非同期并列对发电机和系统的影响

在不符合准同期并列条件时进行并列操作，称为非同期并列。当不满足并列条件时会产生以下后果：

（1）电压不等：其后果是并列后，出现发电机和系统间有无功性质的环流。

（2）相序相位不一致：其后果是可能产生很大的冲击电流，将发电机烧毁，或将因端部受到巨大电动力的作用而损坏。

（3）频率不等：其后果是将产生拍振电压和拍振电流，这个拍振电流的有功成分在发电机机轴上产生的力矩，将使发电机产生机械振动。当频率相差较大时，甚至使发电机并入后不能同步。

发电机非同期并列是发电厂的一种严重事故，它对有关设备的破坏力极大，如发电机及与之相串联的变压器、断路器等。严重时，会将发电机绕组烧毁，使其端部严重变形，即使当时没有立即将设备损坏，也可能造成严重的隐患。就整个电力系统来讲，如果一台大型机组发生非同期并列，则影响很大，有可能使这台发电机与系统间产生功率振荡，严重地扰乱整个系统的正常运行，甚至造成系统崩溃。

（七）防止非同期并列的具体措施

1. 非同期并列事故一般发生的主要原因

（1）一次系统不符合并列条件，误合闸。

（2）同期用的电压互感器或同期装置电压回路，接线错误，没有定相。

（3）人员误操作，误并列。

2. 防止非同期并列的具体措施

非同期并列，不但危及发电机、变压器，还严重影响电网及供电系统，造成振荡和甩负荷。就电气设备本身而言，非同期并列的危害甚至超过短路故障。防止非同期并列的具体措施是：

（1）设备变更时要坚持定相。发电机、变压器、电压互感器、线路新投入（大修后投入），或一次回路有改变、接线有更动，并列前均应定相。

（2）防止并列时人为发生误操作。

1）值班人员应熟知全厂（所）的同期回路及同期点。

2）在同一时间里不允许投入两个同期电源断路器，以免在同期回路发生非同期并列。

3）手动同期并列时，要经过同期继电器闭锁，在允许相位差合闸。严禁将同期短接断路器合入，失去闭锁，在任意相位差合闸。

4）工作厂用变压器、备用厂用变压器，分别接自不同频率的电源系统时，不准直接并列。此时，倒换变压器要采取"拉联"的办法，即先手动拉开工作厂用变压器的电源断路器，后使备用厂用变压器的断路器联动投入。

5）电网电源联络线跳闸，未经检查同期或调度下令许可，严禁强送或合环。

（3）保证同期回路接线正确、同期装置动作良好。

1）同期（电压）回路接线如有变更，应通过定相试验检查无误、正确可靠，同期装置方可使用。

2）同期装置的闭锁角不可整定过大。

3）自动（半自动）准同期装置，应通过假同期试验、录波检查特性（导前时间、频率差、压差）正常，方可正式投入使用。

4）采用自动准同期装置并列时，同时也可以将手动同期装置投入。通过同期表的运转来监视自动准同期装置的工作情况。特别注意观察是否在同期表的同期点并列合闸。

（4）当断路器的同期回路或合闸回路有工作时，对应一次回路的隔离开关应拉开，以防断路器误合入、误并列。

（5）认真吸取事故教训，防止类似事故再发生。

三、解合环操作

（一）合环操作

1. 合环操作的含义

合环操作是指将线路、变压器或断路器串构成的网络闭合运行的操作。同期合环是指通过自动化设备或仪表检测同期后自动或手动进行的合环操作。

2. 电网合环运行的优点

电网合环运行的优点是各个电网之间可以互相支援，互相调剂，互为备用，这样既可以提高电网或供电的可靠性，又保证了重要用户的用电；同时，如果在同样的导线条件下输送相同的功率，环路运行还可以减少电能损耗，提高电压质量。

3. 合环操作应具备的条件

（1）合环点相位、相序一致。如首次合环或检修后可能引起相位变化，必须经测定证明合环点两侧相位、相序一致。

（2）如属于电磁合环，则环网内的变压器接线组别之差为零。

（3）合环后环网内各元件不致过负荷。

（4）合环后系统各部分电压质量在规定范围内。

（5）继电保护与安全自动装置应适应环网运行方式。

（6）稳定符合规定的要求。

（二）解环操作

1. 解环操作的含义

解环操作是指线路、变压器或断路器串构成的闭合网络开断运行的操作。

2. 解环操作应具备的条件

（1）解环前检查解环点的有功、无功潮流，确定解环后是否会造成其他联络线过负荷。

（2）确保解环后系统各部分电压质量在规定范围内。

（3）解环后系统各环节的潮流变化不超过继电保护、系统稳定和设备容量等方面的限额。

（4）继电保护与安全自动装置应适应电网解环后的运行方式。

（5）稳定符合规定的要求。

（三）合、解环操作后潮流对系统的影响与注意事项

（1）合环操作必须相位相同，电压差、相位角应符合规定。

（2）应确保合、解环网络内，潮流变化不超过电网稳定、设备容量等方面的限制，对于比较复杂环网的操作，应先进行计算或校验。

（3）继电保护、安全自动装置应与解、合环操作后的电网运行方式配合。

（4）确知合、解环的系统是属于同一系统，并已经核相正确。

（5）了解两侧系统的电压情况。

（6）对于消弧线圈接地的系统，应考虑在合、解环后消弧线圈的正确运行。

（7）应使用断路器进行合、解环操作，特殊情况下需用隔离开关进行合解环操作，应先经计算或试验，并应经有关领导批准。

（8）在合环后应检查和判断合环操作情况；解环时应检查合环系统，在确定合环运行状态后才能进行解环操作，防止误停电。

（9）操作前后应与有关方面联系。

（四）电网合、解环操作过程中的危险点及其预控措施

1. 电网合、解环操作过程中的危险点

（1）误解列，在未合环运行的情况下就进行解环操作，使部分电网解列运行或造成停电。

（2）合、解环操作出现稳定问题。

2. 解环操作中误解列的防范措施

合解环操作指令必须逐项下达，即先下达合环操作指令，待运行值班人员汇报合环操作完毕后，确认合环正常（潮流发生变化），才能下达解环操作指令。

3. 合、解环操作出现稳定问题的防范措施

（1）合、解环操作应进行计算或校核。

（2）首次合环或检修后可能引起相位变化的，必须测定合环点两侧相位一致。

（3）合环点有同期时，应使用同期合环。

（4）加强上下级联系，选择适合的合环点和解环点。

四、变压器操作

（一）变压器中性点的操作方法及保护调整

（1）在中性点直接接地系统中投入或退出变压器时，应先将该变压器中性点接地，调度要求中性点不接地运行的变压器，在投入系统后随即拉开中性点接地隔离开关，这样做的目的是防止拉合断路器时，因断路器三相不同期而产生的操作过电压，危及变压器绝缘。

（2）变压器中性点切换原则是保证电网不失去接地点，采用先合后拉的操作方法：

1）合上备用接地点的中性点接地开关。

2）拉开工作接地点的中性点接地开关。

3）将零序过电流保护切换到中性点接地的变压器上去（间隙保护应退出）。

（3）变压器中性点接地隔离开关操作应遵循下述原则：

1）若数台 220kV 变压器并列于不同的 220kV 母线上运行时，则每一条母线至少需有一台变压器中性点直接接地，以防止母联断路器跳开后使某一母线成为不接地系统。

2）若变压器低压侧有电源，则变压器中性点必须直接接地，以防止高压侧断路器跳闸，变压器成为中性点绝缘系统。

3）变压器停电或充电前，为防止断路器三相不同期或非全相投入而产生过电压影响变压器绝缘，必须在停电或充电前将变压器中性点直接接地。变压器充电后的中性点接地方式应按照正常方式运行考虑，变压器的中性点保护要根据其接地方式做相应的改变。

（4）运行中的变压器在大电流接地系统侧断路器断开时，该侧中性点接地开关应合上。

（二）变压器操作的方法及保护调整

1. 双绕组变压器停送电操作的方法

双绕组变压器停电时，应先断开负荷侧断路器，再断开电源侧断路器，最后拉开各侧隔离开关；送电顺序与此相反。

2. 三绕组变压器停送电操作的方法

三绕组变压器停电时，一般先断开低压侧断路器，再断开中压侧断路器，然后断开高压侧断路器，最后拉开各侧隔离开关；送电顺序与此相反。

3. 变压器停送电操作时的保护调整

一般变压器充电时应投入全部继电保护。

（三）变压器操作中的问题

1. 变压器的励磁涌流

变压器励磁涌流是指变压器全电压充电时，当投入前铁芯中的剩余磁通与变压器投入时的工作电压所产生的磁通方向相同时，因总磁通量远远超过铁芯的饱和磁通量而在其绕组中产生的暂态电流。其中，最大峰值可达到变压器额定电流的 6～8 倍。励磁涌流与变压器投入时系统电压的相角，变压器铁芯的剩余磁通和电源系统阻抗等因素有关。最大涌流出现在变压器投入时电压经过零点瞬间（该时磁通为峰值）。变压器涌流中含有直流分量和高次谐波分量，随时间衰减，其衰减时间取决于回路电阻和电抗，一般大容量变压器约为 5～10s，小容量变压器约为 0.2s 左右。

2. 变压器励磁涌流的特点

（1）励磁涌流大小与变压器投入时电网的电压相角、变压器铁芯剩余磁通和电源系统阻抗等因素有关，最大励磁涌流出现在变压器投入时电压经过零点瞬间（该时刻磁通为峰值）。

（2）励磁涌流中包含直流分量和高次谐波分量，并随时间衰减，衰减时间取决于回路的电阻和电抗，一般大容量变压器约为 5～10s，小容量变压器约为 0.2s。

（3）励磁涌流波形之间出现间断。

（四）变压器分接开关调整

变压器分接开关调整分有载调整和无载调整两种方式。

1. 无载调压分接开关操作

变压器无载分接开关的调整须将变压器停电后方可进行。

2. 有载调压分接开关操作

变压器有载分接开关的调整可以在变压器运行中进行。在进行有载分接开关的操作时，应注意：

（1）有载调压装置的分接变换操作，应按调度部门确定的电压曲线或调度命令，在电压允许偏差的范围内进行。220kV 及以下电网电压的调整宜采用逆调方式。

（2）分接变换操作必须在一个分接变换完成后，方可进行第二次分接变换。操作时，应同时观察电压表和电流表的指示。

（3）两台有载调压变压器并列运行时，允许在 85%变压器额定负荷电流及以下的情况进行分接变换操作。不得在单台变压器上连续进行两个分接变换操作。

（4）多台并列运行的变压器，在升压操作时，应先操作负荷电流相对较小的一台，再操作负荷电流较大的一台，以防止环流过大；降压操作时，顺序相反。

（5）有载调压变压器和无励磁调压变压器并列运行时，两台变压器的分接电压应尽量靠近。

（6）分接开关在一天内的分接变换次数不得超过下列范围：35kV 电压等级为 30 次；110kV 电压等级为 20 次；220kV 电压等级为 10 次。

（7）每次分接变换，应核对系统电压与分接额定电压间的差距，使其符合规程规定。

（8）禁止在变压器生产厂家规定的负荷和电压水平以上进行主变压器分接头调整操作。

（五）变压器的并列运行和负荷分配

（1）变压器并列运行的条件：变比相等（允许相差 5%）；短路电压相等（允许相差 10%）；绕组接线组别相同。在特殊情况下，若电压比或短路电压不相等，在确保任何一台变压器不过载的情况下，可以并列运行。

（2）当变比不同时，变压器二次侧电压不等，并列运行的变压器将在绕组的闭合回路中引起均衡电流的产生。均衡电流的方向取决于并列运行变压器二次输出电压的高低，其均衡电流的方向是从二次电压高的变压器流向输出点电压低的变压器。该电流除增加变压器的损耗外，当变压器带负荷时，均衡电流叠加在负荷电流上。均衡电流与负荷电流方向一致的变压器负荷增大，均衡电流与负荷电流方向相反的变压器负荷减轻。

（3）当并列运行的变压器短路电压相等时，各台变压器功率的分配是按变压器的容量的比例分配的，若并列运行的变压器的短路电压不等，各变压器的功率在分配时是按变压器短路电压成反比例分配的，短路电压小的变压器易过负荷，变压器容量不能得到充分利用。

如果有 n 台变压器并列运行，则第 m 台变压器的负荷为

$$S_{\mathrm{m}} = \frac{\sum_{i=1}^{n} S_i}{\sum_{i=1}^{n} \dfrac{S_{\mathrm{N}i}}{U_{\mathrm{dl}i}\%}} \times \frac{S_{\mathrm{N}m}}{U_{\mathrm{dl}m}\%} \qquad (2\text{-}1)$$

式中　$\sum_{i=1}^{n} S_i$ ——n 台并联运行变压器的总负荷；

$\sum_{i=1}^{n} \dfrac{S_{\mathrm{N}i}}{U_{\mathrm{dl}i}\%}$ ——每台变压器的额定容量除以短路电压百分比之和；

$S_{\mathrm{N}m}$ ——第 m 台变压器的额定容量；

$U_{\mathrm{dl}m}\%$ ——第 m 台变压器的短路电压百分比。

（4）不同接线组别的变压器并联运行，二次侧回路因变压器各二次电压相位不同而产生较大的相位差和较大的环流，严重时相当于短路。

（5）环网系统的变压器进行并列操作时，应正确选取充电端，以减少并列处的电压差。

（六）变压器操作过程中的危险点及其预控措施

1. 变压器操作的危险点

（1）切合空载变压器过程中出现操作过电压，危及变压器绝缘。

（2）变压器空载电压升高，使变压器绝缘遭受损坏。

2. 切合空载变压器产生操作过电压的预控措施

中性点直接接地系统中投入或退出变压器时，必须在变压器停电或充电前将变压器中性点直接接地，变压器充电正常后的中性点接地方式按正常运行方式考虑。

3. 变压器空载电压升高的预控措施

调度员在进行变压器操作时，应当设法避免变压器空载电压升高，如投入电抗器、调相机带感性负荷，以及改变有载调压变压器的分接头等，以降低受端电压。此外，还可以适当降低送端电压。

五、线路操作

（一）线路停电前潮流的调整、相关保护和安全自动装置的调整

（1）线路停电时，应考虑本站是否为本线路的合适的解列点或解环点，并应考虑减少系统电压波动，必要时要调整电压、潮流。对馈电线路一般先拉开受电端断路器，再拉开送电端断路器。

（2）双回线路供电的其中一条线路停电时，应检查两条线路的负荷情况，防止因一条线路已停运，拉开另一条线路断路器时造成用户停电；或一条线路停电时，造成另一条线路过负荷。

（3）如果线路停电涉及安全自动装置变更，应按相关规定执行。

（4）线路停电操作时，先停用一次设备，后停用保护、自动装置。

（二）线路停电时断路器和隔离开关的操作顺序

（1）拉开线路各侧断路器。

（2）先拉开线路侧隔离开关，后拉开母线侧隔离开关。这样做是因为即使发生意外情况或断路器实际上未断开，造成带负荷拉、合隔离开关所引起的故障点始终保持在断路器的负荷侧，这样可由断路器保护动作切除故障，把事故影响缩小在最小范围。反之，故障点如出现在母线侧隔离开关，将导致整条母线全部停电。

（3）可能来电的各端合接地开关（或挂接地线）。

（三）线路送电时充电端的选择、送电的约束条件、相关保护和安全自动装置的调整

1. 线路送电时充电端的选择

线路送电操作时，如一侧发电厂、一侧变电站时，一般在变电站侧送电，在发电厂侧合环（并列）；如果两侧均为变电站或发电厂，一般从短路容量大的、强联系的一侧送电，短路容量小的、弱联系的一侧合环（并列）；有特殊规定的除外。

2. 线路送电的约束条件、相关保护和安全自动装置的调整

（1）充电前，线路上（包括两侧隔离开关）所有安全措施均已拆除，人员已撤离工作现场，具备送电条件。

（2）充电线路的开关设备必须具有完备的继电保护。

（3）线路送电时先投入保护、自动装置，后投入一次设备。

（4）线路送电时，无自动闭锁重合闸的，重合闸必须停用。

（5）对于新线路第一次送电，为防止接线错误引起保护装置误动，对于高频保护、阻抗保护、差动保护及其他有方向行性的保护，必须在线路充电并进行带负荷测试，证明保护完全符合要求、方向正确后，才能投入。

（6）如果线路送电涉及安全自动装置变更，应按相关规定执行。

（四）线路操作中的问题

1. 线路停、送电操作中的注意事项

（1）勿使空载时末端电压升高至允许值以上。

（2）投入或切除空载线路时，不要使电网电压产生过大波动。

（3）避免发电机带空载线路的自励磁现象的发生。

（4）线路停送电操作要注意线路上是否有 T 接负荷。

（5）应考虑潮流转移，特别注意勿使非停电线路过负荷，勿使线路输电功率

超过稳定限额。

（6）严禁"约时"停电和送电。

（7）新建、改建或检修后相位有可能变动的线路，在并列或合环前，必进行定相或核相，确保相位正确。

（8）消弧线圈补偿系统中的线路停、送电时，应考虑消弧线圈补偿度的调整，禁止出现全补偿运行状态。

（9）充电端必须有变压器中性点接地。

2. 停、送电操作过程中的危险点及其预控措施

（1）停、送电操作过程中的危险点主要有：

1）空载线路送电时，线路末端电压异常升高。

2）发生带负荷拉合隔离开关事故。

3）带电合接地开关（挂接地线）或带接地开关（接地线）送电。

（2）空载线路送电时，线路末端电压异常升高的防范措施：

1）适当降低送电端电压。

2）充电端必须有变压器中性点接地。

3）超高压线路送电要先投入并联电抗器，再合线路断路器。

（3）带负荷拉合隔离开关事故的防范措施。

1）停电时，按断路器—线路侧隔离开关—母线侧隔离开关顺序操作；送电时，操作顺序相反。

2）严格按调度指令票的顺序执行，不得漏项、跳项，并加强操作监护。

（4）带电合接地开关（挂接地线）或带接地开关（接地线）送电事故的防范措施。

1）线路停电需转检修时，采用分步发令法，先将线路各侧转为冷备用（包含线路 TV），再将各侧由冷备用转检修，送电时操作顺序相反。

2）严格按调度指令票的顺序执行，不得漏项、跳项，并加强操作监护。

六、母线操作

（一）母线停、送电操作的方法及二次部分的调整

（1）母线停电时，先断开母线上各出线及其他元件断路器，最后分别按线路侧隔离开关、母线侧隔离开关依次拉开。母线送电时，操作与此相反。

（2）如线路停送电时伴随 220kV 母线停送电，可采取 220kV 线路与 220kV 空母线一并停送电方式。

（3）对母线送电：有母联断路器时，应使用母联断路器向母线充电。母联断路器的充电保护应在投入状态，必要时要将保护整定时间调整到 0。这样，如果备用母线存在故障，可由母联断路器切除，防止事故扩大。如 220kV 及以下电压等级母线无母联断路器，在确认备用母线处于完好状态并不带电容器、电源及一次负荷设备后，也可用隔离开关充电，但在选择隔离开关和编制操作顺序时，应注意不要出现过负荷。

（4）除用母联断路器充电之外，在母线倒闸过程中，应将母联断路器改非自动（即母联断路器的操作电源拉开），防止母联断路器误跳闸，造成带负荷拉隔离开关事故。

（二）倒母线的方法

1. 母线的"冷倒"方法

一般情况下，母线的"冷倒"适用于母线故障后的倒母线方式，具体操作方法是：

（1）断开元件断路器。

（2）拉开故障母线侧隔离开关。

（3）合上运行母线侧隔离开关。

（4）合上元件断路器。

2. 母线的"热倒"方法

母线的"热倒"是正常情况下的母线倒闸方式，即线路不停电的倒母线方式，如无特别说明，倒母线均采用"热倒"方式。具体操作方法是：

（1）母联断路器在合位状态下，将母联断路器改非自动（即母联断路器的操作电源拉开），保证母线隔离开关在并、解列时满足等电位操作的要求。

（2）合上母线侧隔离开关。

（3）拉开另一母线侧隔离开关。

3. 母线倒闸时母线侧隔离开关的操作方法

进行多个元件倒母线操作时，母线倒闸时母线侧隔离开关的操作原则上有两种操作方法：

（1）将一元件的隔离开关合于一母线后，随即断开该元件另一母线上的隔离开关，直到所有元件倒换至另一母线。

（2）将需要倒母线的所有元件的隔离开关都合于运行母线之后，再将另一母线对应的所有隔离开关断开。

具体操作方法根据操动机构位置和现场规程决定。

（三）母线操作中的问题

1. 母线停、送电操作中常见的问题

（1）备用和检修后的母线送电操作，应使用装有反应各种故障类型速断保护的断路器进行，若只用隔离开关向母线充电，必须进行必要的检查，确认设备良好、绝缘良好，并确认备用母线不带电容器、电源及一次负荷设备。在有母联断路器时应使用母联断路器向母线充电，母联断路器的充电保护应在投入状态。

（2）带有电感式电压互感器的空母线充电时，为避免断路器触头间的并联电容与电压互感器感抗形成串联谐振，母线停送电前将电压互感器隔离开关断开或在电压互感器二次回路并（串）联适当的电阻。

（3）母线停、送电操作时，应做好电压互感器二次切换，防止电压互感器二次侧向母线反充电。

（4）母联断路器因故不能使用，必须用母线隔离开关拉、合空载母线时，应先将该母线电压互感器二次断开。

2. 倒母线操作中的常见问题

（1）进行母线倒闸操作时，应注意对母差保护的影响，要根据母差保护运行规程作相应的变更。在倒母线过程中，无特殊情况，母差保护应投入运行。

（2）由于设备倒换至另一母线或母线上电压互感器停电，继电保护和自动装置的电压回路需要由另一电压互感器供电时，应注意避免继电保护和自动装置因失去电压而误动作。避免电压回路接触不良，以及通过电压互感器二次侧向不带电母线反充电，而引起的电压回路熔断器熔断，造成继电保护误动作等情况出现。

（3）无母联断路器的双母线或母联断路器不能启用，需停用运行母线，投入备用母线时，应尽可能使用外来电源对备用母线试送电。不具备上述条件时，则应仔细检查备用母线，确认设备正常、可以送电后，先合上原备用母线上的隔离开关，再拉开原运行母线上的隔离开关。

（4）母线的电压互感器所带的保护如不能提前切换到运行母线的电压互感器上供电，则事先应将这些保护停用。

（5）已发生故障的母线上的断路器需倒换至正常母线上时，应先拉开故障母线上的断路器和隔离开关，检查明确，并隔离母线故障后，才进行由正常母线对断路器的恢复送电操作。

（6）进行倒母线操作，操作前要做好事故预想，防止因操作中出现隔离开关瓷柱断裂等意外情况，而引起事故扩大。

3. 母线操作过程中的危险点及其预控措施

（1）母线操作过程中的危险点主要有：

1）对故障母线充电，引起事故扩大。

2）可能发生的带负荷拉隔离开关事故。

3）母线倒闸过程中，继电保护及自动装置误动。

4）向空载母线充电，发生串联谐振。

（2）对故障母线充电的防范措施。

1）母线充电有母联断路器时，应使用母联断路器向母线充电，母联断路器的充电保护应在投入状态，必要时要将保护整定时间调整到 0，这样可以快速切除故障母线，防止事故扩大。

2）母线故障后的倒母线应采用"冷倒"方式。

（3）倒母线过程中，带负荷拉隔离开关事故的防范措施。

除用母联断路器充电之外，在母线倒闸过程中，母联断路器的操作电源应拉开，防止母联断路器误跳闸，造成带负荷拉隔离开关事件。

（4）母线倒闸过程中，继电保护及自动装置误动的防范措施。

1）母线倒闸过程中应注意防止继电保护和自动装置失去电压，母线的电压互感器所带的保护，如不能提前切换到运行母线的电压互感器上供电，则应事先将这些保护停用。所带的保护，如不能提前切换到运行母线的电压互感器上供电，则应事先将这些保护停用。

2）母差保护与母线运行方式适应。

（5）向空载母线充电发生串联谐振的防范措施。停送仅带有电感式电压互感器的空母线前，在二次回路并（串）联适当的电阻，或母线停电前先将电压互感器转冷备用，母线送电后再将电压互感器转运行。

七、断路器及隔离开关操作

（一）断路器的作用、分类

1. 断路器的作用

（1）在电网正常运行时，根据电网需要，接通或断开正常情况下的空载电路和负荷电流，以输送及倒换电力负荷，这时断路器起控制作用。

（2）在电网发生事故时，高压断路器在继电保护装置的作用下，和保护装置及自动装置相配合，迅速、自动地切断故障电流，将故障部分从电网中断开，保证电网无故障部分的安全运行，以减少停电范围，防止事故扩大，这时起保护作用。

2. 断路器的分类

（1）按灭弧介质分有油断路器（包括少油断路器和多油断路器）、压缩空气断路器、磁吹断路器、真空断路器、SF_6 断路器。

（2）按操作性质分有电动机构断路器、气动机构断路器、液压机构断路器、弹簧储能机构断路器、手动机构断路器。

（3）按安装地点分有户内式断路器、户外式断路器、防爆式断路器。

（二）不能用断路器进行分合的操作

（1）严重漏油，油标管内已无油位。

（2）支持绝缘子断裂、套管炸裂或绝缘子严重放电。

（3）连接处因过热变色或烧红。

（4）断路器气体压力、液压机构的压力、气动机构的压力低于闭锁值，弹簧操动机构的弹簧闭锁信号不能复归等。

（5）断路器出现分闸闭锁。

（6）少油断路器灭弧室冒烟或内部有异常声响。

（7）真空断路器真空损坏。

（三）误拉、合断路器对系统的影响

（1）误拉断路器会造成电力用户和设备停电，扩大停电范围，造成系统的非正常解列等事故。

（2）误合断路器会造成停电设备误送电，带接地开关（按地线）送电等事故，造成设备损坏和人身伤亡。

（四）隔离开关的作用、分类

1. 隔离开关的作用

（1）隔离开关的作用是在设备检修时，造成明显的断开点，使检修设备与系统隔离。

（2）将已退出运行的设备或线路进行可靠接地，保证设备或线路检修的安全进行。

2. 隔离开关的分类

（1）隔离开关按安装位置可分为户内式、户外式两种形式。

（2）隔离开关按结构形式可分为单柱伸缩式、双柱水平旋转式、双柱水平伸缩式和三柱水平旋转式四种形式。

（五）允许用隔离开关进行的操作

（1）在电网无接地故障时，拉合电压互感器。

（2）在无雷电活动时，拉合避雷器。

（3）拉合 220kV 及以下母线和直接连接在母线上的电容电流。

（4）在电网无接地故障时，拉合变压器中性点接地开关或消弧线圈。

（5）与断路器并联的旁路隔离开关，当断路器完好时，可以拉合断路器的旁路电流。

（6）拉合励磁电流不超过 2A 的空载变压器、电抗器和电容电流不超过 5A 的空载线路，但 35kV 及以上线路应使用户外三联隔离开关。

（六）误拉、合隔离开关对系统的影响

由于合隔离开关或拉隔离开关的瞬间会产生电弧，而隔离开关没有灭弧机构，将会引起设备损坏和人身伤亡，并造成大面积停电事故。

（七）断路器和隔离开关操作中的危险点及其预控措施

（1）断路器和隔离开关操作中的危险点。

1）误拉、合不具备操作条件的断路器。

2）断路器操作出现非全相运行。

3）带负荷拉、合隔离开关事故。

（2）误拉、合不具备操作条件的断路器防范措施：断路器出现分闸闭锁时，不能直接拉开断路器，应先拉开该断路器的操作电源，然后采用停用线路对侧断路器或母线断路器等方法使该断路器停电。

（3）断路器操作出现非全相运行防范措施：断路器操作完毕后，应仔细检查断路器三相位置。断路器操作时发生非全相运行，应立即拉开该断路器。

（4）带负荷拉、合隔离开关事故的防范措施。

1）停电时，按断路器-线路侧隔离开关-母线侧隔离开关顺序操作；送电时，操作顺序相反。

2）严格按调度指令票的顺序执行，不得漏项、跳项。

第三节　电网异常处理

一、电网一次设备异常处理

（一）线路异常现象及处理方法

1. 线路过负荷

线路过负荷指流过线路的电流值超过线路本身允许电流值，或者超过线路电流测量元件的最大量程。出现线路过负荷的原因有，受端系统发电厂减负荷或机组跳闸；联络线并联线路的切除；由于安排不当导致系统发电功率或用电负荷分配不均衡等。线路发生过负荷后，会因导线弧垂度加大而引起短路事故。若线路电流超过测量元件的最大量程，会导致无法监测到真实的线路电流值，从而给电网运行带来风险。

消除线路过负荷可采取以下处理方法：

（1）受端系统的发电厂迅速增加功率，并增加无功功率，提高系统电压水平。

（2）送端系统发电厂降低有功功率，必要时可直接下令解列机组。

（3）情况紧急时可下令受端系统切除部分负荷，或转移负荷。

（4）有条件时可以改变系统接线方式，强迫潮流转移。

应该注意的是，和变压器相比较，线路的过负荷能力比较弱，当线路潮流超过热稳定极限时，运行人员必须果断迅速地将线路潮流控制下来，否则可能发生因线路过负荷跳闸后引起连锁反应。

2. 线路三相电流不平衡

线路三相电流不平衡指线路 A、B、C 三相中流过的电流值不相同。正常情况下，电力系统 A、B、C 三相中流过的电流值是相同的，当系统联络线一相断路器断开，而另两相断路器运行时，相邻线路就会出现三相电流不平衡；当系统中某线路的隔离开关或线路接头处出现接触不良，导致电阻增加时，也会导致线路三相电流不平衡；小电流接地系统发生单相接地故障时，也会出现三相电流不平衡。

通常三相不平衡对线路运行影响不大，但是系统中严重的三相不平衡可能会造成发电机组运行异常，以及变压器中性点电压的异常升高。当两个电网仅由单回联络线联系时，若联络线非全相运行，会导致两个电网连接阻抗增大，甚至造成两个电网间失步。

当线路出现三相电流不平衡时，首先判断造成不平衡的原因，应检查是测量表计读数是否有误，断路器是否非全相运行，负荷是否不平衡，线路参数是否改变，是否有谐波影响等。若线路三相电流不平衡是由于某一线路断路器非全相造成，则应立即将该线路停运。若该线路潮流很大，立即停电对系统有很大影响，则可调整系统潮流，如降低发电机功率，待该线路潮流降低后，再将该线路停运。对于单相接地故障引起的三相电流不平衡，应尽快查明并隔离故障点。

3. 小电流接地系统单相接地

我国规定低电压等级系统采用中性点非直接接地方式（包括中性点经消弧线圈接地方式），在这种系统中发生单相接地故障时，不构成短路回路，接地电流不大，所允许短时运行而不切除故障线路，从而提高供电可靠性。但这时，其他两项对地电压升高为相电压的 $\sqrt{3}$ 倍，这种过电压对系统运行造成很大威胁。可采取以下步骤进行处理：

值班人员须尽快寻找接地点，并及时隔离。

（1）值班人员首先应通过监控系统或其他信息来源确认是否发生了单相接地故障。

（2）一旦确认了故障，值班人员应立即采取措施隔离故障点，以防止故障进一步扩大，影响系统的其他部分。

（3）隔离故障后，值班人员应评估系统中的电力供应情况，并根据需要采取措施来恢复电力供应。

（4）在处理紧急情况后，值班人员应全面诊断故障原因，并计划修复措施。

4. 线路其他常见缺陷

电缆线路常见缺陷有终端头渗漏油、污闪放电，中间接头渗漏油、表面发热、直流耐压不合格、泄漏值偏大、吸收比不合格等。这些缺陷可能会引起线路三相不平衡，若不及时处理，有可能发展为短路故障。

架空线路常见缺陷有线路断股、线路上悬挂异物、接线卡发热、绝缘子串破损等，这些缺陷可能会引起线路三相不平衡，若不及时处理，有可能发展为短路或线路断线故障。

发现架空线路缺陷后，检修人员会申请带电作业，此时，调度人员应注意天气条件是否允许带电作业；有线路重合闸的线路，应待工作人员达到工作现场后再停用线路重合闸，以缩短线路重合闸停用时间；带电作业的线路发生跳闸事故后，不得强送电，应和作业人员取得联系后，根据情况决定是否强送电，必要时降低线路潮流。

（二）母线异常现象及处理方法

母线的正常运行状态是指母线在额定条件下，能够长期、连续地汇集、分配和传送额定电流的工作状态。高压母线在运行中发生故障的概率较低，大部分故障都是由于运行时间过长，设备老化而造成的。因为如果母线发生故障会造成大面积停电，所以发现母线异常应立即进行处理。下面介绍母线常见异常现象及处理方法。

1. 母线上搭挂杂物

母线上搭挂杂物是母线异常中较为多见的一种，尤其是变电站四周有棉纱、塑料薄膜等易被大风吹起的物品时，极易发生大风吹起塑料薄膜等杂物搭挂到母线或母线绝缘子上，母线上搭挂杂物会降低母线的绝缘性能，可能造成母线接地或短路故障。

当发现母线或绝缘子上搭挂有塑料薄膜等杂物时，应立即由两人（一人监护、一人操作）用绝缘杆将杂物挑开，挑开杂物时应注意防止造成短路或接地，如塑料薄膜较长时，为了防止在处理时发生短路，或在用绝缘杆挑起时塑料薄膜由于大风又被吹走，可以先将塑料薄膜缠绕在绝缘杆上，再将其挑走。当母线架构上有鸟窝等杂物无法用绝缘杆清除时，应报缺陷，由检修人员处理，同时应加强监视，做好事故处理准备。

2. 母线接触部分过热

母线接触部分过热，可通过远红外测温或雨、雪天及夜间巡视发现。

（1）母线过热的原因有：

1）母线容量偏小，运行电流过大。

2）接头处连接螺栓松动或接触面氧化，使接触电阻增大。

（2）母线过热时的处理方法。发现母线过热时，调度员根据现场值班员汇报，采取倒换母线或转移负荷的方法，直至停电检修处理。

1）单母线可先减少负荷，再将母线停电处理。

2）双母线可将过热母线上的运行断路器热倒至正常母线上，再将过热母线停电处理。

3）当母线过热情况比较严重，过热处已烧红，随时可能烧断发生弧光短路时，为防止热倒母线时过热处发生弧光短路造成两条母线全部停电，应采用冷倒母线的方法将过热母线上的断路器倒至正常母线上恢复运行，再将过热母线停电处理。

4）带有旁路母线时，如母线过热部位在母线与线路连接处，可先用旁路母线将过热处连接的线路代路操作，将该线路停电，消除过热的根源，再将过热母线停电处理。

3. 母线绝缘子破损放电

母线绝缘子在雷雨、冰雹等恶劣天气或者过电压运行时，易发生破损或放电现象，如母线绝缘子放电可听到放电的"噼啪"声，有时在夜间或光线较暗时可看到放电的蓝色闪光。

（1）母线绝缘子破损放电的原因。

1）表面污秽严重，尤其在污秽严重地区的变电站，含有大量硅钙的氧化物粉尘落在绝缘子表面，形成固体和不易被雨水冲走的薄膜。阴雨天气，这些粉尘薄膜能够导电，使绝缘子表面耐压降低，泄漏电流增大，导致绝缘子对地放电。

2）系统短路冲击、气温骤变等使绝缘子上产生很大的应力，造成绝缘子断裂破损。

3）长时间未清扫，污染过大、脏污过多。

4）施工时造成机械损伤。

5）系统过电压击穿。

6）大风、冰雹等恶劣天气影响。

（2）母线绝缘子断裂、破损、放电等异常情况的处理。发现母线绝缘子断裂、破损、放电等异常情况时，调度员根据现场值班员汇报，必须采取停电处理。在停电更换绝缘子前，应加强对破损绝缘子的监视，增加巡视检查次数，并做好事故预想与处理准备。

1）单母线接线应将母线停电处理。

2）双母线接线应视绝缘子破损程度、天气情况等采用热倒母线或冷倒母线的方法，将异常绝缘子所在母线上的断路器倒出后，将母线停电处理。如发现绝缘子裂纹，在晴天时可采用热倒母线处理；而在雨、雪等天气，为了防止在倒母线时裂纹进水造成闪络接地，使两条母线全部跳闸，宜采用冷倒母线的方式处理。

4. 母线电压异常

电网监视控制点电压规定：超出电力系统调度规定的电压曲线数值的 ± 5%，且延续时间超过 1h，母线电压超过规定数值的 ± 10%，且延续时间超过 30min 为电压异常。母线电压异常分为电压过高和电压过低两种。

（1）电压过高。电压过高的原因有：①系统电压过高；②负荷大量减少；③变压器带大量容性负荷运行，无功补偿容量过大，甚至反送无功；④变压器分接头位置调整偏高。

针对母线电压过高，可采用以下措施：

1）退出电容器组，减小无功补偿容量。对装有调相机的变电站，应减小其无功功率。

2）改变运行方式，调整有载变压器分接开关，降低输出电压。

3）调整发电机无功功率。

（2）电压过低。电压过低的原因有：①上一级电压过低，超过规定值；②负荷过大或过负荷运行；③无功补偿容量不足，功率因数过低；④变压器分接头位置调整偏低。

针对母线电压过低，可采用以下措施：

1）投入电容器组，增加无功补偿容量。对装有调相机的变电站，应增加其无功功率。

2）调整发电机无功功率。

3）改变运行方式，或调整有载调压变压器分接开关，提高输出电压。

4）根据超供电能力限电序位表进行拉闸限制负荷。

（三）变压器异常现象及处理方法

在电力系统中，变压器扮演着至关重要的角色，起着电能传输与分配的关键作用。然而，由于各种因素的影响，变压器在长期运行中可能会出现各种异常现象，如过载、温升过高、过励磁等，严重威胁着电力系统的可靠性和稳定性。因此，了解变压器异常现象的成因和特点，以及有效的处理方法尤为重要。

1. 变压器过负荷

变压器过负荷指流过变压器的电流超过变压器的额定电流值。变压器过负荷时，其各部分的温升将比额定负荷运行时高，从而加速变压器绝缘老化，威胁变压器运行。通常变压器具备短时间过负荷运行的能力，具体时间和过负荷数值应严格按制造厂家的规定执行。造成变压器过负荷的原因有：变压器所带负荷增长过快；并联运行的变压器事故退出运行；系统事故造成发电机组跳闸；系统事故造成潮流的转移等。

变压器过负荷时，参考 DL/T 572—2010《电力变压器运行规程》相关规定，一般应依次采取以下措施：

（1）投入备用变压器。

（2）改变系统运行方式，将该变压器的负荷转移。

（3）按规定的顺序限制负荷。

2. 变压器温升过高

当变压器冷却系统电源发生故障，使冷却器停运、变压器发生内部过热故障时，或环境温度超过40℃时，变压器会发生不正常的温度升高，超过表 2-1 所示的变压器监视油温表。

表 2-1　油浸式变压器顶层油温的一般规定值　　　　　　　　　　℃

冷却方式	冷却介质最高温度	最高顶层油温
自然循环自冷、风冷	40	95
强迫油循环风冷	40	85
强迫油循环水冷	30	70

当变压器温升过高超过规定值时，现场值班人员应：

（1）检查变压器的负荷和冷却介质的温度，并与在同一负荷和冷却介质温度下正常的温度核对。

（2）核对温度测量装置是否准确。

（3）检查变压器冷却装置或变压器室的通风状况。

若温度升高的原因是冷却系统的故障，且无法修理的，应将变压器停运，若不能立即停运，则值班人员应按现场规程的规定调整变压器的负荷至运行温度下允许的相应容量。在正常负荷和冷却条件下，变压器温度不正常并不断上升，且经检查证明温度指示正确，则认为变压器已发生内部故障，应立即将变压器停运。变压器在各种超额定电流方式下运行，若顶层油温超过105℃时，应立即降低负荷。

3. 变压器过励磁

当变压器电压升高或系统频率下降时，都将造成变压器铁芯的工作磁通密度增加。若超过一定值时，会导致变压器的铁芯饱和，这种变压器的铁芯饱和现象称为变压器的过励磁。当变压器电压超过额定电压 10%时，变压器铁芯将饱和，铁损增大。漏磁使箱壳等金属构件涡流损耗增加，造成变压器过热，绝缘老化，影响变压器寿命，甚至烧毁压器。

为防止变压器过励磁，必须密切监视并及时调整电压，将变压器出口电压控制在合格范围。

4. 变压器油色谱分析

在热应力和电应力的作用下，变压器运行中油绝缘材料会逐渐老化，产生少量低分子烃类气体。变压器内部不同类型的故障，由于能量不同，分解出的气体组分和数量是有区别的。

油色谱分析是指用气相色谱法分析变压器油中溶解气体的成分。即从变压器中取出油样，再从油中分离出溶解气体，用气相色谱分析该气体的成分，对分析结果进行数据处理分析，建立基准数据，并监测变压器的演变和变化趋势，有助于提前发现潜在的问题，如电弧放电、过热、绝缘材料老化等，并采取适当的维护措施，以延长变压器的使用寿命和可靠性。

5. 变压器其他异常及处理方法

（1）变压器油因低温凝滞：变压器中的油因低温凝滞时，可逐步增加负荷，同时监视顶层油温，直至投入相应数量的冷却器，转入正常运行。

（2）变压器油面过高或过低，与当时油温所应有的油位不一致：当发现变压器的油面较当时油温所应有的油位显著降低时，应查明原因，及时补油。变压器油位因温度上升有可能高出油位指示极限，经查明不是假油位所致时，则应放油，使油位降至与当时油温相对应的高度，以免溢油。

（3）瓦斯保护动作：当气体保护信号动作时，应立即对变压器进行检查，查明动作原因，是否因聚积空气、油位降低、二次回路故障或是变压器内部故障造成的。然后根据有关规定进行处理。

（四）断路器异常现象及处理方法

断路器是维护电网安全和稳定运行的重要设备。作为电力系统的开关装置，断路器承担着截断故障电流、隔离故障和保护电气设备的关键职责。然而，在长期运行过程中，断路器可能会出现各种异常现象，例如拒动、非全相运行等，给电力系统的可靠性和安全性带来潜在风险。

1. 断路器拒分闸

断路器拒分闸指合闸运行的断路器无法断开。断路器拒分闸的原因分为电气方面原因和机械方面原因。电气方面原因有保护装置故障、断路器控制回路故障、断路器的跳闸回路故障等；机械方面原因有断路器本体大量漏气或漏油、断路器操动机构故障、传动部分故障等。断路器拒分闸对电网安全运行危害很大，因为当某一元件故障后，断路器拒分闸，故障不能消除，将会造成上一级断路器跳闸（即"越级跳闸"），或相邻元件断路器跳闸。这将扩大事故停电范围，通常会造成严重的电网事故。

当运行中的断路器出现拒分闸时，必须立即将该断路器停运。具体方法为，用旁路断路器与异常断路器并联，用隔离开关解环路使异常断路器停电；或用母联断路器与异常断路器串联，断开母联断路器后，再用异常断路器两侧隔离开关，使异常断路器停电。对于 3/2 断路器接线的断路器，需将与其相邻所有断路器断开后才能断开该断路器两侧隔离开关。必要时可考虑直接拉开断路器两侧隔离开关解环，直接拉隔离开关时应至少断开本串断路器的控制保险。当母联断路器拒分闸时，可同时将某一元件的双隔离开关合入，将一条母线转备用后，再将母联断路器停电。

2. 断路器拒合闸

断路器发生拒合闸通常发生在合闸操作和线路断路器重合闸过程中。拒合闸的原因也分为电气原因和机械原因两种。若线路发生单相瞬间故障时，断路器在重合闸过程中拒合闸，将造成该线路停电。

断路器出现拒合闸时，现场人员若无法查明原因，则需将该断路器转检修进行处理。有条件采用旁路代方式送出设备。当双母线运行的母联断路器偷跳后拒合闸时，不能直接同时合入某一元件的双隔离开关，必须通过旁路断路器将两条母线合环运行。

3. 断路器非全相运行

分相操作的断路器有可能发生非全相分、合闸，将造成线路、变压器或发电机的非全相运行。非全相运行会对元件，特别是发电机造成危害，因此，必须迅速处理。

现场人员进行断路器操作时，发生非全相时应自行拉开该断路器。当运行的断路器发生非全相时，如果是断路器两相断开，应令现场人员将断路器三相断开；

如果断路器一相断开，可令现场人员试合闸一次，若合闸不成功，应尽快采取措施将该断路器停电。除此以外，若由于人员误碰、误操作，或受机械外力振动等原因造成断路器误跳或偷跳，在查明原因后，应立即送电。

（五）隔离开关异常现象及处理方法

隔离开关是电力系统中用量最多的高压开关设备，在设备维护和检修时，用于隔离电源，保证人员和设备的安全。受制造工艺、环境等的影响，隔离开关可能会出现异常现象，例如分合闸不到位、触头触指过热等，影响着电力系统的安全稳定运行。

1. 隔离开关分、合闸不到位

由于电气方面或机械方面的原因，隔离开关在合闸操作中会发生三相不到位或三相不同期、分合闸操作中途停止、拒分拒合等异常情况。

由于通常操作隔离开关时，该元件断路器已在断开位置，因此，隔离开关异常后，可安排该元件停电检修，进行处理。

2. 隔离开关触头触指过热

高压隔离开关的动、静触头及其附属的接触部分是其安全运行的关键部分。因为在运行中，经常的分合操作、触头的氧化锈蚀、合闸位置不正等各种原因均会导致接触不良，使隔离开关的导流接触部位发热。如不及时处理，可能会造成隔离开关损毁。

运行中的隔离开关接头发热时，应降低该元件负荷，并加强监视。双母接线中，可将该元件倒至另一条母线运行；有专用旁路断路器接线时，可用旁路断路器代路运行。

（六）互感器异常现象及处理方法

互感器在电力系统中的作用主要是将高电压或大电流转换为低电压或标准电流，以便用于测量、保护和控制系统。电压互感器将高电压变成低电压，电流互感器将大电流变成小电流，从而使测量仪表、继电器标准化和小型化，使电气测量的二次回路与一次高电压回路隔开，以保证人身和设备安全，同时将线路的电压和电流变换成统一标准值，以利于各种仪表和继电保护装置的标准化。然而，由于各种原因，互感器可能会出现异常现象，如准确度降低，输出信号不稳定或无输出等问题。这些异常现象的出现可能会导致电力系统监测和保护功能的失效，对电网安全和设备运行造成潜在威胁。

1. 电压互感器异常现象及处理方法

通常情况下，35kV 及以下电压等级的电压互感器一次侧装设熔断器保护，二次侧大多也装设熔断器保护；110kV 及以上电压等级的电压互感器一次侧无熔断器保护，二次侧保护用电压回路和表计电压回路均用低压自动小开关作保护来断开二次短路电流。当电压互感器二次侧短路时，将产生很大的短路电流，会将电压互感器二次绕组烧坏。

电压互感器主要异常有发热温度过高、内部有放电声、漏油或喷油、引线与外壳间有火花发电现象、电压回路断线等。当电压回路断线时，现场出现光字牌亮，有功功率表指示失常，保护异常光字牌亮等信号。由于电压互感器一般接有距离保护、母线或变压器保护的低压闭锁装置、振荡解列装置、备自投装置、同期并列装置、低频电压减载装置等。因此，当电压互感器异常时，通常需将相关保护或自动装置停用。

通常电压互感器发生内部故障时，不能直接拉开高压侧隔离开关将其隔离，只能用断路器将故障互感器隔离；保护用电压二次回路短路时，应将其所带的保护和自动装置停用，如距离保护、线路重合闸、备用电源自投装置、低频低压减载装置等。对于 110kV 及以上双母线接线变电站，当母线电压互感器异常停运时，母线必须同时停电。线路电压互感器异常停运后，应考虑对同期并列装置的影响。

当电压互感器发生异常情况可能发展成故障时，处理原则如下：

电压互感器高压侧隔离开关可以远控操作时，应用高压侧隔离开关远控隔离，无法采用高压侧隔离开关远控隔离时，应用断路器切断该电压互感器所在母线电源，然后再隔离故障的电压互感器。禁止用近控的方法操作该电压互感器高压侧隔离开关。禁止将该电压互感器的次级与正常运行的电压互感器次级进行并列。禁止将该电压互感器所在母线保护停用或将母差保护改为非固定连接方式（或站母方式）。在操作过程中发生电压互感器谐振时，应立即破坏谐振条件，并在现场规程中明确。

2. 电流互感器异常现象及处理方法

电流互感器运行中可能会出现内部过热、内部有放电声、漏油、外绝缘破裂等本体异常。还会出现过负荷、二次回路开路等异常现象。电流互感器过负荷会造成铁芯饱和，使电流互感器误差加大，表计指示不正确，加快绝缘老化，损坏电流互感器。电流互感器二次开路会在绕组两端产生很高的电压，造成火花放电，烧坏二次元件，甚至造成人身伤害。电流互感器接入绝大部分的保护装置，当电流互感器因铁芯饱和而误差加大时，可能会导致相关保护误动或拒动。因此，当电流互感器异常时，需停用相关保护，而使相关一次设备由于无保护设备而停运。

电流互感器过负荷时，应设法降低该元件的负荷。当电流互感器二次开路时，也应降低该元件负荷、停用该回路所带保护，待现场做好措施后令其进行处理。若需将电流互感器停电，应将该电流互感器所属元件停运，将其隔离。

（七）补偿设备异常现象及处理方法

在电力系统中，补偿设备被广泛应用于改善功率因数、稳定电压和提高电网质量。补偿设备包括静态无功补偿器、电容器组和电抗器等，它们的正常运行对于保障电力系统的稳定性和可靠性至关重要。然而，补偿设备在使用过程中可能会出现各种异常现象，如设备故障、性能下降或不合理的运行状态等问题。这些异常现象的存在可能会影响电网的正常运行，降低系统效率，并增加设备故障的风险。

1. 电容器的异常现象及处理方法

电容器异常情况有电容器外壳膨胀，电容器漏油，电容器电压过高，电容器过电流，电容器温升过高，电容器爆炸，电容器三相电流不平衡。由于电容器的主要作用是补偿电力系统中的无功功率，因此，电容器退出运行后会影响系统调节电压的能力。

电容器跳闸故障一般为速断、过电流、过电压、失压或差动保护动作。电容器跳闸后不得强送，此时应先检查保护的动作情况及有关一次回路的设备。如发现故障，应将电容器转检修处理。电容器退出运行后，应关注系统电压情况，必要时需投入备用无功设备。

2. 低压电抗器的异常现象及处理方法

低压电抗器的主要异常有电抗器发热，电抗器支持绝缘子破裂，电抗器运行有异声等。低压电抗器退出运行后，会影响系统调节电压的能力，当系统电压偏高时缺乏必要的调整手段。

电抗器跳闸故障一般为过电流，差动保护动作。电抗器跳闸后也不得强送，此时应先检查保护的动作情况及有关一次回路的设备。电容器退出运行后，应关注系统电压情况，必要时需投入备用无功设备。

二、继电保护及安全自动装置异常处理

在电力系统中，继电保护及安全自动装置是保障电网安全稳定运行的重要设备。它们的作用在于当电网发生异常时，能够及时地切断电源，以保护设备和人员安全。然而，由于各种原因，继电保护及安全自动装置可能会出现异常现象，如误动、失灵等问题。这些异常现象的存在可能会导致继电保护的失效，使得电力设备无法得到及时的保护，从而造成设备损坏，甚至发生事故。

1. 保护及安全自动装置的各种异常及处理方法

（1）通道异常。线路的纵联保护、远方跳闸、电网安全自动装置等，需要通过通信通道在不同厂站间传送信息或指令。目前，电力系统中的通道主要有载波通道、微波通道及光纤通道。载波通道常见异常主要有收发信机故障，高频电缆异常，通道衰耗过高，通道干扰电平过高等。光纤通道的常见异常有光传输设备故障，如光端机、PCM、光纤中继站异常、光纤断开等。

（2）二次回路异常。TA、TV 回路的主要异常有 TA 饱和、回路开路、回路接地短路、继电器接点接触不良、接线错误等。直流回路常见异常有回路接地，交直流电源混接，直流熔断器断开等。

（3）微机保护装置异常。目前，微机保护在电力系统中得到广泛应用，传统的晶体管和集成电路型继电器保护正逐步退出运行。微机保护装置的异常主要有电源故障，插件故障，装置死机，显示屏故障及软件异常等。

（4）其他异常。如软件逻辑不合理，整定值不当，现场人员误碰，保护室有施工作业导致振动大等。

继电保护及安全自动装置发生异常，调控运行人员应结合自动化信息、运维人员检查继电保护装置存在缺陷与异常现象，做出正确判断和处理。电气设备不允许无保护运行，由于特殊需要，县、配调调控员有权同意设备的部分保护短时停用：

1）主变压器气体保护和差动保护不得同时退出运行。县、配调调控员在本值时间内有权同意停用其中一套主保护，但应保留可靠后备保护。其他情况应得有关领导批准。

2）保护装置本身发生故障系指继电器及其回路发生不正常运行，如冒烟、异响、烧毁、电压回路失压及由于其他原因而发出警报信号等，县、配调调控员接到现场运行值班人员的汇报后，除令其按现场规程处理外，可根据具体情况停用有关保护，以免造成误动作。

3）如发生明显的由于保护误动跳闸，县、配调调控员应立即将其停用，并做出相应的措施，待查明原因后，才能重新投入该保护。

2. 保护停用对电网的影响及处理方法

双重化配置的保护之一停用，增加了电网的风险，因为若另一套保护也退出，会使特定的设备无保护运行，发生故障无法切除。有些设备（如线路）有明确的规定无保护必须停电。所以，当保护退出将造成设备无保护运行时，调度员必要时须将该设备停电处理。

母线差动保护停用时，一般可不将母线停运，此时，不能安排母线连接设备的检修，避免在母线上进行操作，减少母线故障的概率。

3. 保护拒动或误动对电网的影响及处理方法

保护拒动指按选择性应该切除故障的保护没有动作，靠近后备或远后备保护切除故障。保护拒动会使事故扩大，造成多元件跳闸，影响电网的稳定。

保护误动使无故障的元件被切除，破坏电网结构，在电网薄弱地区可能影响电网安全。运行中若可明确判断保护为误动，可将误动保护停用，再将设备送电。

调度员应综合分析开关状态、相邻元件的保护动作情况、同一元件的不同保护动作情况、故障录波器动作情况、保护动作原理等信息判断保护是否拒动或误动。

4. 电网安全自动装置停用对电网的影响及处理方法

安全自动装置停用，使电网抵抗电网事故的能力降低，电网的安全稳定水平降低，应制定相应控制策略，及时限制某些电源点的功率或断面潮流，并做好相关事故预想。

5. 电网安全自动装置拒动或误动对电网的影响及处理方法

安全自动装置拒动有可能使电网在发生较大事故时失去稳定，不能及时控制事故形态，使事故扩大，甚至引起电网崩溃。

安全自动装置误动会切除机组、负荷或者运行元件，和保护的误动类似。如果是涉及面较广的多场站联合型的安自装置误动，可能切除多个元件，对电网影响很大。

电网发生事故后，如明确为安全自动装置拒动时，调度运行人员应立即根据相应动作的控制策略下令采取相应措施。

三、通信及自动化异常处理

在现代电力系统中，通信及自动化装置扮演着关键的角色，用于实现设备之间的信息交换、远程监测和控制，以实现智能化的电力系统运行。然而，由于各种原因，通信及自动化系统可能会出现异常现象，如通信中断、数据丢失、自动化逻辑错误等问题。这些异常可能会导致电力系统的监控和控制功能失效，影响系统的可靠性和安全性。

1. 通信异常对电网调度的影响及处理方法

由于目前保护和安全自动装置的通道主要依赖电力专用通信通道，通信通道异常会直接影响纵联保护和安全自动装置的正常运行。若发生通道故障，则需要将受影响的保护和安全自动装置退出，甚至会导致保护和安全自动装置的误动或拒动。通信异常可能导致调度机构的自动化系统与厂站端的设备通信中断，影响自动化设备的正常运行。

调度员和厂站无法联系，调度业务无法进行，当电网发生事故后，调度员无法了解电网状况，影响事故处理。与调度失去联系的单位，应尽可能保持电气接线方式不变，火力发电厂应按给定的调度曲线和有关调频调压的规定运行。当发生事故时，各单位应根据事故情况，继电保护和自动装置动作情况，频率、电压、电流的变化情况，自行慎重分析后进行处理，对于可能涉及两个电源的操作，必须与对侧厂、站的值班人员联系后方能操作。调度还可通过外线电话、手机等通信方式与厂站取得联系，也可通过委托第三方调度、启用备用调度等措施进行电网指挥。

2. 自动化系统异常对电网调度的影响及处理方法

当调度机构的电网自动化系统异常时，会导致运行人员无法监视电网状态，影响正常的调度工作。当 AGC、AVC 等系统发生异常时，无法对现场设备下发指令，从而导致频率和电压偏离目标值。当现场自动化设备异常时，该厂站的遥测、遥信信息无法上传，调度指令无法下达到该厂站。

随着电网规模越来越大，电网结构越来越复杂，我国很多网省调度机构配置调度高级应用软件，用于电网运行的监视、预警和辅助决策，一旦这些软件停止运行，而调度员没有意识到在这种情况下就需要更主动、更仔细地对系统进行监控，并解读 SCADA 系统采集到的信息，尤其在发生电网事故的情况下，很可能贻误事故处理的最佳时机，造成灾难性后果。

当班调度员在发现自动化系统异常后，应立即通知自动化值班人员处理；通知调频电厂调频，同时要求全厂功率达到80%额定功率时要上报中调；通知其他电厂维持目前的发电功率，并按照调度的指令带有功负荷，按照电压曲线调整无功；同时，做好各电厂功率的记录（可通过调度台打印系统最后记录的发电表单），并随时修改；正在执行的倒闸操作应执行完毕，未开始的倒闸操作应暂时中止。

若发生电网事故，应详细了解现场的运行情况，包括断路器、隔离开关的位置，有关线路的潮流，母线电压，有无正在进行的工作（站内的和线路的带电工作），附近厂站的运行情况等；在自动化系统未恢复前，值内人员应加强相互之间的信息交流，互通有无，并保持冷静。若自动化系统发生严重故障且短时无法恢复时，有条件的电网可考虑启用备用调度。

四、发电设备异常处理

发电设备是电力系统的核心组成部分，负责将机械能转化为电能，为电力系统提供稳定的供电能力。然而，由于各种原因，发电设备可能会出现异常现象，如功率下降、异常振动等，这些异常可能会导致发电设备的效率降低，甚至造成设备损坏和停运，给电力系统的可靠性和稳定性带来威胁。

1. 发电机的异常

发电机异常主要有负序过电流和低压过电流、定子匝间短路、定子一点接地、励磁回路一点接地、定子过负荷、转子过负荷、过电压、频率异常等。

2. 电网调度处理

（1）电厂设备异常会使电网当前有功平衡受到影响，调度应及时调整其他机组功率，使电网频率或联络线考核指标在合格范围内。

（2）设备异常会使电网在负荷高峰时旋转备用不足，也可能造成电网在负荷低谷时调峰能力不足。调度员应安排好机组启停或限电计划，以满足电网在负荷高峰、低谷时的需求。

（3）某负荷中心区的机组异常时，还可能会导致电网局部电压降低或某些联络线过负荷。调度应关注小地区的电压支撑及联络线潮流，及时投入备用的有功容量和无功容量，将小地区电压及联络线潮流调整至合格范围。

五、电网异常处理案例分析

图2-1为110kV模拟变电站，该变电站为常规室内GIS变电站，双母分段接线方式，模拟一回、二回为进线电源，变压器（主变压器容量为5万kW）冷却

方式为强迫油循环风冷。

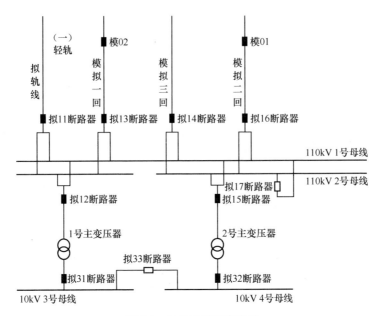

图 2-1 110kV 模拟变电站

（一）断路器异常案例

异常现象：110kV 模拟变电站拟 1 号主变压器拟 12 断路器处于运行状态，监控端发出"拟 1 号主变压器拟 12 断路器 SF_6 压力低报警"信号，监控人员检查该间隔设备无其他异常，立即将这一现象汇报当班调度员，并且通知运维人员到变电站现场检查。

异常处理：当值调度员接到异常汇报后，第一时间告知变电检修人员做好处理准备。运维人员检查拟 1 号主变压器拟 12 断路器 SF_6 压力，发现额定压力为 0.6MPa 的断路器，此时表压只有 0.54MPa，变电站电力综合自动化后台也发出"拟 1 号主变压器拟 12 断路器 SF_6 压力低报警"信号，运维人员将检查结果汇报调度员。当值调度员通知检修人员到变电站进行紧急处理，对拟 1 号主变压器拟 12 断路器进行检漏并补充 SF_6 气体。处理完成后，变电站电力综合自动化后台及主站端信号复归，异常消除。

（二）变压器异常案例

异常现象：某年 3 月某日 20:30，监控值班员发现 110kV 模拟变电站拟 2

号主变压器发出"风冷电机全停"信号，拟 2 号主变压器油温为 63℃，负荷为 2.8 万 kW，且在缓慢上升中，立即汇报当值调度员，并通知运维班值班员。

异常处理：当值调度员接到异常汇报后，第一时间告知变电检修人员做好处理准备。20:50 运维人员到达现场发现拟 2 号主变压器风冷全停，油温为 78℃，负荷为 2.8 万 kW（拟 1 号主变压器，油温为 45℃，负荷为 2 万 kW），且油温还在上升中，到拟 2 号主变压器风冷箱进行检查：①交流总电源测量正常；②各分路空气断路器均在合闸位置，且各分路无电源，检查完成后汇报调度。

20:55 当值调度员接到汇报后：①通知检修紧急处缺；②通知县配调转移负荷，并做好防全停准备，准备相应事故预案；③下口令，将拟 2 号主变压器负荷转移至拟 1 号主变压器；④通知变电运维准备紧急降温手段，并做好 110kV 模拟变电站特巡特维工作。

21:00 检修人员到达现场，经检查判断为拟 2 号主变压器风冷机总交流电源接触器故障。22:00 故障处理完成，相应信号复归，异常处理完成。

（三）继电保护及安全自动装置异常案例

异常现象：110kV 模拟变电站全接线运行，监控端发出"110kV 模拟一回拟 13 断路器、模拟二回拟 16 断路器保护装置异常"信号，监控人员检查该站其他间隔设备无其他异常，立即将这一现象汇报当班调度员，并且通知运维人员到变电站现场检查。

异常处理：当值调度员接到异常汇报后，第一时间告知变电检修人员做好处理准备。运维人员现场检查，变电站电力综合自动化后台也发出"110kV 模拟一回拟 13 断路器、模拟二回拟 16 断路器保护装置异常"且信号无法复归，运维人员将检查结果汇报当值调度员。

当值调度员通知检修人员到变电站进行紧急处理。检修人员到达现场，经检查发现故障系母差保护屏 CPU 插件损坏，需要将保护短时停用，更换插件。

当值调度员接到申请后，经与保护人员协商，下令将 110kV 模拟变电站 110kV 母差保护及 110kV 备自投退出，插件更换完成后，将相应保护投入。处理完成后，变电站电力综合自动化后台及主站端信号复归，异常消除。

（四）通信及自动化异常案例

异常现象：110kV 模拟变电站全接线运行，监控端发出"110kV 模拟一回模02 断路器、拟 13 断路器发纵联保护通道告警"信号，监控人员立即将这一现象汇报当班调度员,并且通知运维人员到变电站现场检查。

异常处理:当值调度员接到异常汇报后,第一时间告知变电检修人员、通信调度到站进行检查。运维人员现场检查,110kV 模拟一回两端变电站电力综合自动化后台均发出"纵联保护通道告警"且信号无法复归,运维人员将检查结果汇报当值调度员。

检修人员、通信运维人员到站检查后,发现故障系 110kV 模拟一回纵联保护光纤损坏,需将保护短时停用,更换光纤。

当值调度员接到申请后,经与保护人员协商,下令将 110kV 模拟一回两端纵联差动保护退出,光纤更换完成后,将相应保护投入。处理完成后,变电站电力综合自动化后台及主站端信号复归,异常消除。

第四节 电 网 事 故 处 理

一、电网事故概述

(一)故障处理概述

电力系统事故是指由于电力系统设备故障,稳定破坏,人员工作失误等原因导致正常运行的电网遭到破坏,从而影响电能供应数量或质量超过规定范围的,甚至毁坏设备、造成人身伤亡的事件。

电力系统事故按照故障类型划分,可以分为人身事故、电网事故、设备事故、信息系统事故;按照事故范围划分,可以分为全网事故和局部事故两大类。

(二)事故处理基本原则与调度报告内容

1. 电网事故及异常处理基本原则

(1)迅速对事故情况做出正确判断,限制事故发展,切除事故的根源,并解除对人身和设备安全的威胁。

(2)用一切可能的方法保持电网的稳定运行。

(3)尽快对已停电的客户恢复供电,优先恢复重要客户的供电。

(4)及时调整系统的运行方式,保持其安全运行。

(5)通知有关运行维护单位组织抢修。

2. 调度报告内容

电网发生事故时，有保护动作、断路器跳闸的厂、站运行值班人员应及时、清楚、正确地向所属调度部门报告。报告的主要内容包括：

（1）时间、设备名称及其状态。

（2）继电保护和安全自动装置动作情况（主要是动作于断路器分合闸的信息）。

（3）出力、频率、电压、电流、潮流等变化情况。

（4）当日站内工作及现场天气情况等。

（5）仔细检查后，将设备损坏情况报值班调度员。

（6）其他电压、负荷有较大变化或保护装置有动作信号的厂、站运行值班人员，也应向值班调度员报告。

电网发生事故后，调度员应及时通知受影响的下级调度及相关调度客户，同时，下级调度与调度客户也应该配合调度员进行事故处理。

（三）故障发生后的电网方式

在发生电网事故后，不论单元件故障还是多元件故障，调度员应第一时间对电网潮流变化、电压变化和拓扑方式变化进行分析，找到事故后电网方式的薄弱环节，并针对电网运行方式进行一、二次设备调整。

1. 潮流调整

事故后关键元件、断面过载或潮流加重，或者全网、整个控制区、局部供电区电力不平衡、频率波动，应对电网有功进行调整，有功调整应依据灵敏度和调整速度对机组进行调整，充分利用水电机组快速启动和调整的优势。必要时，可以令发电机退出 AGC 进行快速调整。此外，部分发电机可以退出 AGC 涨至扩容后的最高负荷。

电网无功调整应采用就地平衡的原则，一般通过本站的无功设备进行调整，同时，可以在近区厂站进行辅助调整。

2. 保护及安全控制措施

事故发生后，应按要求及时修改相关保护定值；若电网稳定切负荷、切机装置未动作，应根据策略进行负荷控制或切除发电机；若安全自动装置正确动作，应关注安全自动装置动作后，电网运行问题是否已解决，以及断面潮流、电压情况，有功无功的平衡情况；若电网运行问题未得到解决，可以进一步采取切机、切负荷或其他措施。

3. 负荷控制

一般在事故后受端电网有功出现缺口，或依靠调整发电机出力无法有效解决元件过载问题时，需要进行事故拉路或负荷控制，拉路前应了解拉路地区调度部门制定的事故拉路序位，考虑事故调查处置条例的要求，避免事故等级升高，必要时可以考虑在多地区分配拉路指标。此外，局部地区的电压事故也可以通过负荷拉路进行处理。

4. 紧急停机

在元件过载或电网发生稳定问题，需要快速降低有功功率时，调度员可以下令切除发电机组。切除前应考虑发电机当前出力，切除后的效果，以及发电机供热、供厂用电问题。对于风电机组，可以下令快速停机或限电。

5. 解网措施

在电网发生振荡且无法调整，或采用其他措施无法降低事故后过载元件潮流时，可以解网或断开某条线路。规程规定，采用解网措施时，解列点潮流可以不为零，但应考虑解网或断开线路后对电网的影响尽可能小。

6. 各级调度协调处理

当事故涉及多级调度单位时，各级单位应协调处理。下一级调度的设备过载，可以在上级调度的领导下，由下级调度配合调整。规程规定，对于非上级调度许可的设备，事故情况下上级调度可以通过下级调度进行调度指挥。

二、线路事故处理

（一）线路故障的主要原因

1. 外力破坏

（1）违章施工作业。包括在电力设施区内施工，造成挖断电缆、撞断杆塔、吊车碰线、高空坠物等。

（2）盗窃、蓄意破坏电力设施，危及电网安全。

（3）超高建筑、超高树木、交叉跨越公路危害电网安全。

（4）输电线路下焚烧农作物、山林失火及漂浮物（如放风筝），导致线路跳闸。

2. 恶劣天气影响

（1）大风造成线路风偏闪络。风偏跳闸的重合成功率较低，一旦发生风偏闪络跳闸，造成线路停运的概率较大。

（2）输电线路遭雷击跳闸。据统计，雷击跳闸是输电线路最主要的跳闸原因。

（3）输电线路覆冰。最近几年，由覆冰引起的输电线路跳闸事故逐年增加，其中，华中电网最为严重。覆冰会造成线路舞动、冰闪，严重时会造成杆塔变形、倒塔、导线断股等。

（4）输电线路污闪。污闪通常发生在高湿度持续浓雾气候，能见度低，温度在-3～7℃之间，空气质量差，污染严重的地区。

3. 其他原因

除人为和天气原因外，导致输电线路跳闸的原因还有绝缘材料老化、鸟害、小动物短路等。

（二）线路故障的种类

1. 按故障相别划分

线路故障有单相接地故障、相间短路故障、三相短路故障等。发生三相短路故障时，系统保持对称性，系统中将不产生零序电流。而发生单相故障时，系统三相不对称，将产生零序电流。当线路两相短时内相继发生单相短路故障时，由于线路重合闸动作特性，通常会判断为相间故障。

2. 按故障形态划分

线路故障有短路、断线故障。短路故障是线路最常见也最危险的故障形态，发生短路故障时，根据短路点的接地电阻大小及距离故障点的远近，系统的电压将会有不同程度地降低。在大接地电流系统中，短路故障发生时，故障相将会流过很大的故障电流，通常故障电流会到负荷电流的十几甚至几十倍。故障电流在故障点会引起电弧，危及设备和人身安全，还可能使系统中的设备因为过电流而受损。

3. 按故障性质划分

按故障性质可分为瞬间故障和永久故障等。线路故障大多数为瞬间故障，发生瞬间故障后，线路重合闸动作，断路器重合成功，不会造成线路停电。

（三）线路故障对电网的影响

（1）当负荷线路跳闸后，将直接导致线路所带负荷停电。

（2）当带发电机运行的线路跳闸后，将导致发电机解列。

（3）当环网线路跳闸后，将导致相邻线路潮流加重，甚至过负荷。或者使电网机构受到破坏，相关运行线路的稳定极限下降。

（4）系统联络线跳闸后，将导致两个电网解列。送端电网将出现功率过剩，频率升高；受端电网将出现功率缺额，频率降低。

（5）受端电网将出现功率缺额，频率降低。

（四）线路跳闸处理的一般原则

（1）当输电线路过负荷时，应降低送端机组出力，增加受端机组出力；当对负荷直接供电的馈线过负荷时，应转移负荷，必要时进行限负荷；当线路潮流超过稳定限额时，调度员必须果断快速地将线路潮流控制下来，避免可能因过载线路跳闸后引起的连锁反应。

（2）当线路出现三相不平衡时，首先判断造成不平衡的原因，如测量数据有误，非全相运行，负荷不平衡，线路参数发生变化，谐波等因素。

（3）当对负荷直接供电的馈线跳闸时，将导致负荷损失，应尽快恢复该线路供电，或者转移负荷。

（4）当发电机组并网线路跳闸时，将导致发电机组解列，应尽快恢复并网线路。

（5）当环网线路跳闸造成其他相关线路潮流重载或过载时，应尽快调整电网运行方式，降低相关线路潮流。

（6）当系统联络线跳闸造成电网解列时，应及时调整机组出力，保证解列后的电网发用电平衡。

（7）若是小电流接地系统发生单相接地时，应先判断出接地点所在线路，主要方法有选线装置、拉路查找等。

（8）在安排线路带电作业时，应注意天气情况、是否需要退出相关线路的重合闸等条件；有带电作业线路发生跳闸后，不得强送电，应和作业人员取得联系，并根据现场情况决定是否强送，必要时降低相关线路潮流。

（9）对线路强送电时的一些基本要求：一般选择短路容量较大的系统进行强送，应避免从电厂侧强送。在强送时，应考虑输电线路末端电压不超过相关规定值，强送端母线上必须有中性点直接接地的避雷器；为避免系统二次冲击，可以考虑测距较大的一侧给线路送电；送电侧的断路器应完好，相关保护应配置合理；若该系统为系统联络线，要考虑不要发生非同期合闸；若线路带电抗跳闸，在强送时如不能排除电抗存在故障，应退出电抗后进行线路强送。

（五）线路故障跳闸处理

（1）线路故障跳闸并重合闸成功。掌握保护动作情况、故障相别、保护及故障录波器测距等信息，并许可线路工区对故障线路进行带电巡线工作。

（2）线路故障重合闸失败（或未投重合闸），下送变电站备自投正确动作。变电站转移至另一线路供电，应考虑相应的主变压器、线路是否过负荷，下送变电站备自投改为信号状态，对故障线路一般不立即予以强送电。

（3）线路故障重合闸失败（或未投重合闸），下送变电站备自投未动作。若为双电源变电站，则将负荷转移至另一线路供电；若为单电源变电站，则考虑低压侧倒送电转供重要负荷。送电时应注意相应的主变压器、线路是否过负荷，下送变电站备自投改为信号状态，对故障线路视情况考虑是否强送电。

三、变压器事故处理

（一）变压器故障的主要原因

变压器的故障类型是多种多样的，引起故障的原因也是复杂的，原因主要如下：

（1）制造缺陷，包括设计不合理，材料质量不良，工艺不佳；运输、装卸和包装不当；现场安装质量不高。

（2）运行或操作不当，如过负荷运行、系统故障时承受故障冲击；运行的外界条件恶劣，如污染严重、运行温度高。

（3）维护管理不善或不充分。

（4）雷击、大风天气下被异物砸中、动物危害等其他外力破坏。

（二）变压器故障的种类

变压器故障分为内部故障和外部故障两大类，如图 2-2 所示。

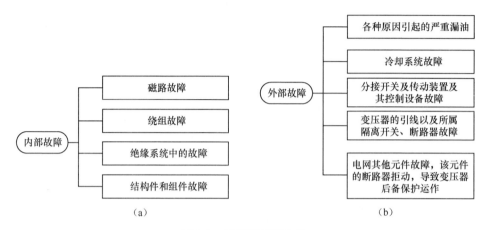

图 2-2　变压器故障分类
（a）内部故障；（b）外部故障

（三）变压器故障对电网的影响

（1）变压器跳闸后，最直接的后果就是造成负荷转移，使相关的并联变压器负荷增加，甚至过负荷运行。

（2）当系统中重要的联络变压器跳闸后，还会导致电网的结构发生重大变化，导致大范围潮流转移，使相关线路过稳定极限。某些重要的联络变压器跳闸甚至会引起局部电网的解列。

（3）负荷变压器跳闸后，其所带负荷全部转移到其他变压器，使得原本双电源供电的用户变成单电源供电，降低了供电的可靠性，或直接损失大量的用户负荷。

（4）中性点接地变压器跳闸后，造成序网参数变化，会影响相关零序保护配置，并对设备绝缘构成威胁。

（四）变压器跳闸处理的一般原则

（1）若主保护（瓦斯保护、差动保护等）动作，在未查明原因消除故障前不得送电。

（2）如主变压器后备保护动作，在找到故障并有效隔离后，可以试送一次。

（3）有备用主变压器或备用电源自动投入的变电站，当运行主变压器跳闸时，应先起用备用主变压器或备用电源，再检查跳闸的主变压器。监控值班人员应注意监视运行主变压器的负荷，不准超载运行。

（4）有载调压的轻瓦斯动作发信号后，应停止主变压器分接头的调整。

（五）变压器跳闸的处理过程

变压器跳闸后，调度员应首先解决因跳闸引发的运行问题：

（1）了解运行变压器及相关设备负载情况。如果有相邻变压器或线路过载，调度员通过转移负荷或拉限电等方式在规定的处理时间内控制主变压器至额定负荷内。

（2）了解安全自动装置动作情况，中性点运行方式。

（3）解决设备过载问题，调整中性点运行方式，满足电网运行要求。

其次，根据保护动作情况进行处理：

（1）瓦斯保护动作跳闸，运行值班人员不得试送。经现场检查、试验判明是瓦斯保护误动时，可向值班调度员申请试送一次。

（2）差动保护动作跳闸，现场查明保护动作原因是变压器外部故障造成，并已排除，可向值班调度员申请试送一次。

（3）变压器因过流保护动作跳开各侧断路器时，运行值班人员应检查主变压器及母线等所有一次设备有无明显故障，检查所带母线出线断路器保护有无动作，如有动作但未跳闸时，按越级跳闸处理，先拉开此出线断路器后再试送变压器。如检查设备均无异状，出线断路器保护亦未动作，可先拉开各路出线断路器试送主变压器一次。如试送成功，再逐路试送各路出线断路器。

（4）变压器中、低压侧过流保护动作跳闸时，检查所带母线有无故障点。当有故障点时，排除故障点后，用主变压器断路器试送母线；当无故障点时，按越级跳闸处理。

1）线路保护动作断路器未跳闸，运行值班人员应拉开该断路器，试送主变压器断路器。

2）当线路保护无动作显示时，运行值班人员应拉开各路出线断路器，试送主变压器断路器，试送成功后逐路试送各路出线断路器。试送中，若主变压器断路器再次跳闸，拉开故障线路断路器后，试送主变压器断路器。

3）当出线断路器与主变压器断路器同时跳闸时，按线路保护动作断路器未跳的处理方法处理。

4）对于经消弧线圈接地的 35kV 或 10kV 系统，运行值班人员应在母线充电后先行投入消弧线圈；对于未装设自调谐消弧线圈的，母线所带负荷恢复后，由相关调度员下达调度指令调整消弧线圈分接头位置。

5）运行值班人员在执行完后向调度员报告。

（5）变压器零序保护及间隙保护动作跳闸的处理。

1）当 220kV 变压器 220kV 侧零序保护或间隙保护动作跳闸时，应先将 220kV 接地系统恢复后，再恢复变压器的运行。

2）220kV 变压器 110kV 侧零序保护或间隙保护动作跳闸时，经现场检查主变压器等设备未发现明显故障点，确属非本站原因造成，按越级跳闸处理，拉开出线断路器，可试送变压器。

四、母线事故处理

（一）母线故障的原因

母线故障是指由于各种原因导致母线电压为零，而连接在该母线上正常运行的断路器全部或部分在分闸位置。引起母线故障的种类主要有：

（1）母线及连接在母线上运行的设备（包括断路器、避雷器、隔离开关、支持绝缘子、引线、电压互感器等）发生故障。

（2）出线故障时，连接在母线上运行的断路器拒动，导致失灵保护动作，使母线停电。

（3）母线上元件故障，其保护拒动时，依靠相邻元件的后备保护动作切除故障时，导致母线停电。

（4）发电厂内部事故，使联络线跳闸，导致全厂停电。

（5）母线及其引线的绝缘子闪络或击穿，或支持绝缘子断裂、倾斜。

（6）直接通过隔离开关连接在母线上的电压互感器和避雷器发生故障。

（7）GIS 母线故障，当 GIS 母线 SF_6 气体泄漏严重时，会导致母线短路故障。

（二）母线故障对电网的影响

母线是电网中汇集、分配和交换电能的设备，一旦发生故障，会对电网产生重大不利影响。

（1）母线故障后，连接在母线上的所有断路器均断开，电网结构会发生重大变化，尤其是双母线同时故障时，甚至直接造成电网解列运行，电网潮流发生大范围转移，电网结构较故障前薄弱，抵制再次故障的能力大幅度下降。

（2）母线故障后，连接在母线上的负荷变压器、负荷线路停电，可能会直接造成用户停电。

（3）对于只有一台变压器中性点接地的变电站，当该变压器所在的母线故障时，该变电站将失去中性点运行。

（4）3/2 接线方式的变电站，当所有元件均在运行的情况下发生单条母线故障时，将不会造成线路或变压器停电。

（三）母线故障的处理

多电源母线故障，若为环网运行变电站母线，则必将引起潮流变化和转移，应该首先解决母线故障引发的断面越限和电网稳定问题。

（1）当发生母线故障时，厂站运行值班人员应立即将断路器、保护装置动作情况报告值班调度员，并迅速检查母线设备，查找故障位置后报值班调度员。

（2）当母线因故障导致电压消失（确定不是电压互感器断线或熔丝熔断）时，同时伴有明显的短路象征（如火光、爆炸声、冒烟等情况），运行值班人员不得自行恢复母线运行，应对母线设备进行详细检查，同时立即报告值班调度员。

（3）处理原则：

1）不允许对故障母线不经检查即强行转入运行，以防对故障点再次冲击而扩大事故。

2）若有明显的故障点且可以隔离，应迅速将故障点隔离，恢复母线的运行。

3）有明显的故障点但无法迅速隔离：①若双母线接线单母线运行时发生故障，需切换到非故障母线时，必须注意确定非故障母线在备用状态且无任何工作时才可进行切换。若此母线在检修中，应视情况令其停止检修工作并迅速转运行。②若运行双母线中的一条母线发生故障，将无故障设备采取先拉后合母线隔离开关的方式切至运行母线上恢复运行。

4）属于双电源或多电源母线发生故障后，在恢复设备运行时，应防止非同期合闸。

5）双母线及多母线的母线发生故障，在处理故障过程中要注意母线保护的运行方式，必要时可短时停用母线保护。

6）若找不到明显的故障点，则应优先选择合适的外部电源对故障母线进行充电。电厂母线故障有条件的可采用发电机对故障母线进行零起升压，其次选用有充电保护的母联断路器进行试充电。一般不允许用变压器向故障母线充电。

7）母线故障可能使系统解列成若干部分，值班调度员应尽快检查中性点接地运行方式,保证各部分系统有适当的中性点接地,防止事故扩大。

运行值班人员处理母线故障的原则:①母线电压全部消失后,运行值班人员应不等待调度指令立即将可能来电的断路器(包括母联断路器)拉开,对母线进行外部检查,并迅速报告值班调度员。②将故障母线上的完好元件采取先拉后合母线隔离开关的方式切至正常运行的母线。③线路对端有电源,应根据值班调度员的指令进行同期并列或合环。

8)母线无母线保护(或因故停用中),母线失去电压,应联系值班调度员后,按以下方法处理:①单母线运行时,应立即选择适当的线路电源充电一次,若不成功,可切换到备用母线进行充电。②双母线运行时,应先拉开母联断路器,选择适当的电源分别进行充电一次。

9)母线因母线保护动作而失去电压时,应先检查母线,在确认母线无永久性故障后,按以下方法处理:①单母线运行时,应选择适当的线路电源充电一次,若不成功,可切换到备用母线进行充电。②双(或多)母线运行而又同时失去电压时,应立即先拉开母联断路器,选择适当的电源分别进行充电一次。③双(或多)母线运行一条母线失去电压(母线保护有选择动作)时,应选择适当的线路电源充电一次。尽量避免用母联断路器充电。

10)连接在母线上的元件故障,或由于越级跳闸造成母线失去电压,应立即将故障元件隔离,然后恢复母线运行。

11)35kV 及以下母线电压异常及处理原则见表 2-2。以 A 相故障为例,列出各种母线电压异常现象及处理原则。

表 2-2　35kV 及以下母线电压异常及处理

故障类型	电压显示值			接地信号	处理原则	备注
	A 相	B 相	C 相			
A 相完全接地	0	线电压	线电压	有	逐一试拉馈线及改变运行方式,查找接地点并隔离	可参考接地选线装置
A 相不完全接地	低于相电压	高于相电压,低于线电压	高于相电压,低于线电压	接地程度有关		
A 相低压熔丝熔断	0	相电压	相电压	无	试合空气断路器或更换低压熔丝	
A 相高压熔丝熔断	显著降低	相电压	相电压	可能有	母线电压互感器改为检修,查看高压熔丝是否熔断,若熔断应更换	
消弧线圈脱谐度过低	电压一般显示为一相降低、两相升高				任意合上一条馈线(或补偿站用变压器),电压异常不再出现	与不完全单相接地现象类似

续表

故障类型	电压显示值			接地信号	处理原则	备注
	A 相	B 相	C 相			
谐振	三相电压异常升高，表计可能达到满刻度，三相电压基本平衡			无	改变电网参数就可消除（如拉合母线分段断路器）	母线电压互感器会发出嗡嗡声
A 相断相	断相时：断线相电流为 0，未断相增加 断相后：出现零序和负序电流，正序电流减小			无	根据电压表计和出线功率表计的反应，立即切除该线路	实际运行中发生概率小

五、事故处理案例分析

（一）110kV 线路故障跳闸重合不成功

1.　故障前运行方式

正常方式下 220kV 甲变电站 110kV 甲丙线对 110kV 丙变电站 1 号母线供电，220kV 乙变电站 110kV 乙丙线对 110kV 丙变电站 2 号母线供电。110kV 丙变电站 1 号、2 号主变压器容量均为 50MVA，所带负荷分别为 31MW、28MW，110kV 母线分段丙 03 断路器、10kV 母线丙 53 分段断路器热备用。故障前电网运行方式如图 2-3 所示。

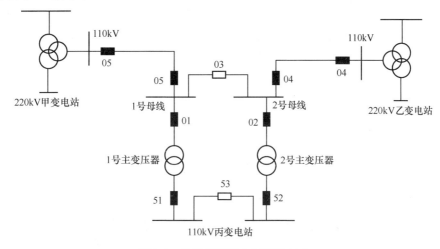

图 2-3　故障前局部电网运行方式

二次保护配置：220kV 甲变电站 110kV 甲丙线甲 05 断路器配置距离、零序保护。110kV 丙变站甲丙线丙 05 断路器无保护，配置 10kV 备自投装置，未配置母线保护。

2. 故障过程

某年某月某日 19:45，监控中心汇报：220kV 甲变电站 110kV 甲丙线甲 05 断路器零序过流二段，距离二段保护动作，断路器跳闸，后经过 1020ms 重合闸动作，重合不成功，距离加速动作，跳开断路器。110kV 丙变电站 110kV 丙 1 号母线、1 号主变压器失压，丙 10kV 备自投闭锁未动作，10kV 丙 5 号母线失压，损失负荷 31MW。

20:15 变电运维人员现场检查汇报：甲、丙变电站内设备无异常，经检查丙变电站母线无放电痕迹和异物短路等现象。保护动作信息与监控汇报相同，故障测距为距甲变电站 13.5km（线路全长 13.9km）。

20:46 输电运检人员巡线后汇报：110kV 甲丙线距离丙站约 300m 处，挖掘机夜间施工，因带电距离不够，造成 A 相对吊车放电，电线受损严重，不具备运行条件，申请将 110kV 甲丙线线路转检修，进行更换导线处理。

3. 故障分析与处置

220kV 甲变电站 110kV 甲丙线甲 05 断路器跳闸且重合不成功，基本确定为永久性故障，暂不考虑通过甲 05 断路器再次强送。根据 110kV 甲丙线甲 05 断路器零序过流二段，距离二段保护动作，初步判断故障点在线路末端或者丙站母线范围内，即通知变电运维人员去 220kV 甲变电站和 110kV 丙变电站进行站内设备检查；通知输电运检人员对 110kV 甲丙线进行带电巡线，进一步通过现场检查情况来判断故障原因和故障设备。

在未判明是否为丙变电站母线故障的情况下，为避免扩大事故和造成上级设备过载，暂不采取通过母线分段断路器强送的方式恢复供电，即令监控人员远程拉开甲丙线丙 05 断路器，通知配调通过配电网倒供电转移负荷。

在排除丙变电站母线故障的情况下，通过合上丙 03 母线分段断路器恢复 10kV 丙 5 号母线供电，视 110kV 乙丙线负载情况通知配调恢复损失负荷。

接输电运检人员申请后将 110kV 甲丙线线路转检修进行事故处置。

（二）110kV 出线断路器拒动导致主变压器中后备保护动作

1. 故障前运行方式

220kV 甲变电站 1 号主变压器为三绕组变压器，中性点直接接地，额定容量为 150MVA，负载率为 37%；2 号主变压器为三绕组变压器，中性点间接接地，额定容量为 150MVA，负载率为 40%。220kV 甲 04、110kV 甲 28 母联断路器运行。

110kV 甲乙线甲 22 断路器及 110kV 甲丙线甲 24 断路器运行于 110kV 甲 3 号母线上。故障前局部电网运行方式如图 2-4 所示。

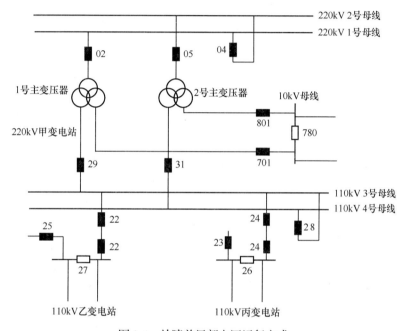

图 2-4　故障前局部电网运行方式

2. 故障过程

某年某月某日 17:04，监控中心汇报：220kV 甲变电站 110kV 甲乙线甲 22 断路器发控制回路断线信号。17:25，甲变电站 110kV 甲乙线甲 22 断路器零序电流一段、接地距离一段保护动作，甲 22 断路器显示在合位，甲 1 号主变压器 110kV 侧零序过流一段一时限、二时限保护动作跳开 110kV 甲 28 母联断路器及甲 1 号主变压器 110kV 侧甲 29 断路器，110kV 甲 3 号母线失压。110kV 乙变电站、丙变电站 110kV 备自投均正确动作，未损失负荷。

变电运维人员现场检查汇报：甲变电站 110kV 甲乙线甲 22 断路器零序电流一段、接地距离一段保护动作，故障相别为 A 相，故障测距为 6.8km，断路器机构内部二次接线有松脱，断路器未跳开，110kV 甲 3 号母线失压。110kV 乙变电站、丙变电站 110kV 备自投均正确动作。

输电运检人员巡线后汇报：故障点为甲乙线 2 号～3 杆之间 A 相风筝线缠绕，线路有放电痕迹，风筝线已处置，可恢复运行。

3. 故障分析与处置

根据保护动作过程、断路器位置变化等信息应初步判断故障点在 110kV 甲乙线路上，因甲变电站甲 22 断路器拒动造成甲 1 号主变压器中后备保护动作跳开 110kV 甲 28 母联断路器及甲 1 号主变压器 110kV 侧甲 29 断路器。

故障发生后，应通知运维人员到 220kV 甲变电站、110kV 乙变电站、丙变电站查看设备及保护动作情况，通知变电检修派相关人员处置，通知输电运维人员对甲乙线线路进行查线。

运维人员到站汇报后，因甲 1 号主变压器 110kV 侧断路器跳闸后，110kV 失去中性点，即将 220kV 甲 2 号主变压器 220kV、110kV 侧中性点改为直接接地，甲 2 号主变压器 220kV 侧改为间隙接地，断开甲变电站 110kV 甲 1 号母线上甲 24 断路器，拉开甲 22 断路器两侧隔离开关。将甲变电站甲 22 断路器转检修，处置断路器拒动故障。

输电运维人员查到故障点，不影响运行且甲 22 断路器故障未处置好，甲变电站 110kV 甲 3 号母线送电优先考虑用外来电源进行送电，再恢复主变压器或母联断路器对母线进行送电。实际处置过程中，若无外来电源，则可考虑用甲 1 号主变压器中压侧断路器或母联断路器对母线进行送电，并恢复 110kV 乙变电站、丙变电站正常运行方式。

（三）线路出口故障引起 110kV 母差误动

1. 故障前运行方式

220kV D 变电站 110kV 3 号母线供 110kV DK24、DN22 线路，110kV 4 号母线供 110kVDK23、DN25、DP32 线路；110kV DN22 线路、DN25 线路 T 接方式带 110kV N 变站负荷 30MW、M 变电站负荷 17MW，110kV DK23、DK24 线路带 110kV K 变电站负荷 18MW，110kVDP32 线路带 110kV P 变电站部分负荷 16MW。110kV K 变电站 110kV 备用电源自投装置正在进行年检工作。故障前局部电网运行方式如图 2-5 所示。

2. 故障过程

某年某月某日 14:25，220kV D 变电站 110kVDP32 线路零序一段保护动作跳闸，重合不成功。同时，110kV 母线差动保护动作出口，跳开 DN25、DK23 断路器、2 号主变压器 110kV 侧 31 断路器，110kV P 变电站、N 变电站、M 变电站备用电源自投装置动作成功。110kVK 变电站 2 号主变压器失电。

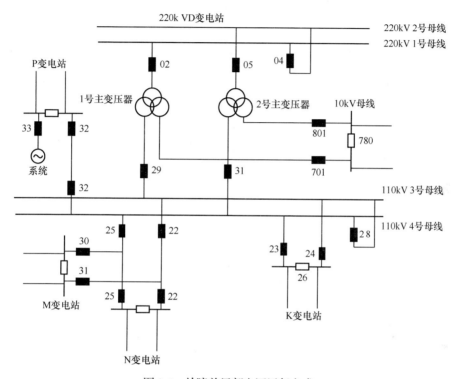

图 2-5　故障前局部电网运行方式

跳闸断路器：D 变电站 DP32 断路器、DN25 断路器、DK23 断路器、2 号主变压器 31 断路器。

D 变电站 110kV 母差保护动作跳闸造成 110kV 4 号母上所有断路器跳闸，造成 D 变电站 110kV 4 号母线失电。同时，由于 K 变电站 110kV 备用电源自投装置年检，也造成 K 变电站 2 号主变压器失电。

3．故障分析

在接到监控汇报后，应及时通知变电运维人员和输电运检人员检查 220kV D 变电站及 110kV DP32 线路情况。

经对 220kV D 变电站现场检查，220kV D 变电站 110kV DP32 线路零序一段保护动作跳闸，重合不成功。同时，110kV 母差保护动作跳闸，110kV 母差保护范围内未发现明显故障点,另经输电运检人员带电查线发现 220kV D 变电站围墙外 110kV DP32 线路第一基塔 C 相线路绝缘子断裂脱落接地。经调取故障录波综合分析判断,由于 110kV DP32 线路出口故障,故障电流较大,造成 TA 严重饱和,而 110kV 母差保护比率制动系数偏低,差动回路不平衡电流造成 110kV 母差保护误动。

为尽快恢复停电用户的供电,可令监控断开 K23 断路器,合上 K 变电站 110kV K26 分段断路器,恢复损失负荷。

查明故障点将故障设备隔离后,可考虑用 D 变电站 110kV D28 母联断路器对 4 号母线进行试送电,并恢复 110kV N 变电站、M 变电站正常运行方式,处理中要结合事故后运行方式及负荷曲线,注意 110kV D 变电站 1 号主变压器负荷情况,避免出现重载情况。

第三章　方式计划技术与管理

第一节　电能质量管理

一、电网无功电压运行管理

（1）电力系统的无功和电压的调整、控制和管理，由调控机构按调度管辖范围分级负责。电力系统的无功补偿实行"分区分层、就地平衡"的原则。

（2）各电压考核点的电压（无功）曲线由调度管辖的调控机构编制，按季度下达并报上一级调控机构备案。电压曲线编制应保证设备安全运行及用户电压合格。凡有调整手段的电压考核点，均应实施逆调压。

（3）发电机要严格按照调控机构下达的电压曲线或无功曲线运行。当其母线电压超过允许偏差范围（电压的变动范围应在额定值的±5%以内）时，应不待调度指令自行调整，使之符合给定的曲线范围。若由于调整能力所限无法达到时，应立即报告值班调度员。

（4）各并网机组必须具备 GB/T 40427—2021《电力系统电压和无功技术导则》所规定的进相运行能力，发电厂应按调度要求进行进相试验，确定发电机的实际可用进相范围，严格执行调度下发的发电机进相运行规定。

（5）发电机的自动调节励磁、强励、低励限制装置、失磁保护和无功补偿自动投切装置应正常投入运行。其停用、试验应事先经调度管辖的调控机构批准。发生故障停用时，应立即报告值班调度员。

（6）无功补偿设备除定期维修期间外，应保持完好状态。发生故障时，应及时处理修复。电容器、并联电抗器可用率满足要求。

（7）各级监控人员、变电运维（检）班运维人员、厂（站）运行值班人员必须监视电压考核点的电压，根据下达的电压曲线和相关规定的要求，充分利用现有调压手段进行电压调整（AVC 系统的无功电压自动调整，必要时进行人工干预），并逐步实现自动控制方式。

（8）系统各变电站母线电压变动幅度，应按下列要求执行：

1）6kV 母线电压为 6～6.4kV（0～+7%）。

2）10kV 母线电压为 10～10.7kV（0～+7%）。

3）20kV 母线电压为 20～21.4kV（0～+7%）。

4）35kV 母线电压为 34～38kV（-3%～+7%）。

5）110kV 母线电压为 110～117kV（0～+7%）。

6）属省调监视和控制的母线电压，按省调要求执行。地调应根据用户的实际情况及系统调压能力，按需要随时向省调提出各中枢点电压变动幅度的要求。

（9）用户受电端的电压变动幅度应不超过以下范围：

1）35kV 及以上供电电压正负偏差的绝对值之和不超过额定电压的 10%。

2）6～20kV 三相供电电压用户允许偏差为额定电压的 ±7%。

（10）装有有载调压变压器的变电站，必须在充分发挥本站无功补偿设备（调相机、电容器、电抗器等）调节能力的基础上，才能调整主变压器分接头。

（11）电力系统出现严重大扰动后，应采取紧急控制措施，防止电压崩溃。

（12）电网无功管理与优化的主要措施：无功优化，首先要搞好分层、分区就地平衡。无功补偿的理想状态是各级电压线路上没有无功电流流动，各级电压母线的功率因数均等于 1，避免经长距离线路或多级变压器输送无功功率。

1）应本着自下而上，由末端向电源端的顺序逐级平衡补偿。

2）需补偿容量 $\Delta Q = P(\tan\alpha_1 - \tan\alpha_2)$，其中 P 为最大负荷月平均有功功率。

3）调度员要加强对变电站无功、电压的调整，保持变电站母线电压质量和补偿装置的及时投停；全部补偿装置投入后，当变电站母线无功补偿仍不能满足要求时，应汇报上级调度协调解决。

4）新上变电站或电网改造，应尽量考虑无功自动补偿装置。

5）调度机构根据电网负荷变化和调压需要，对电厂电压监视控制点编制和下达电压曲线（或无功负荷曲线），电厂和具有无功调整能力的变电站应严格按照供电公司下达的电压曲线自行调整无功出力，值班调度员有权根据电网情况进行修改，并监督执行。

6）无功负荷高峰期间，电厂发电机无功要增到监视控制点电压达到目标电压值或按发电机 P-Q 曲线带满无功负荷为止。

二、低电压和闪变的基本概念

1. 低电压的基本概念

按照低电压产生和持续时间的长短可分为稳态低电压和暂态低电压两种。

（1）稳态低电压。稳态低电压也称为欠电压，常用电压偏差进行描述，即实际供电电压与额定供电电压之间的差值。按照国家标准（GB/T 12325—2008）《电能质量供电电压偏差》的要求：①35kV 及以上供电电压正、负偏差绝对值之和不超过标称电压的 10%；②20kV 及以下三相供电电压偏差为标称电压的 ±7%；③220V 单相供电电压偏差为标称电压的 +7%，−10%；④对供电点短路容量较小，供电距离较长，以及对供电电压有特殊要求的用户，由供用电双方协议确定。

（2）暂态低电压。暂态低电压则主要表现为电压在 1min 内突然下降而后又恢复正常的过程。目前，国内、外标准和文献中通常按照电压下降幅值大小将暂态低电压分为电压暂降与短时中断两种。

1）电压暂降的定义。电压暂降也称为电压跌落、电压骤降、电压下跌或电压凹陷，根据国家标准（GB/T 30137—2013）《电能质量电压暂降与短时中断》中的定义，电压暂降是指电力系统中某点工频电压方均根值（有效值）突然降低至 0.1～0.9 倍标幺值，并在短暂持续 10ms～1min 后恢复正常的现象。电压暂降特征量有两个：一是电压下降幅度，二是持续时间。国家标准、IEEE（国际电气与电子工程师协会）标准对电压暂降特征量的界定基本相同。

2）短时中断的定义。短时中断也称为电压中断，国家标准（GB/T 30137—2013）《电能质量电压暂降与短时中断》明确指出：短时中断是指电力系统中某点工频电压方均根值突然降低至 0.1 倍标幺值以下，并在短暂持续 10/ms～1min 后恢复正常的现象。短时中断与电压暂降的主要区别是电压下降幅度，而在持续时间和电压恢复等方面的要求与电压暂降相同。

2. 闪变的基本概念

（1）闪变的定义。闪变通常被认为是电压的闪络或快速变化，但实际上闪变的定义与人们习惯性的理解方式有较大区别。按照国家标准（GB/T 12326—2008）《电能质量电压波动和闪变》中的定义，闪变是指灯光照度不稳定的视觉感受；按照 IEEE（国际电气与电子工程师协会）标准中的定义，闪变是指灯光亮度或频谱随时间变化引起视觉不稳定印象。国际电工委员会（IEC）通过闪变实验研究，得到人的视觉对照度波动的频率特性。

（2）闪变的觉察频率范围：1～25Hz。

（3）闪变的最大觉察频率范围：0.05～35Hz（其下限值称为截止频率，上限值又称为停闪频率）。

（4）闪变的敏感频率范围：6～12Hz。

（5）闪变的最大敏感频率：8.8Hz。

闪变值是衡量闪变的指标，短时间闪变值用来确定短时间（1～15min，通常时间窗为10min）的闪变强弱，长时间闪变值用来描述整个工作周期（1h～7d）的闪变严重度。低压供电系统中短时闪变限值又称为单位闪变。它物理意义是：在标准实验条件下（60W230V 钨丝灯）被实验人数（大于 500 人）中 80%有明显刺激性感觉的闪变强度。

3. 电压波动的定义与限值

闪变是电压波动在一段时间内的累计效果，它通过灯光的照度不稳定造成的视觉来反映，而电压波动是指电压方均根值（有效值）的一系列变动或连续的改变。电压波动与电压变动的大小和频度有关，任何一个波动负荷用户在电力系统公共连接点产生的电压变动，其限值又与电压变动频度、电压等级有关。对于电压变动频度较低（例如 $r \leqslant 1000$ 次/h）或规则的周期性电压波动，可通过测量电压均方根值曲线 $U(t)$ 确定其电压变动频度和电压变动值。电压波动限值如表 3-1 所示。

表 3-1　电 压 波 动 限 值

r（次/h）	电压变动（d/%）	
	LV、MV	HV
$r \leqslant 1$	4	3
$1 < r \leqslant 10$	3*	2.5*
$10 < r \leqslant 100$	2	1.5
$100 < r \leqslant 1000$	1.25	1

注：（1）很少的变动频度（每日少于 1 次），电压变动限值 d 还可以放宽，但不在本标准中规定。

（2）对于随机性不规则的电压波动，如电弧炉负荷引起的电压波动，表中标有"*"的值为其限值。

（3）参照 GB/T 156—2007《标准电压》，本标准中系统标称电压 U_N 等级按以下划分：低压（LV）$U_N \leqslant 1kV$；中压（MV）$1kV < U_N \leqslant 35kV$；高压（HV）$35kV < U_N \leqslant 220kV$。对于 220kV 以上超高压（EHV）系统的电压波动限值，可参照高压（HV）系统执行。

由表 3-1 可知，35kV 及以下配电网公共连接点 1h 内 4%的电压变动不超过 1 次，1.25%的电压变动不超过 900 次。

4. 闪变与电压波动的区别

闪变与电压波动从概念上容易混淆，但实际上两者有非常明显的区别：①电压波动是反映电压变化的电气量，在电磁学上有明确的物理意义；而闪变是指视觉感受，是从生理学角度解释电压波动引起的结果，闪变不是电气量，更没有电磁学上的物理意义。②闪变是从人的主观视觉感受对电压波动进行评估，由于人的视感存在差异，需要对观察者的闪变感受做采样调查，因此，闪变具有鲜明的统计意义，是一个统计量；而电压波动则是描述电压变化过程的时变量，在某一时刻有确定的数值大小，是一个有确定性含义的电气量。

5. 低电压与闪变的关系

闪变的本质是电压波动，按照低电压和电压波动的定义，暂态低电压既属于低电压问题又属于电压波动的范畴，其与低电压和闪变的关系如图 3-1 所示。

在研究低电压、闪变的治理等相关问题过程中将暂态低电压单独作为一个系统性问题进行分析，因此在研究闪变相关问题过程中，仅仅考虑小幅电压波动产生的影响。

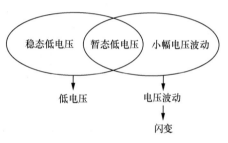

图 3-1　低电压与闪变的关系

三、低电压、闪变的形成原因

1. 稳态低电压的形成原因

引起稳态低电压的原因主要有 3 点：①无功功率不足；②供电半径较大，造成输电线路压降大；③电力负荷过重，造成输电线路损耗大。

2. 暂态低电压的形成原因

引起暂态低电压的原因主要有 4 点：①系统发生短路故障；②大型电动机启动；③系统设备自动投切时产生的影响，如备用电源自动投切、自动重合闸动作；④大型负载的短时快速变化或大型负载投切。

引起暂态低电压的原因有多种，但暂态低电压的变化过程主要有两类：一类是以电网故障、自动化装置动作导致电网结构发生变化的电磁暂态过程（即单纯以电压、电流等电气量为主的变化过程）；另一类是电动机启动、大型负载变化导致电网内机械负载发生改变的机电暂态过程（即机械量与电气量相互作用的过程）。前一类暂态低电压主要是电气量的变化，电压变化的动态过程短；而后一类暂态低电压反映了机械量和电气量的相互作用，电压变化的动态过程相对较长。这里以瞬时单相接地故障和大型电动机启动的电压变化过程对暂态低电压的变化特征进行分析。

（1）电磁暂态过程（电压、电流等电气量的变化过程）。瞬时单相接地故障引起的电压变化现象以电磁暂态过程为主，电压的暂态变化如图 3-2 所示。

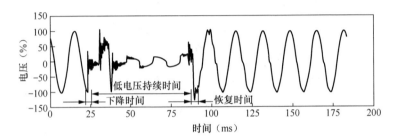

图 3-2　瞬时单相接地故障引起的电压变化

图 3-2 中，暂态低电压全过程约为 60ms，其中，故障期间的低电压持续时间约为 50ms，故障发生后电压的下降过程和故障切除后电压的恢复过程均为电磁暂态变化过程，其暂态持续时间均为 5ms。

（2）机电暂态过程（机械量与电气量相互作用的过程）。大型电动机启动过程中电压的变化如图 3-3 所示。大型电动机启动时产生 6~10 倍的额定电流，并在阻抗上产生较大的电压降，导致机端电压发生下降。但随着电动机转速的不断增加，电动机的启动电流开始减小，机端电压开始恢复。由于电动机的加速过程相对较慢，因此，这一类含机电暂态过程的暂态低电压恢复时间相对较长，过渡时间在秒级以上。

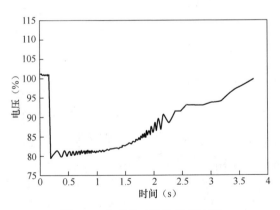

图 3-3　大型电动机的启动过程

3. 闪变形成的原因

电压暂降和短时中断等暂态低电压问题，以及小幅的电压波动都会引起闪变。前文已对暂态低电压的形成原因和变化特征做了详细阐述，这里只对小幅电压波动引起的闪变进行分析。小幅电压波动主要由并网点的波动性负荷引起，其波动幅度大小取决于波动性负荷的容量占并网点短路容量的比例。在电网的众多用户中，电弧炉、轧钢机和重型车床等大功率波动性负荷是引起闪变的主要原因，这类负荷由于功率因数低，无功变化量大，功率变化速度快，造成电压变动幅度大，变化频率高，闪变现象明显。此外，非线性负载或大中型负载间歇性变化产生的谐波或间谐波（频率小于 50Hz 的谐波）也是引起闪变的常见原因，这类负荷虽然功率不大，电压变动幅值较小，但由于分布范围广，导致闪变的影响范围大。

闪变的变化特征较为复杂，取决于多方面因素的综合影响，主要包括以下 3 个方面：

（1）供电电压波动的幅值、频度和波形，通常来讲，电压波动越大，越容易引起闪变现象。

（2）照明装置（主要为白炽灯）的功率和额定电压等参数，照明装置对电压波动越敏感，越容易产生闪变。

（3）人眼对闪变的主观视感。由于人们视感的差异，不同人对闪变的敏感度不一样，需对观察者的闪变视感作抽样调查。

四、低电压、闪变的危害

1. 稳态低电压的危害

用电设备按照额定电压进行设计、制造，其工作效率和使用寿命均与电压有关。低电压会造成用电设备能效降低，损耗加大，特别是一些带有异步电机的家用电器（如洗衣机、电风扇、空调机、电冰箱、抽油烟机等），电压过低会影响电动机的起动，使转速降低、电流增大，甚至造成绕组烧毁的后果。同时，稳态低电压问题还会对电网的经济运行造成影响。输电线路和变压器在输送功率不变的条件下，流过电流大小与运行电压成反比，电网低电压运行会使线路和变压器电流增大，而线路和变压器绕组的功率损耗又与电流平方成正比。因此，低电压运行会使电网有功功率损耗和无功功率损耗大大增加，增加了供电成本。

2. 暂态低电压的危害

暂态低电压对日常生活和工业生产都有较严重的影响。在日常工作生活中，暂态低电压引起低压断路器脱扣切断电源，造成负荷供电中断，电梯悬停，服务器或计算机重启，严重时会导致数据出错或丢失，甚至是硬盘损坏。在工业生产中，暂态低电压引起设备停运或自动化生产流程不同步，严重时会造成产品报废。综合目前有关暂态低电压危害的有关报告，暂态低电压的主要危害归纳如表 3-2 所示。

表 3-2　暂态低电压的危害

设备	危害
电控设备	电压小于 80% 时，控制器动作将设备切除
芯片测试仪	电压小于 85% 时，芯片烧毁，测试仪停止工作，内部电子电路主板故障
可编程控制器 PLC	电压小于 50% 时，PLC 停止工作；电压小于 90% 且持续仅几个周波时一些 I/O 设备将被切除
精密机械工具	机器人对金属部件进行精密加工，为保证产品质量和安全，工作电压门槛值一般设为 90%，电压小于 90% 且持续时间大于两个周波，机器人电源跳闸
直流电动机	电压小于 80%，电机跳闸
调速电动机	电动机电压大于 90% 持续且持续 3 个周波，电动机跳闸
交流接触器	电压小于 80%，接触器脱扣。（电压偏低导致铁芯吸力不够而脱口）
计算机	电压小于 60% 且持续时间大于 12 个周波，数据丢失

3. 闪变的危害

闪变发生后，最直观的危害是引起照明灯光闪烁，电视机画面不稳定，影响人的视觉。变化幅度较小的闪变会对光纤生产、手表制造、芯片加工等对电压变化敏感的工艺过程或实验结果造成不良影响；变化幅度较大的电压波动甚至会导致电子仪器设备、计算机系统、自动控制生产线以及办公自动化设备等工作不正常或受到损坏。

五、低电压、闪变的治理方案与建议

1. 稳态低电压治理方案与建议

供电系统的稳态低电压治理主要从电网运行和电网建设两方面进行治理。

（1）电网运行。电网运行方面治理有 3 种方式：①加强中枢点电压管理；②变压器调压；③进行无功补偿，最终使用户的电压在各种不同运行方式下符合国家标准。

1）中枢点电压管理。所谓中枢点，是指电力系统中可以反映系统整体电压水平的主要发电厂和变电站的母线。供电系统的中枢点主要指 220kV、110kV 母线，管理好中枢点的电压，也就控制了系统中大部分负荷的电压。

2）变压器调压。电力降压变压器的高压绕组上除主分接头外，还有几个附加分接头，供电网调压使用。通过改变变压器分接头改变变压器变比，实现变压器输出电压的调整。

3）无功补偿。当线路、变压器传输功率时，会产生电压损耗，如果能在输电过程中或在用电侧对线路无功损耗进行补偿，则有利于提升供电电压。传统的无功补偿装置主要有电容器，由于电容器的补偿容量与接入点电压的平方成正比，这表明电压降低程度越大，提供的无功功率越小，无功补偿的效果越差。因此，在使用电容器进行无功补偿时，电容器投入时间的选择很重要，在电压下降程度还不太低时投入电容器补偿效果较好。

（2）电网建设。电网建设方面治理低电压重点是对低电压台区进行综合改造，主要改造项目有：

1）增加配变容量。

2）将导线更换大截面导线。

3）加装无功补偿装置。

4）对于低电压比较严重的地区，要考虑新增电源点。

2. 暂态低电压治理方案与建议

暂态低电压的影响因素有多种，有人为因素（大型设备启停），也有非人力所能控制因素（系统短路、设备跳闸）。根据目前的技术水平条件，不可能从根本上消除暂态低电压问题，但可以考虑从 3 个方面对这一问题进行治理：①在暂态低电压产生的源头侧进行治理，减小电压降低对全网设备的影响；②在用电侧进行防御，通过安装抵御电压暂降或中断的设备来保护重要用户正常的工作、生活秩序；③改善设备的动态特性，将暂态电压变化控制在可接受范围内。

（1）在源头侧进行治理。从源头侧治理低电压问题的思路是，尽可能减少低电压持续时间，降低不利因素对系统的影响，进而提高电网的供电质量。

1）重要区域采用快速保护装置。由暂态低电压的动态变化特征可知：电网发生短路故障后电压的下降过程，和电网故障切除后电压的恢复过程，均为电磁暂态过程，持续时间均约为 5ms，而电压下降与电压恢复之间的低电压持续时间主要由保护整定时间、保护装置固有动作时间和断路器固有动作时间决定。目前，

10kV 馈线主要采用过流速断保护，馈线断路器的速断保护按 150ms 整定，若保护装置和断路器的固有动作时间按 50ms 计算，则从电压开始下降到电压恢复正常的持续总时间约为 210ms；如果 10kV 馈线采用差动保护等快速保护装置，保护整定时间为 0ms，保护装置和断路器的固有动作时间仍按 50ms 计算，则从电压开始下降到电压恢复正常的持续总时间约为 60ms。采用过流速断保护时，半导体加工设备的并网点电压最低允许下降至 70%；而采用快速保护时，半导体加工设备的并网点电压最低允许下降至 50%。由于快速保护的运行维护成本相对较高，因此，只建议在敏感型重要用户集中的区域或线路上采用。

2）大型负荷并网点加装动态无功补偿装置。大型负荷启动过程中，启动电流大，吸收无功多，进而造成并网点及其临近区域电压的大幅降低。如果能在大型负载启动过程中，根据其吸收无功量的大小进行跟踪补偿，则能有效消除并网点的低电压问题。要实现无功功率的跟踪补偿，一方面要解决补偿容量的问题，另一方面要解决跟踪速率的问题。在补偿容量方面，大型负载启动过程中无功功率需求量大，要求补偿的容量通常在兆乏以上；在跟踪速率方面，并网点无功功率的变化速率取决于机械负载的变化速率，因此，动态无功补偿的响应速率只要满足机械负载的变化速率即可。

目前，满足上述要求的常用动态无功补偿装置主要有静止无功补偿器（SVC）和静止无功发生器（SVG）两大类。静止无功补偿器（SVC）有 3 种基本类型：自饱和电抗器型（SR）、晶闸管控制电抗器型（TCR）和晶闸管投切电容型（TSC），其基本原理都是通过电力电子装置控制电容器或电抗器自动投切，以满足无功功率补偿的要求。静止无功发生器（SVG）中最为先进的一类要属静止同步无功补偿装置（STATCOM），其基本原理是利用电力电子变流装置直接发出需要补偿的无功功率，进而实现动态无功功率的补偿。静止无功补偿器（SVC）和静止无功发生器（SVG）均具备无功功率的双向调节能力，同时，通过多级并联，有源滤波等控制手段，还能有效消除了电力电子装置引入的谐波问题。

针对大型设备启动或负荷快速变化引起的暂态低电压问题，建议在用户供电协议中明确用户在并网点的动态电能指标，对于电压不合格的企业，督促其采取动态无功补偿手段，确保设备启动、负荷快速变化过程中不引入低电压问题。

（2）在用电侧进行防御。故障跳闸、备自投动作、重合闸动作，都将产生电压暂降或短时中断现象。用电侧防御的思路是在电压暂降或短时中断后，依靠各种防御措施，把电压维持在合格范围内，保障设备在电压暂降或中断期间能正常运行，直至电压恢复正常。

1）不间断电源（UPS）。常用的不间断电源（UPS）按接线方式主要分为后备式不间断电源（UPS）和在线式不间断电源（UPS），其基本原理如图 3-4 和图 3-5 所示。

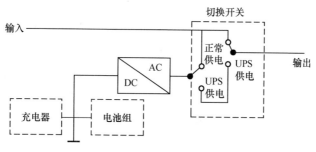

图 3-4　后备式不间断电源（UPS）

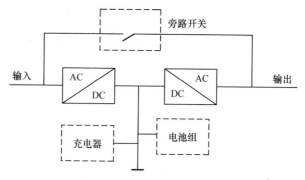

图 3-5　在线式不间断电源（UPS）

不间断电源（UPS）若采用后备式接线方式，当输入电源正常时，由输入电源向不间断电源（UPS）充电；当输入电源异常时，不间断电源（UPS）在 2～10ms 内自动切换至 UPS 供电模式，由电池组经变流器逆变器后向负载供电。

不间断电源（UPS）若采用在线式接线方式时，无论输入电压是否正常，都由不间断电源（UPS）向负载供电，旁路断路器仅在不间断电源（UPS）电源检修或损坏时使用。在线式不间断电源（UPS）相对于后备式的最大优势是没有切换时间，并且还具有一定的稳压作用。

后备式不间断电源（UPS）工作在 UPS 模式下，或在线式不间断电源（UPS）工作在输入电源中断时，都将只能由电池组带全部负载。受电池组本身容量的限制，不间断电源（UPS）的容量一般不超过 1MW，因此，不间断电源（UPS）只能用于中小型设备防御电压暂降或短时中断的场合。

2）动态电压恢复器（DVR）。动态电压恢复器（DVR）的结构有 3 种：串联式 DVR、并联式 DVR 和串并联式 DVR，在这 3 种结构中，尤以并联式 DVR 和串并联式 DVR 的应用范围最广。

并联式 DVR 通过无功电流控制来实现电压调整，也被称为静态无功发生器（SVG）或静止同步无功补偿器（STATCOM），其工作原理已在前面介绍。

串并联式 DVR 的结构如图 3-6 所示，串并联式动态电压恢复器通过并联整流回路获得直流电源，再通过串联你变回路输出补偿电压。

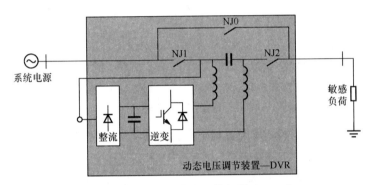

图 3-6　串并联式动态电压恢复器（DVR）

DVR 通常安装在电源与重要负荷的馈电线路之间。在正常供电状态下，DVR 处于低损耗备用状态；在供电电压发生突变时，DVR 可在几个毫秒内产生一个与电网同步的三相交流电压，该电压叠加在跌落电压之上，实现负载电压的补偿，从而把馈线电压恢复到正常值。负载电压的补偿过程如图 3-7 所示。

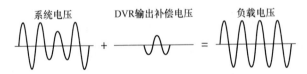

图 3-7　负载电压的补偿过程

DVR 响应时间不超过 5ms，由于 DVR 只需补偿系统电压跌落的缺额部分，故其设计容量远小于采用 UPS 补偿时的设计容量。目前，已有兆伏安级的 DVR 装置投入运行，在保障中、大规模敏感型重要用户电压质量方面取得了显著成效。

用户在用电过程中缺乏对暂态低电压的认识，建议在签订供电协议时应告知用户供电过程中潜在的不可控的暂态低电压问题，对于供电质量要求高的用户，指导用户在核心设备或有特殊供电要求的设备上安装不间断电源（UPS）或动态电压恢复装置（DVR）。

（3）改善设备动态特性。改善设备动态特性的思路是加强设备之间的配合关系，减小电源切换的动作时间，增强设备应对电压变化的能力。

1）采用智能低压脱扣器。传统低压脱扣器动作定值一般为 0.6～0.7 倍标幺值，动作环节没有延时，这种保护策略最大限度地避免了因电压降低而烧毁设备的危险。但实际上，无论是大型计算机设备，还是半导体加工、度量、自动化测试等设备，他们都具有一定的耐受低电压的能力。因此，如果条件许可，应选择加装延时的方式避开电压暂降事件，或者采用智能低压脱扣器，将脱扣器的整定值、脱扣时间与电压暂降大小和设备耐受低压的能力匹配起来，进而减少用电设备的停电风险，保持工作的连续性。同时，在管理上建议，以后用户在报装时应提供负荷的类型，说明能接受的电压暂降幅值及电压暂降的时间，供电单位根据用户需求并参考相关标准和规程，来确定该用户是否应该配置低压保护，是否需要安装具有延时功能的低压脱扣装置。

2）采用固态断路器（SSTS）。随着配电网结构的日渐完备，不少重要敏感用户配备了双路的独立电源，这样只要加装一套固态断路器（SSTS）系统就能达到对电压暂降和短时中断很好的治理效果。固态断路器（SSTS）也称为无触点断路器，通常串联在电压暂降敏感负荷与主、备用电源之间，如图 3-8 所示。

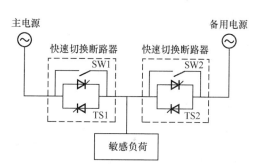

图 3-8 固态断路器（SSTS）接线方式

正常运行时，主电源通过固态断路器（SSTS）的晶闸管模块给敏感负荷供电。当主电源发生电压暂降，并且电压暂降的幅值超过敏感负载正常运行所能承受的限值时，固态断路器（SSTS）的控制系统发出切换指令，由切换断路器 SW1 与 SW2 快速完成电源转换，实现敏感型重要负荷的连续供电。固态断路器（SSTS）的动作时间小于 10ms，有效地保证了敏感负荷不受外部电压转换的影响。

3. 闪变的治理方案与建议

闪变是电压波动在一段时间时期内的累计效果，因此，治理闪变的重点是抑制电压波动。根据电压波动的形成原因和变化特征，治理闪变主要从两方面入手：①从电压波动产生的源头侧进行治理，减小电压波动幅度和频率；②从用电侧进行防御，减少闪变对重要仪器、精密加工设备的影响。

（1）在源头侧进行治理。从源头侧进行治理，一方面要减小电弧炉、轧钢机和重型车床等大功率波动性负荷对并网点电压的影响，另一方面要消除谐波引起的电压波动。按照"谁污染、谁治理"的原则，对于前者，要求用户主动进行动态无功补偿，其基本原理与暂态低电压的补偿方式相同；对于后者，要求污染单位加装滤波装置予以解决，目前，应用滤波装置进行谐波治理的技术非常成熟。

（2）在用电侧进行防御。利用不间断电源（UPS）进行电压波动治理时，只能采用在线式不间断电源（UPS）。主要原因是，后备式UPS只有在电流中断后才自动投入使用，不具有稳压特性；而在线式UPS，无论是输入电源正常还是中断，都要经过直流转换后由逆变器向负载供电，从根本上消除了来自电网侧电压波动对负载的影响。利用动态电压恢复器（DVR）进行电压波动治理时，其基本原理与低电压治理相同，这里不再赘述。

在与用户签订供电协议时，同样需要对电网闪变情况进行告知，对于有特殊供电要求的设备，应指导用户安装不间断电源（UPS）或动态电压恢复器（DVR）等稳压装置。

4. 低电压治理专项方案

对于稳态电压而言，负荷侧户均容量越大，系统等效电抗越小，电网的电压降越小，负荷侧电压维持正常运行水平的能力越强，出现低电压现象越少。对于暂态电压而言，主变压器容量越大，系统短路容量越大，负荷侧受电网故障的影响越小，出现暂态低电压的现象也越少。综上而言，增大主变压器容量或建设专用变压器能够减少低电压现象。同时，根据暂态低电压影响范围的计算结果和暂态低电压的传播方式，建设专用变压器能够有效降低同级电网和下级电网暂态低电压对专用变压器负荷的影响。因此，对于特别重要或对电压特别敏感的用户，建议增大主变压器容量或建设专用变压器。

第二节　电网负荷管理

一、负荷预测内容及分类

电力系统负荷预测包括最大负荷功率、负荷电量及负荷曲线的预测。最大负荷功率预测对于确定电力系统发电设备及输变电设备的容量是非常重要的。为了选择适当的机组类型和合理的电源结构，以及确定燃料计划等，还必须预测负荷及电量。负荷曲线的预测可为研究电力系统的峰值，抽水蓄能电站的容量，以及发输电设备的协调运行提供数据支持。

根据预测时间的长度范围，电力系统负荷预测可以分为长期、中期、短期和超短期负荷预测 4 种负荷预测模型。

长期负荷预测一般是指对未来几年，甚至数十年的电力负荷需求进行分析预测，跨度比较长，主要用于电网的增容技改工程、系统的远期规划和新建电源的可研论证等。主要的算法有时间序列法、计量经济分析法、相关分析法、趋势分析法和单耗法等。

中期预测是对电力系统未来几个月到一年内的电力负荷需求进行分析预测，主要用于安排发电机组的检修或制定大修技改计划等。其特点是：①一年中的负荷的变化趋势具有很强的规律性，体现为季节性、趋势性、周期性；②由于预测周期比较长，因此，对运算的实时性没有特殊要求；③模型必须能够考虑诸如自然气象条件和生产周期因素的影响。

短期负荷预测通常是通过各类优化模型对电力系统的日电力负荷和周电力负荷进行预测，是发电企业制定日、周发电计划提供重要的参考依据，内容包括确定火水电发电协调、机组启停计划、材料平衡供应、负荷经济分配、梯级水库调度、联络线路功率交换以及各类变配电设备检修等系统的数据信息。其特点是：①1 天或 1 周的负荷具有很强的规律性，例如，中午和凌晨的负荷会相对较低，周末的负荷会明显低于工作日的负荷；②模型受各种天气因素的影响比较大，雨雪天气的负荷往往会明显低于晴天负荷（严寒气候除外）；③受节假日或重大政治事件的影响较大。

超短期电力负荷预测主要是对电力系统中未来 1h 甚至几分钟的电力需求侧进行预测，主要用于配电网制定的故障预防性控制、安全监视以及各类紧急状态下的方案处理。其特点是：①预测时间非常短，实时性要求高，因此，模型本身必须有在线预测功能；②一般可以不考虑温度的影响；③预测精度要求高。

二、负荷预测的特点

由于负荷预测是根据电力系统的过去和现在的负荷，结合一些重要的因素去推测它的未来数值，所以负荷预测工作是对尚未发生的未知事件进行研究，这就使负荷预测具有以下显著的特点。

1. 未知性

如上所述，因为未来的电力负荷是不确定的，其变化要受到许多因素的影响，而且这些影响因素的影响与未来负荷的相关程度是难以确定的，使得人们对于负荷的发展变化很难预先估计；即使能够大致估计，但是经常会有一些临时情况（如突发政治事件）的影响，使得估计精度下降，因此，就决定了预测结果的不准确性或不完全准确性。

2. 条件性

任何负荷预测的过程都是在一定的预测条件下进行的。预测条件分为肯定条件和假定条件两种。如果负荷预测的结果反映了电网负荷变化的内在原因,那么此时的预测条件就是肯定条件,这时所作出的负荷预测的结果往往准确度较高。但是在实际的工作中,未来负荷的变化是未知的,就必须设定一些假定条件。如果设定的条件比较接近实际情况,将可以有效地提升预测结果的准确程度。

3. 时间性

每项负荷预测工作都需要事先设定一个时间范围。根据预测时间的长度,负荷预测可以分为长期、中期、短期和超短期负荷预测4种模型。在实际工作中,应根据不同的工作需求,选择相应的预测模型。

由于社会经济发展水平存在区域性的差别,电力负荷构成的比重就会不一样,例如在工业发达的地区,工业负荷的比重较高,以冶炼矿业为主业的地区冲击负荷的比重比较高。对于大电网而言,由于其主要担负输电功能,其负荷波动具有较强的规律性;而对于地区配电网而言,由于用电时段、负荷组成的不确定性,负荷的规律性较差,预测难度也随之增大。综上所述,电网负荷预测存在地域效应,电网规模越大,可能获得的预测精度就越大。

三、负荷预测的方法

1. 趋势外推法

当电力负荷依时间变化呈现某种上升或下降的趋势,并且无明显的季节波动,又能找到一条合适的函数曲线反映这种变化趋势时,就可以用时间 t 为自变量,时序数值 y 为因变量,建立趋势模型 $y = f(t)$。当有理由相信这种趋势能够延伸到未来时,则赋予变量 t 所需要的值,可以得到相应时刻的时间序列未来值。

2. 灰色预测法

灰色系统理论自 20 世纪 80 年代由我国学者提出以来,已在各个领域得到广泛应用。特别是在电力负荷预测中,取得了一定的成绩,它是自动控制科学和运筹数学方法相结合的一门新理论,它为系统研究提供了新的科学方法和数学手段。部分信息已知、部分信息未知的系统称为灰色系统。灰色数学理论是把负荷序列看作一个真实的系统输出，它是众多影响因子的综合作用的结果。这些众多因子的未知性和不确定性，成为系统的灰色特性。灰色系统理论通过把负荷序列生成变换，使其变化为有规律的生成数列再建模，用于负荷预测。

3. 神经网络法

神经网络理论是利用神经网络的学习功能，让计算机学习包含在历史负荷数据中的映射关系，再利用这种映射关系预测未来负荷。由于该方法具有很强的逻辑性、记忆能力、非线性映射能力及强大的自学习能力，因此有很大的应用市场。但其缺点是学习收敛速度慢，可能收敛到局部最小点；并且知识表达困难，难以充分利用调度人员经验中存在的模糊知识。

4. 弹性预测法

弹性系数是电量平均增长率与国内生产总值之间的比值，根据国内生产总值增长速度，结合电力弹性系数，得到规划期的总用电量。同时，由于弹性系数值受到预测期的经济发展水平、产业结构科技及工艺水平、生活水平、电价水平及节电政策和措施等诸多因素的影响，所以，如何确定预测期的电力弹性系数成为这种方法的关键。电力弹性系数法的优点是能较好地把握电力负荷增长的趋势及范围，但是由于近年来产业结构的调整，使得弹性系数的意义在淡化，具体地区弹性系数波动太大，因此，目前更倾向于以弹性系数法作为中长期负荷预测结果校核的一种手段。

5. 回归分析法

回归预测是根据过去的负荷历史资料，建立可以进行数学分析的数学模型。用数理统计中的回归分析方法对变量的观测数据统计分析，从而实现对未来的负荷进行预测。回归模型有一元线性回归、多元线性回归、非线性回归等回归预测模型。其中，线性回归用于中期负荷预测。

6. 时间序列法

时间序列法就是根据负荷的历史资料，设法建立一个数学模型，用这个数学模型一方面来描述电力负荷这个随机变量变化过程的统计规律性；另一方面在该数学模型的基础上再确立负荷预测的数学表达式，对未来的负荷进行预测。

四、负荷分析预测管理系统应用

短期负荷预测分析对于电力应用，如机组最优组合、经济调度、最优潮流，尤其是对电力市场有着重要的意义。

为了适应电力公司电网商业化运营的需要，适应电网管理现代化、科学化的要求；为了准确地预测市场对电力这一商品的需求，减轻负荷预测工程师们经常进行的繁杂的数据整理和加工工作，也为了保证历史数据的可继承性和做到全省信息共享，北京清软创新科技有限公司开发研制了面向电力市场环境的新一代网络化的负荷分析预测管理系统（STLF）。

STLF 是以电力市场需求分析与预测理论为核心，基于计算机、网络通信、信息处理技术及安全管理模式的综合信息系统。

STLF 实现了网络化数据管理与科学计算的高度一体化，为电力系统各部门进行详尽的数据分析和高质量的需求预测提供了灵活的操作平台。STLF 不仅建立了完备的预测方法库，而且在预测理论方面也有一定的创新，有些方法是该系统所特有的，从而使该系统在理论性和实用性方面达到国内先进水平。

STLF 采用最先进的多层体系浏览器/服务器（Browser/Server，B/S）结构和Java ee（Java2 Enterprise Edition，J2EE）技术，从技术上保证了系统灵活的扩展能力，良好的可再升级性能和快速移植的能力。系统将提供开放的数据接口模块，实现调度自动化系统、负荷管理系统等软件系统的数据互通。

负荷分析预测管理系统 STLF 实施后，将建立以实施单位为核心的短期负荷预测分析中心，各下属单位的授权人员均可以远程登录到实施单位的服务器进行数据查询、信息管理、预测计算等工作，实施单位则可以直接对各个下属单位的各类数据进行及时查询，使得分析与预测工作协调统一，彻底实现信息共享，实现信息标准化、自动化、科学化和敏捷化。STLF 集成了清华大学在电力市场及其预测理论方面的优秀研究成果，能够提供更为准确、合理的电力市场需求预测结果，从而为机组最优组合、经济调度、最优潮流，电力市场提供重要的技术支持。

第三节　设备停运管理

一、停运性质分类

（一）停运分类

1. 计划停运

指年度、月度停运计划中所确定的停运。

2. 事故停运

指设备故障停电抢修或需紧急停电处理等情况，由值班调度员批准的设备停电工作。

3. 临时停运

指未纳入月度停电计划，但办理了检修申请票的非事故停运工作。

4. 年月计划免申报停运

指对电网正常运行无明显影响且不涉及设备变更的停电工作，可作为年月计划免申报停电，不申报年度、月度停运计划，但应纳入周停运计划，并按规定办理检修申请票。年月计划免申报停电工作主要包括：

（1）待用间隔，完工后转运行或备用，不影响一次设备正常运行的工作。

（2）电容器、电抗器、配电站用电源变压器等。

（3）继电保护及安全自动装置停运，不影响一次设备正常运行，且不变更继电保护或安全自动装置定值的工作。

（二）停运计划分类

1. 年度停运计划

指每年度的设备停运计划。

2. 月度停运计划

按照年度停运计划和有关单位的月度停运需求计划形成的停运计划。

3. 周停运计划

对月度停运计划进行平衡后形成的以周为单位的短期停运计划。

4. 日前停运计划

即检修申请票。在设备停运前 5 个工作日由有关单位申请，经相应调度机构受理、会签、批准，再由当班调度（控）员执行的停运计划，包含一次、二次设备的检修票。

二、停运计划安排原则

（一）坚持安全第一的原则

（1）停电计划编制以电网风险评估、安全稳定校核结果为依据，必须保证电网安全，不超过电网的承载能力。坚持"全面评估、先降后控"，优化停电方案，强化各级调度运行方式统筹，降低电网风险等级，落实风险管控措施，严控电网检修风险。

（2）停电计划编制应充分考量电网、人员的承载能力，统筹均衡安排停电需求。220kV 设备不同时安排 3 起以上五级电网风险的停电计划，110kV 及以下设备不同时安排 3 起以上五级电网风险的停电计划。

（3）停电计划编制应充分利用全年有效停电窗口期，避开迎峰度夏、迎峰度冬高峰负荷时段，避开重大活动、节假日保电时段。窗口期外如确需安排停电的情况，按照"一事一议"原则汇报省公司领导决策。

（二）坚持一停多用的原则

（1）停电计划应"综合平衡、一停多用"，二次设备配合一次设备停电，线路两侧停电互相配合，发电、输电、变电、配电、用户设备停电互相配合，基建类、营销类、运检类停电互相配合，减少重复停电。

（2）停电计划原则上按以下优先级别配合安排：

1）重大缺陷处理类停电。

2）重点电网工程类停电。

3）电源及大用户接入类停电、大修技改类停电、市政迁改类停电。

4）首检定检类停电。

（三）坚持计划刚性的原则

（1）月度停运计划以年度停运计划为依据，原则上未列入年度停电计划的项目不列入月度停电计划。

（2）周停运计划只对月度停运计划的时间和窗口进行再确认，原则上只新增年月免申报停电计划工作。

（3）日停电计划（检修申请票）安排以月度、周停运计划为依据，原则上不安排未列入月度、周停运计划的停电项目。

（4）按管专业必须管计划的原则，各单位、部门应根据年度、月度停运计划，提前落实设备招投标、物资采购及人员安排等各项准备工作，加强专业协同，确保停电工作按期开工、按期完成。

三、年度、月度、周停运计划管理

（一）申报方式

省调调度管辖设备，由地市公司将停电需求统筹上报省调。地调调管设备，由本单位运检部、建设部、营销部、各县公司将停电需求统筹报送地调。县、配调调管设备参照执行。

（二）申报要求

（1）除年月免申报停电计划外，其他停电需求均应纳入年度、月度停电计划管理。

（2）月度、周停运需求涉及的停电协调工作，由项目管理部门在申报前落实完成，并作为是否安排停运计划的必要性依据。

（3）新、改、扩建项目，施工单位应提前90d向相应调度报送经主管部门组织审核的、齐全的设计资料。

（4）省调管辖设备停运，施工单位报送月度停电需求时，应同步报送经主管部门组织审核的设备参数、设备变更单、送电调试方案。

（5）地调管辖设备停运，施工单位报送周停电需求时，应同步报送经主管部门组织审核的设备参数、设备变更单、送电调试方案。若未按时报送，则不予安排。

（6）设备停运的周期及工期应符合有关规程的规定，原则上220kV电压等级设备的停运周期为两年，110kV电压等级的设备停运周期为1年，110kV以下电压等级设备的停运周期为6个月。同一工作工序要求重复停电的情况除外。

（7）每年9月1日前，各专业管理部门应向地调报送下年度省调调管设备停电需求。9月30日前，由地调向省调报送下年度停电需求。

（8）每年10月31日前，各单位专业管理部门向地调报送下年度地调、县（配）调调管设备停电需求。每年12月31日前，地调发布下年度35～110kV设备停运计划。

（9）每月20日前，各专业管理部门应向地调报送下下月设备停电需求。每月1日前，由地调向省调报送下月停电需求。每月25日前，地调发布下月停电计划。

（10）每周三16时前，各专业管理部门应督导设备运维单位向地调报送下下周停电需求。每周五12时前，地调应向省调报送下下周停电需求。每周四16时前，地调发布下周停电计划。

（11）县（配）调停电计划收集、发布时间参照执行。

（三）年月计划变更

（1）年度停电计划下达后，原则上不进行跨月调整或新增停电计划，因政策变更、外部条件变化、自然灾害等客观原因确实需要变更年度停电计划时间、工期或新增停电计划时，应提交情况说明，办理手续。

1）220kV设备。

① 跨月调整、新增月度停运计划须经地市公司分管领导审核并签字。

② 临时停电计划须经地市公司分管领导、省公司相应专业部门审核、签字并盖章。

2）35～110kV设备。

① 跨月调整计划须经施工单位分管领导、地市公司专业部门审核、签字并盖章。

② 临时停电、新增月度停电计划须经施工单位分管领导、地市公司专业部门审核、签字并盖章，经地市公司分管生产领导审批、签字后报调度部门。临时停运须列入周停运计划。

（2）因停电计划变更造成停电工期与其他停电计划冲突时，由变更方负责协调，原则上优先安排未变更计划的停电工作。

四、检修申请票管理

（一）申请流程

（1）检修申请票是值班调度员允许有关单位执行设备停运、履行许可手续、完工和恢复送电等的书面依据。调度管辖设备停电、退出运行，相关运维单位均应按流程向相应调度报送检修申请票。严禁无票工作和搭票工作。

（2）检修申请票应依据周停运计划，提前5个工作日在调度检修管理系统上报送检修申请票。逾期报送，需要向各级调度以书面报告形式提交情况说明。报告要求单位分管领导、项目管理部门领导签字盖章，报告时间最迟不得晚于计划停运开工时间前两个工作日，否则不予安排。

（3）设备故障停电抢修或需紧急停电处理时，相关单位应向值班调度员填报事故类检修票。

（二）填报要求

（1）检修票应包含停电设备名称、主要工作内容、停电起止时间、停电范围等内容。检修票的填报应使用规范的设备名称、编号和电网调度规范术语。如工作过程中需要对调度下令装设的接地隔离开关进行分合，应在检修票内注明。如有工作陪停设备，需注明陪停原因。

（2）停电工作涉及设备变更的，应说明设备变更的范围，对送电有特殊要求的（如需要充电、核相、校验保护极性、参数测试、试运行、零起升压等），应在完工后送电要求中注明校相方式、位置，极性校验对象、保护套别等。如对运行方式有特殊要求或可能影响电力通信、电网自动化设备运行时，应在检修申请票内注明。

（三）批复流程与要求

（1）日方式安排专责应于开工前两个工作日的 16 时前批准检修申请票，由值班调度员于开工前一日 16 时前答复停电申请单位。

（2）事故类检修申请票，由值班调度员批复，批准工期一般不超过第二个工作日 24 时，工期结束仍不能恢复送电或备用的，应提前办理临时类检修申请票。

（3）对于超过 1 个月未批复或不合规范的检修申请票，以及已批复但因特殊原因无法执行的检修申请票，由各级调度将其作废，并将作废原因通知申请单位。

（四）变更流程

（1）已批复的检修申请票，如因有关单位原因不能如期进行，有关单位应提前 24h 报告相应调度，在 24h 内向相应调度提交书面情况说明。

（2）已批复的检修申请票，如因电网原因不能如期进行，值班调度员应及时通知有关单位，在适当时候重新安排。

（3）已批复的检修申请票，如因天气或其他不可抗力等原因需顺延执行的，经相应调度许可后，可顺延开工。

（五）许可开工流程

（1）直调设备停电工作，由值班调度员根据检修申请票的停电范围及其他要求，将设备转为所需状态后，向申请单位下达开工的调度指令后方可进行。

（2）许可设备停电工作，申请单位将设备转为所需状态后，由值班调度员向申请单位下达开工的调度指令后方可进行。

（3）备案设备停电工作，由申请单位向值班调度员申请，获得许可后方可进行。

（4）设备停运可能造成六级及以上电网风险的检修工作，各级调度应发布风险预警通知单，风险预警通知单反馈不齐全，值班调度员一律不操作，该项工作取消，并对责任单位进行考核。

（六）延期流程

（1）检修票因故不能按期完工，应在计划工期结束 24h 前（工期少于 48h 的，在工期未过半以前），向值班调度员提出申请同时向本单位分管领导及相关职能部门汇报，经调度与相关职能部门协商同意后方可延期。对外停电的检修票不允许延期。

（2）已开工的检修申请票只允许延期 1 次，批复延期时间一般不超过原工期时长。如遇灾害等不可抗因素，由相关单位提出申请，重新办理检修申请票。

（七）终结流程

（1）对于输变电设备，值班调度员以接到工作完工的汇报作为检修申请票终结的依据。

（2）输电、电缆线路工作，线路工作负责人汇报完工后，应由证明人（必须是设备运行维护单位人员）再次汇报方可办理完工手续。

（3）检修票完工时调度员应询问工作负责人工作是否已全部完工，临时安全措施是否已全部拆除，施工人员是否已离开施工现场，是否具备送电条件等问题，得到肯定答复后方可完工送电。

（4）对于发电设备，值班调度员以接到机组转为备用状态的汇报作为检修申请票终结的依据。

（5）已开工的检修申请票，若电网紧急需要，停电设备具备恢复送电的条件，值班调度员可以根据情况将其终结，恢复送电。

（6）检修申请票中主要工作已完工，部分不影响设备送电的工作未能按时完工时，可补办未完工设备的检修申请票，原检修票办理终结。

五、停电计划执行情况评价及考核

（1）调控中心以年度、季度、月度为周期进行停电计划执行情况综合评价，并计入考核。

（2）停电计划执行情况综合评价如下

停电计划执行情况综合评价=

$$\left[100+100\times\frac{A_1+0.8\times A_2+0.5\times A_3+0.2\times A_4}{A_1+A_2+A_3+A_4}-\frac{K_0}{K}\times\left(\sum_{i=1}^{N}P_i+\sum_{j=1}^{C}Q_j+\sum_{k=1}^{M}\frac{T_{sk}-T_{pk}}{T_{sk}}\right)\right]/2$$

式中　A_1——周期内属于年度计划项数（不含年度计划跨月调整）；

　　　A_2——周期内年度计划跨月调整项数；

　　　A_3——周期内新增月度计划项数；

　　　A_4——非月度计划，但纳入周安排的计划项数；

　　　N——非月度计划，且未纳入周安排的临时停电；

　　　C——周期内取消的计划（以月度计划发文为准，且含临时停电）项数；

　　　M——周期内发生延期的项数；

　　　K——各单位运维设备数（110kV及以上）；

　　　K_0——武汉电网110kV及以上平均设备数；

　　　P_i——临时停电考核，不造成电网风险且方式调整少于5项取1，会造成六级电网风险或运行方式调整多于5项取2，会造成五级电网风险或运行方式调整多于10项取3，P_i=1、2或3；

　　　Q_j——计划执行不力考核，月度计划因自身原因月内调整执行取1，月度计划未执行或周计划因自身原因周内调整执行取2，周计划未执行取3，临时停电未执行取10，Q_j=1、2、3或10；

　　　T_{sj}——实际工期；

　　　T_{pj}——批答工期，延期延期考核只计算实际发生延期的停电工作。

（3）停电计划申报不符合本细则时间、要求规定的，将视严重程度进行警告，对各单位、部门进行考核，并在月度、季度报告中予以通报。警告分为一般警告、严重警告两类。

1）年度、月度、周停电计划及检修申请票填报不符合时间、内容、原则要求，或附件缺失，计一般警告1次；经提醒仍未在要求时间内改正的，计严重警告1次。

2）年度、月度、周停电计划及检修申请票，因计划内容不正确（如停电范围与工作内容不一致、需调试送电未提出等）造成停电计划、送电方案无法实施的，对责任单位记严重警告1次。

3）新、改、扩建的设备停运，未按规定时间节点一并报送解相关资料（如设备变更单、施工方案、必要性说明等）的，对责任单位记一般类警告1次；报送资料错误导致停、送电无法按计划执行的，对责任单位记严重警告1次。

4）已批复的检修申请票无故取消的，对责任单位记一般类警告 1 次。

5）已开工的检修申请票，无合理原因要求变更（增加）工作内容、停电范围、送电方式的，计严重类警告 1 次。

6）已开工的检修申请票未按时完工，未履行延期手续的，对责任单位记一般类警告 1 次。同时造成六级以上电网运行风险延长的，对责任单位记严重类警告 1 次。

第四节 电网风险管控

一、风险分级

设备若发生 N-1 跳闸（含同杆并架线路同时跳闸，下同），造成的安全事件等级，与《国家电网有限公司安全事故调查规程》事故（事件）等级相对应，从高到低分为一～八级。本书主要针对地区电网涉及的五级～八级风险进行讨论，电网风险分级对应表见表 3-3。

表 3-3　电网风险分级对应表

风险等级	电网风险对应事故（事件）类型
五级	风险失控后果： （1）电网减供负荷，有下列情形之一者： 1）城市电网（省级人民政府所在地城市、其他设区的市、县级市电网）减供负荷比例或者城市供电用户停电比例超过一般电网事故数值 60% 以上者。 2）造成电网减供负荷 100 MW 以上者。 （2）电网稳定破坏，有下列情形之一者： 1）220 kV 以上系统中，并列运行的两个或几个电源间的局部电网或全网引起振荡，且振荡超过一个周期（功角超过 360°），不论时间长短，或是否拉入同步。 2）220 kV 以上电网非正常解列成三片以上，其中至少有三片，每片内解列前发电出力和供电负荷超过 100MW。 3）省（自治区）级电网与所在区域电网解列运行。 （3）电网电能质量降低，有下列情形之一者： 1）在装机容量 3000MW 以上电网，频率偏差超出（50±0.2）Hz，延续时间 30 min 以上。 2）在装机容量 3000MW 以下电网，频率偏差超出（50±0.5）Hz，延续时间 30 min 以上。 3）500kV 以上电压监视控制点电压偏差超出 ±5%，延续时间超过 1h。 （4）交流系统故障，有下列情形之一者： 1）变电站内 220 kV 以上任一电压等级运行母线跳闸全停。 2）3 座以上 110 kV（含 66kV）变电站全停。 3）220kV 以上系统中，一次事件造成两台以上主变压器跳闸停运。 4）500kV 以上系统中，一次事件造成同一输电断面两回以上线路跳闸停运。 5）故障时，500kV 以上断路器拒动。 （5）直流系统故障，有下列情形之一者： 1）±400kV 以上直流双极闭锁（不含柔性直流）。 2）两回以上 ±400kV 以上直流单极闭锁。

续表

风险等级	电网风险对应事故（事件）类型
五级	3）±400kV 以上柔性直流输电系统全停。 4）具有两个以上换流单元的背靠背直流输电系统换流单元全部闭锁。 （6）二次系统故障，有下列情形之一者： 1）500kV 以上安全自动装置不正确动作。 2）500kV 以上继电保护不正确动作致使越级跳闸。 （7）发电厂故障，有下列情形之一者： 1）因电网侧故障造成发电厂一次减少出力 2000MW 以上。 2）具有黑启动功能的机组在黑启动时未满足调度指令需求。 （8）县级以上地方人民政府有关部门确定的特级或一级重要电力用户，以及高速铁路、机场、城市轨道交通等电网侧供电全部中断
六级	风险失控后果： （1）造成电网减供负荷 40 MW 以上者。 （2）电网稳定破坏，有以下情形之一者： 1）220kV 以上电网发生振荡，导致机组跳闸或安全自动装置动作。 2）110kV（含 66kV）以上局部电网与主网解列运行。 （3）电网电能质量降低，有下列情形之一者： 1）在装机容量 3000 MW 以上电网，频率偏差超出（50±0.2）Hz。 2）在装机容量 3000 MW 以下电网，频率偏差超出（50±0.5）Hz。 3）220kV 以上电压监视控制点电压偏差超出±5%，延续时间超过 30min。 （4）电网安全水平降低，有下列情形之一者： 1）电网输电断面超稳定限额，连续运行时间超过 1h。 2）区域电网、省（自治区）电网实时运行中的备用有功功率不能满足调度规定的备用要求。 （5）交流系统故障，有下列情形之一者： 1）变电站内 110 kV（含 66 kV）运行母线跳闸全停。 2）变电站内两条以上 220 kV 以上母线跳闸停运。 3）3 座以上 35 kV 变电站全停。 4）110 kV（含 66 kV）以上系统中，一次事件造成两台以上主变压器跳闸停运。 5）220 kV 以上系统中，一次事件造成同一输电断面两回以上线路跳闸停运。 6）故障时，220 kV（含 330 kV）断路器拒动。 7）220 kV 以上主变压器跳闸停运，并造成功率或负荷损失。 （6）直流系统故障，有下列情形之一者： 1）±400 kV 以下直流双极闭锁（不含柔性直流）。 2）±400 kV 以上直流单极或单换流器闭锁，并造成功率损失。 3）±400 kV 以下柔性直流输电系统全停。 4）具有两个以上换流单元的背靠背直流输电系统换流单元闭锁，并造成功率损失。 5）直流中性点接地极线路故障，造成直流运行方式改变。 6）±400 kV 以上直流输电系统功率速降超过 2000 MW 或额定功率的 50%。 （7）二次系统故障，有以下情形之一者： 1）220 kV（含 330 kV）安全自动装置不正确动作。 2）220 kV（含 330 kV）继电保护不正确动作致使越级跳闸。 3）220 kV 以上线路、母线或变压器失去主保护。 （8）因电网侧故障造成发电厂一次减少出力 1000 MW 以上。 （9）县级以上地方人民政府有关部门确定的二级重要电力用户及电气化铁路等电网侧供电全部中断

续表

风险等级	电网风险对应事故（事件）类型
七级	风险失控后果： （1）造成电网减供负荷 10 MW 以上者。 （2）35 kV 以上输变电设备异常运行或被迫停止运行，并造成减供负荷者。 （3）电网发生振荡，导致电网异常波动；或因电网侧原因造成电厂出现扭振保护（TSR 动作导致机组跳闸）。 （4）交流系统故障，有下列情形之一者： 1）变电站内两条以上 110 kV（含 66 kV）以上母线跳闸停运。 2）变电站内 220 kV 以上任一条母线跳闸停运。 3）110 kV（含 66 kV）以上系统中，一次事件造成同一输电断面两回以上线路跳闸停运。 4）故障时，110 kV（含 66 kV）及以下断路器拒动。 （5）直流系统故障，有下列情形之一者： 1）直流输电系统单极闭锁。 2）特高压直流单换流器闭锁。 3）柔性直流输电系统单站（单极、单单元）停运。 4）背靠背直流输电系统单换流单元闭锁。 5）一次事件造成单一直流连续 3 次以上换相失败。 （6）二次系统故障，有以下情形之一者： 1）110 kV（含 66 kV）及以下安全自动装置不正确动作。 2）110 kV（含 66 kV）及以下继电保护不正确动作使使越级跳闸。 3）110 kV（含 66 kV）线路、母线或变压器失去主保护。 （7）因电网侧故障造成发电厂一次减少出力 500 MW 以上。 （8）县级以上地方人民政府有关部门确定的临时性重要电力用户电网侧供电全部中断
八级	风险失控后果： （1）10 kV（含 20 kV、6 kV）供电设备（包括母线、直配线等）异常运行或被迫停止运行，并造成减供负荷者。 （2）直流输电系统发生换相失败或再启动成功。 （3）发电机组（含调相机组）不能按调度要求运行

二、风险预警管控

（一）风险评估

（1）各级单位应按照"年方式、月计划、周安排、日管控"要求，强化电网风险计划管控。

1）年方式。开展年度电网运行分析，梳理年度电网风险情况，编制年度运行方式报告。原则上不安排涉及四级及以上电网风险的停电计划，严控涉及五级电网风险的停电计划数量。

2）月计划。加强月度停电计划协调，梳理达到预警条件的停电项目，制定月度停电计划和电网风险计划，并行文发布。

3）周安排。结合每周停电计划，动态评估电网风险，制定每周电网风险计划，及时发布风险预警。

4）日管控。密切跟踪停电计划执行情况和风险管控措施落实情况，根据实际情况进行动态调整。

（2）各级单位应贯彻"全面评估、先降后控、控制节奏"要求，科学评估电网风险，准确界定风险等级，合理安排风险计划。

1）全面评估。充分辨识电网运行方式、运行状态、运行环境、电源、负荷及电力通信系统等其他可能对电网运行和电力供应造成影响的风险因素。

2）先降后控。对于同一区域多重设备同停、变电站全停、停电时间较长等对电网安全运行影响较大的工作，项目主管部门应提前（在基层单位上报月度停电计划需求日之前10 d）组织召开协调会，对实施方案进行审查优化，采取各种预控措施和手段，降等级、控时长、缩范围，降低事故概率和风险。对于原始风险等级为四级及以上的项目，应采取措施降至五级或以下实施。

3）控制节奏。坚持"综合平衡，一停多用"，减少重复停电，避免风险叠加。一家地市公司级单位不宜同时实施两项以上涉六级及五级及以上电网风险的停电工作，特殊情况下确需实施的，应报省公司批准。

（二）风险预警流程

1. 预警单编制

调控部门依据风险评估情况，编制"预警通知单"。"预警通知单"应包括风险等级、停电设备、时间安排、风险分析、管控措施及要求等内容，管控措施应明确责任单位、调控运行、设备运维、用电管控、施工管控、应急预案等方面重点内容。

2. 预警审批

（1）"预警通知单"执行部门会签和审批制度，调控部门编制完成并送相关部门会签后，提交本单位领导或上级单位审批。

（2）省公司五级风险预警由副总师审核批准。地市公司五级风险预警由行政正职审核批准，六级风险预警由分管行政副职审核批准。其他风险预警，由调控部门负责人审核批准。

3. 预警发布

（1）"预警通知单"由调控机构在安全风险管控系统中发布、反馈、取消和解除。

（2）预警发布应预留合理时间，"预警通知单"应在工作实施前 36 h 发布，四级以上"预警通知单"应在工作实施前 72h 发布。

（3）对可能损失负荷 10 万 kW 以上的五级电网风险，由相关地市公司向地方政府电力运行主管部门报告。向政府部门报告电网风险要书面报送"电网运行风险预警报告单"（以下简称"风险预警报告单"）。"风险预警报告单"应包括风险分析、风险等级、时间安排、影响范围（含敏感区域、民生用电、重要客户等）、管控措施、需要政府协调办理的事项及建议等。

（4）因自然灾害、外力破坏、输变电设备紧急缺陷或异常等情况引发的电网风险，达到预警条件，调控部门在采取应急处置措施后，及时通知相关部门和责任单位落实管控措施和要求。预计风险在 24 h 内不能消除的，应及时补发"预警通知单"。

4．预警反馈

（1）责任单位调控机构（若无调控机构，则由生产运行管理部门）将上级预警单发送至本单位安监、运检、建设、营销等相关部门，要求各部门组织落实专业管控措施，收集管控措施组织落实情况，填写"预警反馈单"。"预警反馈单"应包括调控措施、运维措施、用户措施、施工安全管控措施组织落实情况以及风险报告和告知等内容。

（2）"预警反馈单"应在工作实施前在安全风险管控系统上报，调控部门在核实各项管控措施和要求均落实到位后，方可进行设备停电操作。

5．制定管控方案和措施

（1）对调控机构发布的各级电网风险预警，本级相关专业部门应制定专业管控措施。对于上级单位发布的电网风险预警，接收预警单位相关专业部门应制定专业管控措施。

（2）省、地、县公司级单位制定的各专业管控措施，应履行"编制、审核、批准"手续，由本单位专业部门负责人审批。地市公司级单位针对五级及以上电网风险制定的专业管控措施，应报省公司对口专业部门审核。县公司级单位针对六级及以上电网风险制定的专业管控措施，应报地市公司级单位对口专业部门审核。

本书仅对调度专业管控措施表进行说明，应包含内容（详见表3-4）如下：

1）风险分析：明确电网风险影响范围，提出先降后控措施。

2）断面控制：提出正常方式、过渡方式、检修方式下断面控制限额。

3）方式调整：包括开机方式调整、电网结构优化方案、负荷倒供方案等。

表 3-4　电网运行风险调度控制专项管控措施

工作任务	220kV×甲一回、甲 09 母联断路器、甲 2 号母线停电，配合处理甲 082、092 隔离开关与甲 2 号母线连接金具发热缺陷 工作停电设备：220kV×甲一回、甲 09 母联断路器、甲 2 号母线 工作性质：设备处缺
工作目标	防范 220kV 甲 1 号母线跳闸导致 220kV 甲站、丙站全停，造成甲 1 号、2 号、3 号变压器、丙 1 号、2 号变压器、×2 号变压器停电，110kV××、××、××、××站停电且损失负荷超过 10 万 kW 的五级电网风险
工作时间	7 月 22 日 22 时至 7 月 23 日 06 时（具体时段以实际操作时间为准） 检修工期：7 月 22 日 22 时至 7 月 23 日 06 时 调试工期：无
人员安排	调控中心：陈××、高××、周××；方式计划室彭××、王××、继电保护室董××、调度控制室黄×、地区调度班刘× 运检部：贾×、刘× 检修分公司变电运维分公司：高××、包× 检修分公司变电检修分公司：李×、童× 检修分公司输电运检分公司：任×× 检修分公司电缆运检分公司：艾××、赵× 营销运营中心：徐××、陈× 东西湖县调：赵×× 供电服务指挥中心：李×

风险分析及管控措施：

序号	风险内容	管控措施	责任人	完成时间	管控措施执行情况
1	电网运行风险需向地方政府及电力主管部门报备	报告经信局： 向××市经济和信息化局报备电网运行风险	彭××（方式计划室）	7 月 20 日	待执行
2	若 220kV 甲 1 号母线发生跳闸，造成五级电网事件	发布预警： 发布五级风险预警	预警发布：黄×（调度控制室）	7 月 20 日	待执行
3	若 220kV 甲 1 号母线发生跳闸，将导致 220kV 甲站、丙站停电，110kV××、××、××、××站停电，损失负荷超过 10 万 kW，达到五级电网事件	方式安排： （1）防全停措施方案： 甲站：110kV××线带××线在甲 6 号旁路母线带××线（防全停电源：乙变压器）； 丙站：110kV××线带××一回送××线在丙 3 号母线带××线、××一回（防全停电源：丁变压器） （2）负荷转供：甲站初始负荷 30 万 kW，丙站初始负荷 21 万 kW，丙×线（×2 号变压器）初始负荷 6 万 kW。 甲站：110kV××线带××线在甲 6 号旁路母线带××线转移负荷 6.5 万 kW 至乙站。 方式调整后甲站所接负荷 23.5 万 kW。	运行方式安排：王××（方式计划室）	7 月 20 日	待执行

续表

序号	风险内容	管控措施	责任人	完成时间	管控措施执行情况
3	若220kV甲1号母线发生跳闸，将导致220kV甲站、丙站停电，110kV××、××、××、××站停电，损失负荷超过10万kW，达到五级电网事件	丙站：110kV××线带××一回送××线在丙3号母线带××线、××一回，转移负荷3万kW至丁站。 方式调整后丙站所接负荷16万kW。 （3）事故后备自投动作情况： 甲：110kV××站10kV备自投转移0.5万kW负荷至乙站；110kV××站10kV备自投转移1.5万kW负荷至××站；110kV××站35kV、10kV备自投转移3万kW负荷至乙站；110kV××站10kV备自投转移2万kW负荷至乙站；110kV××站10kV备自投转移2万kW负荷至××站。备自投总计恢复负荷9万kW。 （4）负荷损失： 若甲1号母线发生故障跳闸，220kV甲、丙站，110kV××、××、××、××站停电，损失负荷约为25万kW（甲14.5万kW，丙站10.5万kW，无重要用户停电）。 附1.损失负荷清单： 甲：甲10kV负荷1万kW、××站3万kW、××站5万kW、×2号变压器2.5万kW、×2号变压器2.5万kW、用户××（非重要用户）0.5万kW。 丙：丙10kV 5万kW、×1号变压器2.5万kW、×1号变压器2.5万kW。 附2.负荷控制清单： 供指采取负荷转移手段，确保110kV××、××站两站负荷均不超过4万kW，保证10kV备自投不发生过负荷闭锁	运行方式安排：王××（方式计划室）	7月20日	待执行
4	若220kV甲1号母线发生跳闸造成负荷损失，需迅速响应	事故预案及演练： 制定事故预案 事故恢复措施：事故后，可在1h内恢复23万kW负荷（甲13万kW，丙10万kW）： （1）通过110kV××线、××线、甲2号主变压器中送低方式，恢复甲10kV负荷1万kW。 （2）通过110kV××线、××线、××线、××二回、××线、××线恢复110kV××、××、××站，用户××（非重要用户）负荷9万kW。 （3）通过110kV××二回、××线、××线，恢复110kV××站负荷3万kW。 （4）通过110kV××线、××线、××线、丙2号主变压器中送低方式，恢复110kV丙10kV、××、××站负荷10万kW。 预计2万kW负荷无法短时恢复，需甲站母线恢复送电后负荷。	事故预案编制：刘×（地区调度班） 事故演练组织：刘×（地区调度班）	7月20日	待执行

续表

序号	风险内容	管控措施	责任人	完成时间	管控措施执行情况
4	若220kV甲1号母线发生跳闸造成负荷损失,需迅速响应	其他恢复措施:无事故紧急恢复手段。通知工作班组尽快完成本阶段工作,迅速恢复检修母线至具备送电条件,并恢复母线送电,并逐级恢复负荷。组织调度学习事故预案并开展事故演练	事故预案编制:刘×(地区调度班)事故演练组织:刘×(地区调度班)	7月20日	待执行
5	甲站 220kV母线保护装置误动,导致五级电网风险	防保护误动:通知监控人员加强甲站220kV母线保护的运行监视,如有异常信号及时报告。运维单位对相关母线保护、备自投装置进行特巡特维,确保装置无缺陷运行	董××(继电保护室)通知高××(变电运维分公司)落实	7月20日	待执行
6	甲站 220kV母线停电期间,可靠性降低,需保证保电设备可靠运行	隐患排查:停电前通知变电检修分公司李×、输电运检分公司任××、电缆运检分公司艾××落实甲站220kV 1号母线、××1号主变压器、××线、××一、二回(同杆部分)、110kV××线、××线一、二次设备及××、××、××、××、××站备自投装置隐患排查,并反馈排查结果。通知营销运营中心徐××告知一级重要用户××站落实××线一、二次设备及站内备自投装置,告知二级重要用户××站落实××一回一、二次设备、告知非重要用户××落实××线(线路及用户侧)一、二次设备落实隐患排查,并反馈排查结果	黄×(调度控制室)通知李×(变电检修分公司)、任××(输电运检分公司)、艾××(电缆运检分公司)、徐××(营销运营中心)落实	7月20日	待执行
7	施工现场误碰,造成运行设备跳闸停运	施工现场误碰:通知运检部刘×督导施工单位变电检修分公司施工期间误碰 220kV 甲 1 号母线一、二次设备风险进行辨识,做好作业现场管控,防止误碰保电设备	黄×(调度控制室)通知刘×(运检部)落实	7月20日	待执行
8	现场倒闸误操作,造成设备跳闸停运风险	倒闸操作风险管控:通知变电运维室包×做好现场倒闸操作风险管控,防止误操作	黄×(调度控制室)通知包×(变电运维分公司)落实	7月20日	待执行
9	若220kV甲1号母线发生跳闸,达到五级电网事件	特巡特维:通知运维单位对甲站220kV 1号母线、××1号主变压器、××线、××一、二回(同杆部分)、110kV××线、××线、××二回、××线、××一回、××线、××二回、××线一、二次设备及××、××、××、××、××站备自投装置加强监视、特巡特维。通知营销运营中心徐××告知一级重要用户××站落实××线一、二次设备及站内备自投装置、告知二级重要用户××站落实××一回一、二次设备、告知非重要用户××落实××线(线路及用户侧)一、二次设备加强监视、特巡特维	黄×(调度控制室)通知高××(变电运维分公司)、任××(输电运检分公司)、艾××(电缆运检分公司)、徐××(营销运营中心)落实	7月20日	待执行

编制:王××、彭××   审核:高×   批准:陈×

4）装置调整：包括继电保护、稳控装置功能投退，保护定值、稳控策略调整等。

5）运维要求：明确引发电网风险的设备，提出运维保障要求，包括特巡特维设备、有人值守的厂站等。

6）负荷控制：明确风险期间的电网供电能力，提出负荷控制要求，包括需求侧管理措施、有序用电容量需求等。

7）事故处置：明确事故后次生电网风险，提出事故处置措施，包括事故后断面控制限额、快速恢复设备要求、事故限电需求等，制定事故处置预案，开展事故预案演练。

8）风险报备：向政府电力运行主管部门报告电网风险，向相关电厂告知电网风险。

6. 风险预警延期、变更、解除

（1）风险预警延期、变更。预警延期超过 48 h，需要重新履行审批、发布流程。预警因故变更，需要重新发布预警，并解除原预警。

（2）"预警通知单"中的工作内容完成，电网恢复正常运行方式后，可以解除电网风险预警。风险预警解除由调控部门在安全风险管控系统中实施。相关部门和单位接到预警解除通知后，应及时告知预警涉及的重要客户和并网电厂，并向政府部门报告。

第五节　运行方式安排

一、运行方式安排原则

运行方式安排应综合考虑电网结构、负荷水平、设备容量、继电保护配合等因素，同时所安排方式应尽量规避五级、六级电网风险事件。

二、停电方式安排案例

（一）110kV 甲变电站进线—停电检修期间方式安排

1. 变电站接线方式

110kV 甲变电站为单母分段接线，但 110kV 无母联断路器，仅有甲 041、042

两个隔离开关。甲变电站接线方式如图 3-9 所示。

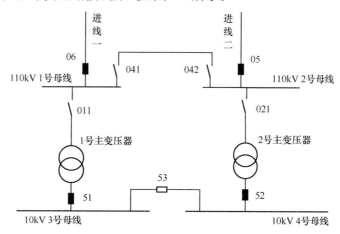

图 3-9　甲变电站接线方式

2. 检修期间负荷水平

甲 1 号主变压器 10:00～23:00 负荷大于 30MW，0:00～9:00 负荷在 25MW 以下。
甲 2 号主变压器 10:00～23:00 负荷大于 25MW，0:00～9:00 负荷在 20MW 以下。

3. 风险分析

进线一停电检修期间，甲变电站由进线二单电源供电，若进线二发生故障，甲变电站会全站停电，达到六级电网事件。

因甲 1 号主变压器高压侧无断路器，仅有甲 011 隔离开关，且 110kV 无母联断路器，仅有甲 041、042 隔离开关，不满足隔离开关操作的条件，故进线一停电期间，甲 1 号主变压器需配合停电。此时，甲 2 号主变压器带全站负荷，甲 2 号主变压器容量为 50MVA，根据负荷水平，应将进线一检修安排在夜间进行。

4. 方式安排

综上所述，进线一停电期间（1:00～8:00），甲 1 号主变压器负荷调甲 2 号主变压器送，甲 1 号主变压器、甲 1 号母线配合停电。

（二）220kV 进线二停电检修期间方式安排

1. 变电站接线方式

220kV 甲变电站 220kV、110kV 接线均为双母线。220kV 进线一、进线二为甲变电站的电源线路，220kV 出线一为负荷线路。甲变电站 220kV 接线方式如图 3-10 所示。

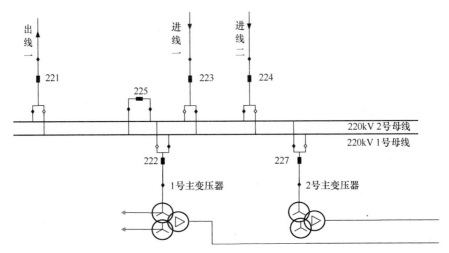

图 3-10 甲变电站 220kV 接线方式

甲 110kV 母线及相关 110kV 变电站联络关系如图 3-11 所示。

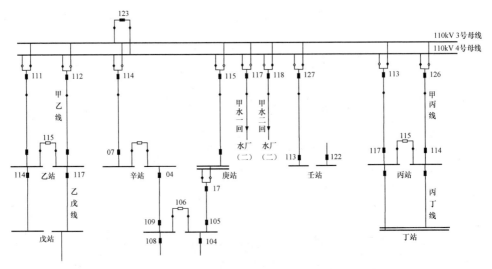

图 3-11 甲 110kV 母线及相关 110kV 变电站联络关系

2. 检修期间负荷水平

220kV 进线二停电检修期间，220kV 甲变电站所带各站负荷情况见表 3-5。

表 3-5 220kV 甲变电站所带各站负荷情况

变电站	乙变电站		辛变电站	庚变电站	壬变电站	丙变电站	甲变电站
	1 号变压器	2 号变压器	1 号变压器	1 号变压器	1 号变压器	1 号变压器	10kV 母线
负荷（MW）	12	15	10	25	15	24	43

3．风险分析

220kV 进线二停电检修期间，在不提前调整运行方式的情况下，若进线一发生故障，将造成如下影响：

（1）220kV 甲变电站全停。

（2）110kV 乙变电站全停。

（3）二级重要用户水厂全停。

（4）丙 10kV 5 号母线失压。

（5）损失负荷超过 100MW。

需要针对以上风险调整运行方式，安排甲变电站防全停方式。

4．方式安排

针对风险分析中的第（2）项，可调整乙变电站运行方式，将甲乙线负荷调乙戊线送。

针对风险分析中的第（3）项，安排防全停方式，由甲丙线通过甲 110kV 3 号母线带甲水一回负荷。甲丙线上级电源为丙丁线，根据保护室要求，为使防全停线路的上下级保护配合，还需将丙丁线停电改保护定值。

执行以上方式变更后，风险分析中的第（1）、第（5）项可消除。

综上所述，220kV 进线二停电检修期间方式安排如下：

（1）甲乙线负荷调乙戊线送。

（2）丁 12 丙丁线断路器停电改定值后送电。

（3）甲 126 甲丙线负荷调丙 113 丙丁线送。

（4）甲 126 甲丙线送甲 110kV 3 号母线带甲 117 甲水一回，甲 110kV 其他断路器倒甲 110kV 4 号母线，甲 123 甲 110kV 母联断路器热备用。

三、新建变电站送电方式安排案例

新建 110kV 甲变电站接线方式为单母分段，投产送电时 35kV、10kV 馈线未接入。甲变电站接线方式如图 3-12 所示。

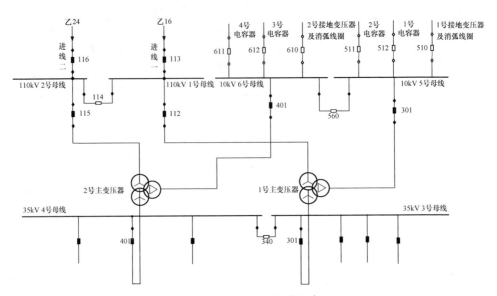

图 3-12　甲变电站接线方式

甲变电站对侧为乙变电站，乙变电站 110kV 为双母接线方式（乙 4 号、5 号母线），乙 17 断路器为乙变电站 110kV 母联断路器。

（1）110kV 乙 17 母联断路器串乙 4 号母线对乙 16 进线一充电 1 次。

注释：新间隔送电时用母联加充电保护串冲线路。

（2）甲 113 对甲 110kV 1 号母线、1 号 TV 充电 3 次。甲 114 对甲 110kV 2 号母线、2 号 TV 充电 3 次，在甲 110kV 1 号、2 号 TV 二次侧校相及并列试验。

注释：新母线送电时需充电 3 次。在 TV 二次侧同电源校相及并列试验。

（3）甲 115 对甲 2 号主变压器充电 5 次，甲 2 号主变压器冷备用。甲 2 号母线冷备用。甲 112 对甲 1 号主变压器充电 5 次。甲 301 对甲 35kV 3 号母线、3 号 TV 充电 3 次。甲 340 对甲 35kV 4 号母线、4 号 TV 充电 3 次，在甲 35kV 3 号、4 号 TV 二次侧校相及并列试验。甲 35kV 4 号母线冷备用。甲 501 对甲 10kV 5 号母线、5 号 TV 充电 3 次，甲 560 对甲 10kV 6 号母线、6 号 TV 充电 3 次，在甲 10kV 5 号、6 号 TV 二次侧校相及并列试验。甲 10kV 6 号母线冷备用。

注释：新主变压器送电时需充电 5 次。

（4）甲 1 号消弧线圈、甲 1 号、2 号电容器充电。校甲 1 号主变压器、进线一保护极性及甲 112 断路器、甲 113 断路器、乙 16 断路器母差保护极性。

注释：新设备送电需校线路保护极性、主变压器保护极性、母差保护极性。

（5）乙 16 进线一倒乙 5 号母线。乙 17 母联断路器串乙 4 号母线对乙 24 进线二充电 1 次。

（6）甲 116 送甲 2 号母线。在甲 110kV 1 号、2 号 TV 二次侧校相。甲 113 进线一负荷调甲 114 母联断路器送。校进线二线路保护极性及甲 114 断路器、甲 116 断路器、乙 24 断路器母差保护极性。

注释：在 TV 二次侧同电源、异电源校相后可合环。

（7）恢复乙变电站正常方式（乙 16 在 5 号母线运行，乙 24 在 4 号母线运行）。

（8）甲 116 进线二负荷调甲 113 进线一送。甲 115 送甲 2 号主变压器。甲 401 送甲 35kV 4 号母线，在甲 35kV 3 号、4 号 TV 二次侧校相。甲 601 送甲 10kV 6 号母线，在甲 10kV 5 号、6 号 TV 二次侧校相。

（9）甲 2 号消弧线圈、甲 3 号、4 号电容器充电。甲 112 甲 1 号主变压器负荷调甲 340 母联断路器送。校甲 1 号、2 号主变压器保护极性及甲 115 断路器母差保护极性。

注释：因送电时 35kV 无出线没有负荷，此处安排 2 号主变压器中压侧经 35kV 母联断路器通过 1 号主变压器中送低来带 10kV 电容器负荷。

（10）甲 340 母联断路器负荷调甲 112 甲 1 号主变压器送。甲 114 母联断路器负荷调甲 116 进线二送。甲 560 母联断路器热备用。

（11）甲 10kV 所有电容器冷备用。甲 35kV 所有馈线断路器充电后冷备用。甲 10kV 所有馈线断路器充电后冷备用。

注释：送电完毕后，电容器、馈线断路器转冷备用移交调度权。

第四章　继电保护与安全自动装置

第一节　继电保护装置

一、继电保护装置的基本要求

当电力系统中的电力元件（如发电机、线路等）或电力系统本身发生了故障危及电力系统安全运行时，能够向运行值班人员及时发出警告信号，或者直接向所控制的断路器发出跳闸命令以终止这些事件发展的一种自动化措施和设备。实现这种自动化措施的成套设备，一般通称为继电保护装置。

继电保护装置为了完成它的任务，必须在技术上满足选择性、速动性、灵敏性和可靠性这 4 个基本要求。

（一）选择性

选择性是指，首先由故障设备或线路本身的保护切除故障，当故障设备或线路本身的保护或断路器拒动时，才允许由相邻设备、线路的保护或断路器失灵保护切除故障。遵循选择性的目的是在电力系统中某一部分发生故障时，继电保护系统能有选择性地仅断开有故障的部分，使无故障的部分继续运行，从而提高供电可靠性。如果保护系统不满足选择性，则使保护可能误动或拒动，使停电范围扩大。

在各级保护系统中都配置有主保护和后备保护。所谓主保护是指满足系统稳定和设备安全要求，能以最快速度有选择地切除被保护设备和线路故障的保护，如纵联保护、差动保护、速断保护等。由于主保护的保护范围仅限于被保护设备（本级）内，所以在范围上已经保证了选择性。后备保护指主保护或断路器拒动时，用以切除故障的保护。后备保护可分为远后备和近后备两种。远后备是当主保护或断路器拒动时，由相邻电力设备或线路的保护来实现的后备保护。近后备是当主保护拒动时，由该电力设备或线路的其他保护来实现的后备保护；当断路器拒动时，由断路器失灵保护来实现的后备保护。对于选择性主要考虑的是远后备保护的选择性问题，包括后备保护间、后备保护和主保护间选择性问题。

（二）灵敏性

灵敏性是指在设备或线路的被保护范围内发生故障时，保护装置具有的正确动作能力的裕度，它反映了保护对故障的反应能力，一般以灵敏系数来描述。灵敏系数指在被保护对象的某一指定点发生金属性短路，故障量与整定值之比（反映故障量上升的保护，如电流保护）或整定值与故障量之比（反映故障量下降的保护，如阻抗保护）。

系统保护分为主保护和后备保护，其对应的保护范围上对应的灵敏系数称为主保护灵敏系数及后备保护灵敏系数。主保护的灵敏系数仅考虑对被保护设备（本级），后备保护的灵敏系数则主要考虑的是对相邻设备（下一级）。

（三）速动性

速动性是指保护装置应能尽快地切除短路故障，以提高系统稳定性，减轻故障设备和线路的损坏程度，缩小故障波及范围。继电保护在满足选择性的前提下，应尽可能地加快保护动作时间。

（四）可靠性

可靠性是指保护该动作时应动作，不该动作时不动作，即不误动、不拒动。为保证可靠性，在装置选择上应选用硬件和软件可靠的装置，回路设计上尽可能简单并减少辅助元件。安装调试保证可靠，加强运行维护管理等。在综合自动化系统中，保护系统应当相对独立，不受其他系统（如通信、监控系统等）的影响，以保证保护系统独立、可靠的工作。

二、线路保护

（一）纵联保护

利用线路两侧的电气量可以快速、可靠地区分本线路内部任意点短路与外部短路，达到有选择、快速地切除全线路任意点短路的目的。为此，需要将线路一侧电气量信息传到另一侧，安装于线路两侧的保护对两侧的电气量同时比较、联合工作，线路两侧之间发生纵向的联系，以这种方式构成的保护称为输电线路的纵联保护。理论上，这种纵联保护仅反应线路内部故障，不反应正常运行和外部故障两种工况，因而具有输电线路内部短路时动作的绝对选择性。

输电线路的纵联保护两端比较的电气量可以是流过两端的电流、流过两端电流的相位和流过两端功率的方向等，比较两端不同电气量的差别构成不同原理的纵联保护。将一端的电气量或其用于被比较的特征传送到对端，可以根据不同的信息传送通道条件，采用不同的传输技术。一套完整的纵联保护包括两端保护装置、通信设备和通信通道。主要结构如图 4-1 所示。

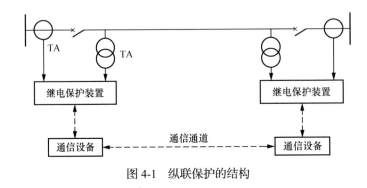

图 4-1 纵联保护的结构

目前使用的通道类型主要有两种：

（1）电力线载波通道。目前使用较多的一种通道类型，其使用的信号频率是 50～400kHz。这种频率在通信上属于高频频段范围，所以把这种通道也称作高频通道，把利用这种通道的纵联保护称作高频保护。高频频率的信号只能有线传输，所以输电线路也作为高频通道的一部分。这样，输电线路里除了传送 50Hz 的工频电流外，还传送高频电流，用高频电流输送两端电气量变化的信息。由于输电线路是高压设备，收发高频电流的继电保护专用收发信机或载波机是低压设备，所以在输电线路和收发信机之间还有耦合电容器、连接滤波器、高频电缆这样一些连接设备。在输电线路和断路器之间还装有阻波器。

（2）光纤通道。用光纤通道做成的纵联保护也称作光纤保护。光纤通道通信容量大又不受电磁干扰，且通道与输电线路有无故障无关。近年来，发展的复合地线式光缆（OPGW）将绞制的若干根光纤与架空地线结合在一起，在架空线路建设的同时，光缆的铺设也一起完成，使用前景十分诱人。由于光纤通信技术日趋完善，因此，它在传送继电保护信号方面虽然起步比用微波通道晚，但其发展势头早已盖过微波通道。由于光纤通信容量大，因此，可以利用它构成输电线路的分相纵联保护，如分相纵联电流差动保护、分相纵联距离等。目前，如果采用专用光纤传输通道，传输距离已可以达到 120km。

（二）距离保护

距离保护是反应故障点至保护安装处之间距离，并根据距离的远近而确定动作时间的一种保护，其核心元件为阻抗继电器，其测量到保护安装处的母线电压及被保护线路流过的电流，两者比值为测量阻抗 Z_m。阻抗继电器是一种反应阻抗降低而动作的继电器，它不仅反应阻抗的大小，还反应相位角的变化，通过阻抗的大小及相位变化来判断故障发生点，实现故障区域的判断与隔离。

距离保护相对于电流保护来说，其突出的优点是受运行方式变化的影响小。距离保护第 I 段只保护本线路的一部分，在保护范围内金属性短路时，一般在短路点到保护安装处之间没有其他分支电流，所以它的测量阻抗完全不受运行方式变化的影响。保护背后电源运行方式越大（小），流过保护的短路电流 I_K 越大（小），但保护安装处的电压 U_{mK} 也越大（小），仍然满足 $U_m = I_k Z_k$ 关系。电压与电流的比值，即测量阻抗仍然是 Z_K，所以它不受运行方式变化的影响。距离保护第 II、III 段，其保护范围伸到相邻线路上，在相邻线路上发生短路时，由于在短路点和保护安装处之间可能存在分支电流，所以它们在一定程度上将受到运行方式变化的影响。

由于阻抗继电器的测量阻抗可以反映短路点的远近，所以可以做成阶梯形的时限特性。短路点越近，保护动作得越快；短路点越远，保护动作得越慢。为保证选择性，第 I 段保护范围为被保护线路全长的 80%～85%，其动作时间是保护的固有动作时间（软件算法时间），一般不带专门的延时。第 II 段保护范围为保护线路全长及下一段线路的 30%～40%，动作时限要与下一线路的距离 I 段动作时间配合，大一个时限级差 0.5s。第 III 段作为本线路 I、II 段的后备，其保护范围较长，一般包括本线路及下一线路全长，动作时间与下一线路距离 II 段相配合。如图 4-2 所示。

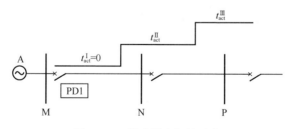

图 4-2　三段式距离保护示意

（三）零序电流方向保护

正常运行的电力系统是三相对称的，其零序、负序电流和电压理论上为零；

多数的短路故障是三相不对称的，其零序电流和电压会很大；利用故障的不对称性可以找到正常与故障间的差别，并且这种差别是零与很大值的比较，差异更为明显。当中性点直接接地系统（又称大电流接地系统）中发生接地短路时，将出现很大的零序电压和电流，利用零序电压、电流来构成接地短路的保护，具有显著的优点，被广泛应用在 110kV 及以上电压等级的电网中。

对于四段式零序电流保护，快速动作的零序电流第 I 段按躲过本线路末端（实质是躲过相邻线路始端接地短路）时流过保护的最大零序电流整定（其他整定条件姑且不论）；对于不加方向的零序电流第 I 段还要躲过背后母线接地短路时流过保护的最大零序电流整定，所以第 I 段只能保护本线路的一部分。带有短延时的零序电流第 II 段的任务是：能以较短的延时尽可能地切除本线路范围内的故障。带有较长延时的零序电流第 III 段的任务是：应可靠保护本线路的全长，在本线路末端金属性接地短路时有一定的灵敏系数。带有长延时的第 IV 段的任务是：起可靠的后备作用。它要作为本保护 I、II、III 段的后备，第 IV 段的定值应不大于 300A（一次值），用它保护本线路的高阻接地短路。在 110kV 的线路上，零序电流保护中的第 IV 段还应作为相邻线路保护的后备。

由于零序电流都要经过中性点接地的变压器构成回路，所以从某种意义上说，这样的变压器是零序电源（从概念上讲零序电源在短路点，这里只是从零序电流的流向意义上说）。电力系统中基本上在每一母线处都有中性点接地的变压器，所以对零序电流保护来说，基本上每条线路都是双侧电源线路。而双侧电源线路上的电流保护有时必须加方向继电器才能保证它的选择性或提高它的灵敏性。因而零序电流保护有时也必须加零序方向继电器，构成零序电流方向保护才能保证它的选择性、灵敏性。例如，零序电流第 I 段加了方向后可以不必躲过保护背后母线发生接地短路时流过保护的最大零序电流，从而可能降低零序电流的定值。零序电流第 II、III 段加了方向后，可以不必考虑与反方向的保护的配合问题。

（四）自动重合闸

据统计，架空输电线路上有 90% 的故障是瞬时性的故障，如雷击、鸟害等引起的短路故障。在断路器被继电保护迅速断开后，由于没有电源提供短路电流，电弧即行熄灭。等到足够的去游离时间后，空气可以恢复绝缘水平。这时如果有一个自动装置能将断路器重新合闸就可以立即恢复正常运行，显然这对保证系统安全稳定运行是十分有利的。将因故跳开的断路器按需要重新合闸的自动装置就称作自动重合闸装置。自动重合闸装置将断路器重新合闸以后，如果线路上没有故障，继电保护没有再动作跳闸，系统可马上恢复正常运行状态，这样重合闸就成功了。如果线路上是永久性的故障，如杆塔倒地、带地线合闸，或者是去游离时间不够等原因，断路器合闸以后故障依然存在，继电保护再次将断路器跳开，这样重合闸就没有成功。据统计，重合闸的成功率在80%以上。

自动重合闸的作用有如下几点：

（1）对瞬时性的故障可迅速恢复正常运行，提高了供电可靠性，减少了停电损失。

（2）对由于继电保护误动、工作人员误碰断路器的操动机构、断路器操动机构失灵等原因导致的断路器的误跳闸，可用自动重合闸补救。

（3）提高了系统并列运行的稳定性。重合闸成功以后，系统恢复成原先的网络结构，加大了功角特性中的减速面积，有利于系统恢复稳定运行。

自动重合闸在使用中有以下方式可供选择：三相重合闸方式、单相重合闸方式、综合重合闸方式和重合闸停用方式。在110kV及以下电压等级的输电线路上，由于绝大多数的断路器都是三相操动机构的断路器，而三相断路器的传动机构在机械上是连在一起的，无法分相跳、合闸，所以这些电压等级中的自动重合闸采用三相重合闸方式。在220kV及以上电压等级的输电线路上，断路器都是分相操动机构的断路器。而三相断路器是独立的，因而可以进行分相跳、合闸。这些电压等级中的自动重合闸可以由用户选择重合闸的方式，以适应各种需要。

三、变压器保护

（一）非电量保护

变压器非电量保护，主要有瓦斯保护、压力保护、温度保护、油位保护及冷却器全停保护。

1. 瓦斯保护

瓦斯保护是变压器油箱内绕组短路故障及异常的主要保护。瓦斯保护分为轻瓦斯保护及重瓦斯保护两种。轻瓦斯保护作用于信号，重瓦斯保护作用于跳闸。当变压器内部发生轻微故障或异常时，故障点局部过热，引起部分油膨胀，油内气体形成气泡进入气体继电器，轻瓦斯保护动作，发出轻瓦斯信号。当变压器油箱内发生严重故障时，伴随有电弧的故障电流使变压器油大量分解，产生大量汽体，使变压器产生喷油，油流冲击挡板，使干簧触点闭合，作用于切除变压器。当变压器少数绕组发生匝间短路时，虽然故障点的故障电流很大，但在差动保护中产生的差流可能不大，差动保护可能拒动。此时，靠重瓦斯保护切除故障。

2. 压力保护

压力保护也是变压器油箱内部故障的主保护。其作用原理与重瓦斯保护基本相同，但它是反应变压器油的压力的。当变压器内部故障时，温度升高，油膨胀压力增高，弹簧动作带动继电器动接点，使接点闭合，切除变压器。

3. 温度及油位保护

当变压器温度升高时，温度保护动作发出告警信号。

油位是反映油箱内油位异常的保护。运行时，因变压器漏油或其他原因使油位降低时动作，发出告警信号。

4. 冷却器全停保护

为提高传输能力，对于大型变压器，均配置有各种的冷却系统。在运行中，若冷却系统全停，变压器的温度将升高。如不及时处理，可能导致变压器绕组绝缘损坏。

冷却器全停保护，是在变压器运行中冷却器全停时动作。其动作后，应立即发出告警信号，并经长延时切除变压器。

（二）差动保护

变压器差保护作为变压器绕组故障时变压器的主保护，差动保护的保护区是构成差动保护的各侧电流互感器之间的部分，包括变压器本身、电流互感器与变压器之间的引出线。

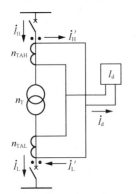

图 4-3　变压器差动保护示意

变压器差动保护涉及有电磁感应关系的各侧电流，它的构成原理是磁势平衡原理，如图 4-3 所示。以双绕组变压器为例，如果变压器的变比和变压器星—角接线带来的相位差异都被正确补偿的话，则变压器在正常运行或外部故障时，流过变压器各侧电流的相量和为零。亦即变压器正常运行或外部故障时，流入变压器的电流等于流出变压器的电流。两侧电流的相量和为零，此时，纵差动保护不应动作。当变压器内部故障时，两侧电流的相量和等于短路点的短路电流。其纵差动保护动作，切除故障变压器。

当变压器内部出现严重故障，故障电流非常大时，通常会由差动速断保护切除故障。差动速断元件，实际上是纵差保护的高定值差动元件，它反映的是差流的有效值。不管差流的波形如何，含有谐波分量的大小如何，只要差流有效值超过了差动速断的整定值（通常比差动保护整定值要高），它将立即动作切除变压器，不经过励磁涌流等判据的闭锁。

（三）复合电压闭锁电流保护

主变压器过流保护的启动电流，按照躲过变压器可能出现的最大负荷电流整定。计算最大负荷电流时需要考虑以下两个方面因素：一是对并列运行的变压器，应考虑切除一台最大容量的变压器时，其他变压器中出现的过负荷。二是对降压变压器，考虑电动机自启动时的最大电流。整定值确定后，需要按照最小方式下主变压器低压侧相间短路校验保护的灵敏度。

对大容量及负荷变化较大的变压器而言，过电流保护按照上述原则整定后，灵敏度往往不能满足要求。为此，利用负序电压和低电压构成的复合电压能够反映保护范围内的各种故障，采用带复压闭锁的过电流保护，即在电流判据中串入低电压和负序电压的闭锁条件，只有电流和电压判据同时满足保护才能启动。虽然并联运行变压器切除和电动机自启动时电流较大，但均不会使复压闭锁开放，保护也就不会启动。因此，在过电流保护中加入复压闭锁条件后，可以降低电流继电器的整定值，只需按大于变压器的额定电流整定即可，从而提高了保护的灵敏度。

复合电压闭锁电流保护，由复合电压元件、过流元件、时间元件构成。保护的接入电流为变压器本侧 TA 二次电流，接入电压为变压器本侧或其他侧 TV 三相电压。对于微机保护，可以通过软件将本侧电压提供给其他侧使用，这样就保证了任意某侧 TV 检修时，仍能使用复压过流保护。

（四）零序电流（方向）保护

110kV 及以上中性点直接接地的变压器，在大电流接地系统侧应设置反应接地故障的零序电流保护。在高、中两侧均直接接地的变压器，其零序电流保护应带方向，方向宜指向各侧母线。

零序电流保护的原理与线路的零序保护类似。零序电流可取自中性点 TA 二次电流，也可由本侧 TA 二次三相电流自产。方向元件接入的零序电压可取自本侧 TV 开口三角电压，也可由本侧二次三相电压自产。在微机保护装置中，主要采取自产方式。

对于大型三绕组变压器，零序电流保护可采用三段式。其中Ⅰ段、Ⅱ段带方向，Ⅲ段不带方向。每段一般有两级延时，以较短延时缩小故障范围（跳母联或条本侧断路器），以较长延时切除变压器（跳三侧断路器）。具体保护配置，根据实际情况确定。

（五）零序电压保护

零序电流通过变压器中性点构成零序回路。但如果所有变压器中性点都接地，那么接地点的短路电流就分流到了各个变压器上，这样会造成零序过流保护灵敏度降低。所以，为了将零序电流限制在一定的范围内，对中性点接地运行的变压器数量是有规定的。

对于不接地运行的变压器，为了防止接地故障时故障点出现间隙电弧引起过电压损坏变压器，应配置零序电压保护。全绝缘变压器，由于其中性点绝缘水平较高，当系统发生接地故障时，先有零序电流保护切除中性点接地的变压器，如果故障仍然存在，再有零序电压保护切除中性点不接地的变压器。

（六）间隙保护

超高压变压器均系半绝缘变压器，其中性点线圈的对地绝缘比其他部位弱。中性点绝缘容易被击穿。因此，需要配置间隙保护。间隙保护的作用就是保护中性点不接地变压器中性点的绝缘安全。

在变压器中性点对地之间安装一个击穿间隙。当接地隔离开关闭合时，变压器直接接地，投入零序过流保护。当接地隔离开关断开时，变压器经间隙接地，投入间隙保护。间隙保护是使用流过变压器中性点的间隙电流 $3I_0$ 和母线 TV 开口三角电压 $3U_0$ 作为判据来实现的。

若因故障中性点对地点为升高，间隙击穿，产生较大间隙电流 $3I_0$，此时间隙保护动作，经延时切除变压器。另外，当系统发生接地故障时，中性点接地运行变压器零序保护动作，先切除中性点接地的变压器。系统失去接地点后，如果故障仍存在，母线 TV 的开口三角电压 $3U_0$ 将会很大，此时间隙保护也会动作。

（七）变压器的励磁涌流

空投变压器时产生的励磁电流称作励磁涌流。励磁涌流的大小与变压器的结构、合闸角、容量、合闸前剩磁等因素有关。测量表明：空投变压器时，由于铁芯饱和励磁涌流很大，通常为额定电流的 2～6 倍，最大可达 8 倍以上。由于励磁涌流只在充电侧流入变压器，因此，会在差动回路中产生很大的差流，导致差动保护误动作。

励磁涌流具有以下特点：①涌流数值很大，含有明显的非周期分量；②波形呈尖顶状，且是间断的；③含有明显的高次谐波分量，尤其二次谐波分量最为明显；④励磁涌流是衰减的。根据励磁涌流的以上特点，为防止励磁涌流造成变压器差动保护误动，工程中利用二次谐波含量高、波形不对称、波形间断角大这 3种原理来实现差动保护的闭锁。

四、母线保护

（一）母线差动保护

母线保护中最主要的保护就是母线差动保护。如果规定母线上各连接单元里从母线流出的电流为电流的正方向，也就是各连接单元 TA 的同极性端在母线侧，母线差动保护把各连接单元 TA 二次按正方向规定的电流的相量和的幅值作为差动电流（动作电流）。

当母线在正常运行及外部故障时，根据基尔霍夫第一定理，流入母线的电流等于流出母线的电流，此时母线差动保护也能可靠不动作。当母线上发生故障时，各连接单元里的电流都流入母线，TA 二次电流的相量和等于短路点的短路电流的二次值 I_K，差动电流的幅值很大，母线差动保护就可靠动作。所以母线差动保护可以区分母线内和母线外的短路，其保护范围是参加差动电流计算的各 TA所包围的范围，如图 4-4 所示。

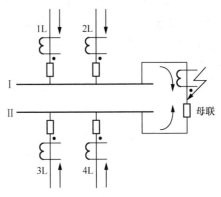

图 4-4　母线差动保护示意

由于母线是电力系统中的重要元件。母线差动保护动作后跳的断路器数量多，影响范围大，它的误动作可能造成灾难性的后果。为防止保护出口继电器误动作，或其他原因误跳断路器，通常还采用复合电压闭锁元件。只有当母线差动保护元件和复合电压闭锁元件同时动作时，才能去跳各路断路器。

在国内广泛应用的双母线和单母分段的母线差动保护中，设置两个小差元件及一个大差元件。大差元件用于确定母线故障，小差元件用于确定故障所在的母线。接入大差元件的电流为两条母线各所连元件（除母联外）的 TA 二次电流，接入小差元件的电流为某条母线所连元件（包括母联）的 TA 二次电流。

（二）母联死区保护

对于双母线或单母分段的母差保护，当故障发生在母联断路器与母联 TA 之间，或分段断路器与分段 TA 之间时，如果不采取措施，断路器侧的母差保护要误动，而 TA 侧的母差保护要拒动。一般把母联断路器与母联 TA 之间，或分段断路器与分段 TA 之间这一范围称为死区。

在发生母联断路器和母联 TA 之间死区范围内的故障时，母联死区保护可同时满足下述 4 个条件：①母线差动保护发过 II 母的跳令；②母联断路器已跳开（TWJ=1）；③母联 TA 任一相仍有电流：④大差比率差动元件及 II 母的小差比率差动元件动作后一直不返回。同时满足上述 4 个条件，经死区动作延时后，经过复合电压闭锁去跳开 I 母上的各连接元件。在上述死区内发生短路，大差和 II 母小差动作跳开 II 母侧母线上各连接元件和母联断路器后，前 3 个条件已经满足。大差由于 1L、2L 中 TA 流有短路电流，所以一直不返回；II 母侧小差由于母联 TA 中一直流有短路电流，所以也一直不返回，这样第 4 个条件可以满足。故而经短延时和复合电压闭锁可以跳开 I 母侧母线上各断路器，切除故障。

当双母线分列运行时，母联断路器在跳闸位置时再发生上述死区范围内的故障，由于 1L、2L 和母联 TA 一直有电流，大差和 II 母侧小差动作发出 II 母各连接元件的跳令后（实际 II 母无故障，这种跳闸是错误的），大差及 II 母侧小差动作后又一直不返回，母联断路器又一直在跳闸位置，TWJ 为"1"，所以母联死区保护经动作延时后又跳开 I 母上的各连接元件（这种跳闸是应该的），结果造成两条母线全部被切除的严重后果。其实，这种故障我们只希望跳开 I 母上的所有连接元件就可以了，因此有了下面的做法：

当两母线都有电压（说明两条母线都在运行），母联三相均无电流且母联 TWJ=1（母联在跳位）时，母联电流不计入两个小差的电流计算中去的措施（上述措施延时返回 400ms）。这样再出现该种故障时，大差及 I 母小差都能动作跳 I 母上的各断路器，而由于 II 母小差不动，II 母侧母线就不会被误切除了。

（三）断路器失灵保护

当输电线路、变压器、母线或其他主设备发生短路，保护装置动作并发出了跳闸指令，但故障设备的断路器拒绝动作跳闸，称之为断路器失灵。运行实践表明，发生断路器失灵故障的原因有很多，主要有断路器跳闸线圈断线，断路器操动机构出现故障，空气断路器的气压降低或液压式断路器的液压降低，直流电源消失及控制回路故障等。其中，发生最多的是气压或液压降低，直流电源消失及操作回路出现问题。系统发生故障之后，如果出现了断路器失灵而又没采取其他措施，将会造成严重的后果。断路器失灵保护能有效缩短故障切除时间，并在一定程度上减少停电范围。

断路器失灵保护的基本原理为：所有连接至一段母线上的元件的保护装置，当其出口继电器动作于跳开本身断路器的同时，也启动失灵保护中的公用时间继电器，此时继电器的延时应大于故障元件的断路器跳闸时间及保护装置返回时间之和，因此，并不妨碍正常的切除故障。如果故障线路的断路器拒动，则时间继电器动作，启动失灵保护的出口继电器，使连接至该段母线上所有其他有电源的断路器跳闸，从而切除故障点，起到了该断路器拒动时的后备作用。

失灵保护动作后将跳开母线上的各断路器，影响面很大，因此，要求失灵保护十分可靠。断路器失灵保护二次回路涉及面广，与其他保护、操作回路相互依赖性高，投运后很难有机会再对其进行全面校验。因此，在安装、调试及投运试验时应把好质量关，确保不留隐患。在失灵启动元件中不能使用非电量保护的出口接点，因为非电量保护动作后不能快速自动返回，容易造成保护误动。

五、电抗器保护

电抗器故障可分内部故障和外部故障。电抗器内部故障指的是电抗器箱壳内部发生的故障，有绕组的相间短路故障、单相绕组的匝间短路故障、单相绕组与铁芯间的接地短路故障，电抗器绕组引线与外壳发生的单相接地短路，此外，还有绕组的断线故障。电抗器外部故障指的是箱壳外部引出线间的各种相间短路故障，以及引出线因绝缘套管闪络或破碎通过箱壳发生的单相接地短路。

针对电抗器各种故障和不正常运行状态，需要配置相应的保护。电抗器保护的类型可分为主保护、后备保护及异常运行保护。主保护配置了差动保护、非电量保护。后备保护配置了阶段式过流保护、接地保护和过负荷保护等。

（一）差动保护

1. 比率差动保护

若差动保护动作电流是固定值，必须按躲过区外故障差动回路最大不平衡电流来整定，定值相应增高，此时如发生匝间或离开尾端较近的故障，保护就不能灵敏动作。反之，若考虑区内故障差动保护能灵敏动作，就必须降低差动保护定值，但此时区外故障时差动保护就会误动。

比率制动式差动保护的动作电流随外部短路电流按比率增大，既能保证外部短路不误动，又能保证内部故障有较高的灵敏度。

正常运行时，电抗器的励磁电流很小，通常只有为变压器额定电流的 3%～6%或更小，所以差动回路中的不平衡电流也很小。外部短路时，由于系统电压降低，励磁电流也不大，差动回路中不平衡电流也较小。但是当电抗器投入或外部短路故障切除电压突然增加时，就会出现很大的电抗器励磁电流，这种暂态过程中的电抗器励磁电流就称为励磁涌流。

励磁涌流对电抗器本身没有多大的影响，但因励磁涌流仅在电抗器一侧流通，故进入差动回路形成了很大的不平衡电流，如不采取措施，将会使差动保护误动。在微机差动保护装置中，通过鉴别涌流中含有大量二次谐波分量的特点来闭锁差动保护。可采用按相闭锁方式，每相差流的二次谐波含量大于谐波制动系数定植，则闭锁该相的比率差动保护。

2. 差动速断保护

由于电抗器纵差保护设置了涌流闭锁元件，采用二次谐波原理判据，若判断为励磁涌流引起的差流时，将差动保护闭锁。一般情况下，比率制动的差动保护作为电抗器的主保护已满足要求了。但当电抗器内部发生严重短路故障时，由于短路电流很大，TA 严重饱和而使交流暂态传变严重恶化，TA 二次电流的波形将发生严重畸变，含有大量的高次谐波分量。若采用涌流判据来判断是需要时间的，这将造成电抗器发生内部严重故障时，差动保护延缓动作，不能迅速切除故障的不良后果。若涌流判别元件误判成励磁涌流，闭锁差动保护，将造成电抗器严重损坏的后果。

为克服上述缺点，微机差动保护都配置了差动速断元件。差动速断没有制动量，其元件只反映差流的有效值，不管差流的波形是否畸变及谐波分量的大小，只要差流的有效值超过整定值，它将迅速动作切除电抗器。差动速断动作一般在半个周期内实现，而决定动作的测量过程在 1/4 周期内完成，此时 TA 还未严重饱和，能实现快速正确地切除故障。为避免误动作，差动速断保护的整定值需要躲过外部短路时最大不平衡电流值和励磁涌流。

（二）非电量保护

考虑到电抗器内部轻微故障，如少量匝间短路或尾端附近相间或接地短路，差动保护和过电流保护可能无法灵敏动作，而气体继电器可以灵敏地反映这一变化。可以设置多路非电量保护，以反映油箱内气体流动或压力的增大，并可以选择动作告警或跳闸。

（三）定时限过流保护

设置 2～3 段反映相电流增大的过电流保护，用以保护电抗器各部分发生的相间短路故障。在执行过电流判别时，各相、各段判别逻辑一致，可以设定不同时限。当任一相电流超过整定值达到整定时间时，保护动作。

（四）接地保护

接地保护可以选择零序过电流保护和零序过压报警。

（1）零序过电流保护。当所在系统采用中性点直接接地方式或经小电阻接地方式时，零序过流保护可以作用于跳闸。为避免由于各相电流互感器特性差异降低灵敏度，宜采用专用零序电流互感器。零序过电流元件的实现方式基本与过流元件相同，当零序电流超过整定值达到整定时间时，保护动作。

当采用零序过流动作告警时，可以将采集数据上送，由上位机比较同一母线上各单元采集的零序电流基波或五次谐波的幅值和方向，来实现选线功能。

（2）零序过压报警。零序过压报警用电压由装置内部对三相电压相量相加自产，一般采用动作告警，TV 断线时自动退出。

（五）过负荷保护

过负荷保护一般设置一段定时限段，可选择投报警或跳闸。

六、电容器保护

一般在变电站的低压侧，通常装设并联电容器组，以补偿无功功率的不足，来提高母线电压质量，降低电能损耗，达到系统稳定运行的目的。

并联电容器组可以接成星形（包括双星形），也可接成三角形。需要指出，当相同容量的电容器接成三角形时，发出的无功功率是星形连接的 3 倍，但每相电容器上承受的电压是星形连接时的 $\sqrt{3}$ 倍（绝缘的要求相应提高）。在较大容量的电容器组中，电压中的小量高次谐波，在电容器中产生较大的高次谐波电流，容易造成电容器的过负荷。为此，可在每相电容器组中串接一只电抗器，以限制高次谐波电流。

电容器组的故障和不正常运行情况如下：

（1）电容器组和断路器之间连线短路故障。

对电容器组和断路器之间连接线的短路，可装设带有短时限的电流速断和过流保护，动作于跳闸。速断保护的动作电流，按最小运行方式下，电容器端部引线发生两相短路时有足够灵敏系数整定，保护的动作时限应防止在出现电容器充电涌流时误动作。过流保护的动作电流，按电容器组长期允许的最大工作电流整定。

（2）电容器内部故障及其引出线短路故障。

并联电容器组由许多单台电容器串、并联组成。对于单台电容器，由于内部绝缘损坏而发生极间短路时，宜对每台电容器分别装设专用的保护熔断器。熔断器的额定电流可取 1.5～2 倍电容器额定电流。由于电容器具有一定的过载能力，一台电容器故障由专用的熔断器切除后，对整个电容器组并无多大的影响。

（3）电容器组中，某一故障电容器切除后所引起剩余电容器的过电压。

当电容器组中的故障电容器被切除到一定数量后，引起剩余电容器端电压超过 110%额定电压时，保护应将整组电容器断开。保护原理随接线方式的不同而不同。例如：①中性点不接地单星形接线电容器组，可装设中性点电压不平衡保护；②中性点接地单星形接线电容器组，可装设中性点电流不平衡保护；③中性点不接地双星形接线电容器组，可装设中性点间电流或电压不平衡保护；④中性点接地双星形接线电容器组，可装设反应中性点回路电流差的不平衡保护；⑤单星形接线的电容器组，可采用开口三角电压保护；⑥电容器组为单星形接线且每相由两组电容器串联组成的，可采用电压差动保护。

电容器组台数的选择及其保护配置时，应考虑不平衡保护有足够的灵敏度，当切除部分故障电容器后，引起剩余电容器的过电压小于或等于额定电压的105%时，应发出信号过电压；当超过额定电压的110%时，应动作于跳闸。不平衡保护动作应带有短延时，防止电容器组合闸，断路器三相合闸不同步，外部益障等情况下误动作，延时可取 0.5s。

（4）电容器组的过电压。

电容器组的过电压保护与多台电容器切除后的过电压保护，其作用是完全不同的。前者是供电电压过高保护整个电容器组不损坏，后者是在供电电压正常的情况下，电容器组内部故障的几台电容器切除后，使电容器上电压分布不均匀，保护切除电容器组使该段上剩余电容器不受过电压损坏。因此，保护构成的原理也是不同的。电容器组只能允许在 1.1 倍额定电压下长期运行，当供电母线稳态电压升高时，过电压保护应动作，带时限发信号或跳闸。

（5）电容器组的低电压。

当供电电压消失时，电容器组失去电源开始放电，其上电压逐渐降低。若残余电压未放电到 0.1 倍额定电压就恢复供电，则电容器组上将承受高于 1.1 倍额定电压的合闸过电压，导致电容器组的损坏，因而需要装设低电压保护。

低电压保护所用电压接于高压母线电压互感器的二次侧，只有当三相电压同时降低到低电压动作值时，保护才可动作；同时，为了防止所接 TV 二次空气小断路器误跳造成 TV 二次失压引起电容器低压保护误动，保护经电流闭锁。当供电电压消失后，参照电流闭锁定值，判断电容器组是否有电流。如果有电流则认为 TV 误跳，电容器保护不应该动作，于是断路器跳闸闭锁；如果无电流，则认为电容器低电压保护应该动作，需要跳开断路器。同时，只有在断路器合上时，保护动作才有意义，因此，还增加了断路器跳闸位置闭锁低压保护的功能。另外，低电压保护的动作时限应小于供电电源重合闸的最短时限。

（6）电容器保护的其他功能。

微机型电容器组保护除上述保护功能外，一般还具有自动投切功能或低压自投功能。自动投切功能指的是电压偏高时自动切除电容器组，电压偏低时自动投入电容器组，以调节母线电压，该功能可由控制字设定为投入或退出。

第二节　继电保护安全自动装置

一、备用电源自动投入装置

当工作电源因故障被断开以后，能自动而迅速地将备用电源投入工作，保证用户连续供电的装置即称为备用电源自动投入装置，简称备自投装置。备自投装置主要用于 110kV 以下的中、低压配电系统中，是保证电力系统连续可靠供电的重要设备之一。

（一）对备用电源自动投入装置的要求

备自投装置动作应考虑动作后负荷情况是否满足稳定性要求，如负荷过大，影响系统稳定，或无法满足电动机自启动的要求时，应采取必要的措施。保护设置与整定时，应考虑备自投装置投到故障设备上，应有保护能瞬时切除故障。

参照有关规程，对备自投的基本要求可以归纳如下：

（1）应保证在工作电源和设备断开后，才投入备用电源或备用设备。这一要求的目的是防止将备用电源或备用设备投入到故障元件上，造成备自投失败，甚至扩大故障，加重损坏设备。

实现方法：备用电源和设备的断路器合闸部分应由供电元件受电侧断路器的常闭辅助触点启动。

（2）工作母线和设备上的电压，不论何种原因消失时，备自投装置均应启动。

工作母线失压的原因有：工作变压器故障，母线故障，母线上出线故障而没有被该出线的断路器断开，断路器因控制回路、操动机构、保护回路的问题或被运行人员误操作断开，电力系统内部故障等。以上各种原因造成工作母线失压时，备自投装置都应该动作。

实现方法：备自投装置应有独立的低电压启动部分。

（3）备自投装置应保证只动作一次。当工作母线发生永久性故障或引出线上发生永久性故障，且没有被出线断路器切除时，由于工作母线电压降低，备自投装置动作，第一次将备用电源或备用设备投入。因为故障仍然存在，备用电源或备用设备上的继电保护会迅速将备用电源或备用设备断开，如果此时再投入备用电源或备用设备不但不会成功，还会使备用电源或备用设备、系统再次遭受故障冲击，并造成扩大事故、损坏设备等严重的后果。

实现方法：控制备用电源或设备断路器的合闸脉冲，使之只动作一次。

（4）若电力系统内部故障，使工作电源和备用电源同时消失时，备自投装置不应动作，以免造成系统故障消失恢复供电时，所有工作母线段上的负荷全部由备用电源或备用设备供电，引起备用电源和备用设备过负荷，降低供电可靠性。在这种情况下，电力系统内部故障消失系统恢复后，负荷应该仍由原各自的工作电源供电。所以，备用母线电压消失时，备自投装置不应动作。

实现方法：备自投装置设有备用母线电压监视继电器。

（5）应校验备用电源和备用设备自动投入时过负荷的情况，以及电动机自启动的情况，如过负荷超过允许限度，或不能保证自起动时，应有自动投入装置动作于自动减负荷。

（6）当备用电源自动投入装置动作时，如备用电源或设备投于永久故障，应使其保护加速动作。

（7）备自投装置的动作时间，以使负荷的停电时间尽可能短为原则。所谓备自投装置动作时间，即指从工作母线受电侧断路器断开到备用电源投入之间的时间，也就是用户供电中断的时间。停电时间短对用户有利。但当工作母线上装有高压大容量电动机时，工作母线停电后因电动机反送电，使工作母线残压较高，若备自投动作时间太短，会产生较大的冲击电流和冲击力矩，损坏电气设备。所以，考虑这些情况，动作时间不能太短。运行实践证明，在有高压大电动机的情况下，备自投装置的动作时间以 1～1.5s 为宜，低电压场合可减小到 0.5s。

（二）备自投的功能说明

备用电源的一次接线形式种类较多，备自投逻辑有较大的差别。常规的备自投装置常常需要根据具体的使用要求修改逻辑，对微机备自投设备则需要修改相关软件，增加了工程设计的工作量，且降低备自投设备的可靠性。为能以一种装置适应不同的要求，在微机型备自投装置中，采用基于图形化界面的逻辑可编程的方式实现备自投功能。

微机型备自投装置提供的模拟量输入、断路器的输入量及定值都可以成为控制备投动作的可编程元件。为防止备自投装置重复动作，借鉴保护装置中重合闸逻辑的做法，在动作逻辑中设置了一个"充电"计数器。在传统备自投上采用电容器充放电过程和瞬时动作延时返回的中间继电器实现一次合闸；在微机备自投中，一般采用逻辑判断和软件延时代替充电过程。备自投装置的动作逻辑的控制条件可分为三类：充电条件、闭锁条件、启动条件。即在所有充电条件均满足，而闭锁条件不满足时，经过一个固定的延时完成充电，备自投装置就绪，一旦出现启动条件，即动作出口。

为了避免合闸在故障上造成断路器跳跃和扩大事故，充电时间的选取应考虑以下几个原则：①等待故障造成的系统扰动充分平息，认为系统已经恢复到故障前的稳定状态；②躲过对侧相邻保护最后一段的延时和重合闸最长动作周期；③考虑一定裕度。

（三）典型的备用电源自投方式

1. 常规进线及分段备自投方式

常规进线及分段备自投方式如图 4-5 所示。

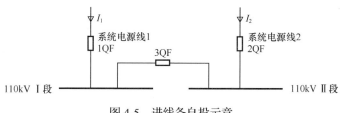

图 4-5　进线备自投示意

110kV 侧为单母分段或内桥接线方式时配置 1 台进线及分段备自投装置，实现 110kV 双回电源进线的进线及分段备自投方式自适应，具体方式包括：

（1）110kV 两回电源进线互为备自投方式。110kV 分段断路器 3QF 合位，一回电源带两段母线，如果两段母线失压且电源进线无流时，投入备用电源进线。

（2）分段备自投方式。110kV 分段断路器 3QF 分位，两回电源进线分别带两段母线，如果其中一段母线失压且电源进线无流时，备自投合分段断路器，由另一回电源带全部负荷。

2. 多进线及分段备自投方式

多进线及分段备自投方式如图 4-6 所示。

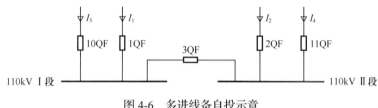

图 4-6　多进线备自投示意

采用双链式结构方式提高供电可靠性和运行灵活性，很多 110kV 变电站的每段母线存在双电源情况。

为考虑同一段母线不同电源的进线备自投，按终期四回电源进线考虑进线备自投逻辑，设置 1 台 110kV 备自投装置实现 110kV 四回进线及分段备自投方式的自适应，进线备自投优先级应大于分段备自投，进线备自投之间也应按照线路设置优先级。按照 110kV 开环运行方式，进线备自投考虑以下方式：

（1）一回电源进线带全站，其余三回电源进线备用；通过优先级设置进线备自投。

（2）两回电源进线分别带一段母线，其余两回电源进线备用。优先在每段母线上实施进线备自投（进线 1 号、3 号互投、进线 2 号、4 号互投），进线备自投失败后进入分段备自投。

（3）考虑到运行方式变化会导致电源线路变为负荷线路及线路断路器检修，设置对应压板在方式变化或检修时，对应进线备投功能退出。

3. 主变压器及低压分段备自投方式

主变压器及低压分段备自投方式如图 4-7 所示。

110kV 变电站中设有两台及以上的主变压器，低压侧为单母线分段接线方式时，按每个分段间隔设置 1 台低压分段兼主变压器备自投装置，根据运行方式实现主变压器备自投、低压侧分段备自投方式的自适应。具体方式包括：

（1）低压分段自投方式。低压侧Ⅲ母、Ⅳ母分列运行，分段 9FU 分位，当某一段母线失压及进线无流时，分段备自投启动合分段 9QF，由另一段母线带全部负荷。

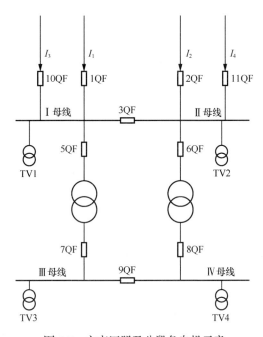

图 4-7　主变压器及分段备自投示意

（2）主变压器备自投方式。主变压器一台运行带全部负荷，另一台备用，低压侧两回进线 7QF/8QF 仅一回在合位，分段 9QF 合位，低压侧Ⅲ母、Ⅳ母并列运行。当运行主变压器故障时，两段母线均失压且进线电源无流，主变压器备自投启动合备用主变压器高、低压侧断路器，投入备用主变压器。

4. 220kV 侧为线变组接线方式的备自投

220kV 侧为线变组接线方式的备自投如图 4-8 所示。

当 220kV 采用线变组接线方式时，110kV 正常运行为分列运行方式，为提高110kV 供电可靠性，需要在 110kV 分段增加母联备自投。

（1）中压侧母联备自投方式。中压侧配置 1 台母联备自投装置，实现 110kV母联备自投功能，正常运行时母联 9QF 分位，主变压器中压侧 3QF、4QF 合位，其中一段母线失压且中压侧进线无流时，启动备自投合母联 9QF，由另一台主变压器带全部负荷。考虑主变压器三侧容量及负荷不一致问题，备自投的过负荷闭锁功能通过采集主变压器高压侧电流作判据。

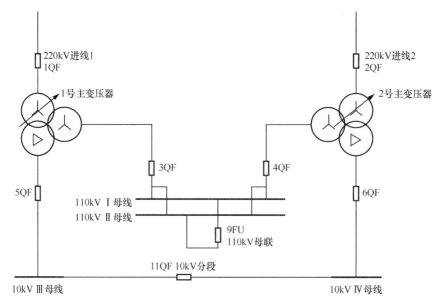

图 4-8　220kV 线变组备自投示意

（2）低压分段备自投方式。低压侧配置 1 台分段备自投装置，实现低压侧分段备自投功能，正常运行时低压侧分段 11QF 分位，主变压器低压侧 5QF、6QF 合位，10kV 一段母线失压且低压侧进线无流时，启动备自投合母联 11QF，由另一台主变压器带低压全部负荷。考虑主变压器三侧容量及负荷不一致问题，低压侧备自投过负荷闭锁功能应分别采用主变压器高、低压侧电流，保证高、低压侧都不会过载。

5. 220kV 侧为双母线接线方式的备自投

220kV 侧为双母线接线方式的备自投如图 4-9 所示。

220kV 变电站中当 220kV 及 110kV 均为双母线接线时，常规运行均为双母并列运行，可不考虑分段备自投及主变压器备自投，仅配置 35kV（10kV）分段备自投。

6. 远方备自投

远方备自投如图 4-10 所示。

远方备自投装置动作逻辑仅考虑线路失电（线路故障或电源失电）的情况。远方备自投可由两套或两套以上备自投装置组成，采用专用光缆实现装置间通信，装置考虑采用自适应方式完成本变电站进线备自投功能，且与相邻侧装置配合完成断面远方备自投功能。

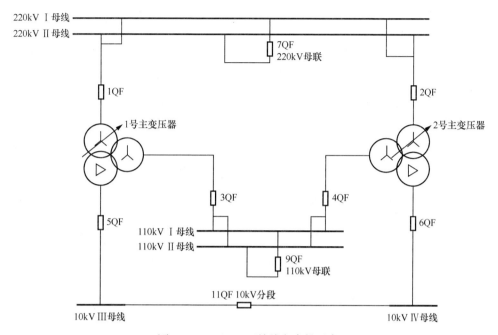

图 4-9　220kV 双母接线备自投示意

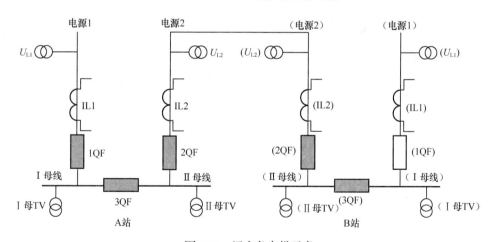

图 4-10　远方备自投示意

　　以 A 站为例，两段母线电压均低于无压定值，A 站电源 1 进线无流，延时跳 A 站电源 1 断路器及失压母线联切出口，确认 A 站电源 1 断路器跳开后，向对侧 B 站发"启动对侧备自投"信号，延时合 B 站电源 1 断路器。若 A 站分段（内桥）断路器偷跳，经跳闸延时补跳分段断路器及失压母线联切出口，确认分段（内桥）

断路器跳开后，向对侧发"启动对侧备自投"信号，延时合 B 站电源 1 断路器。

7. 网络备自投

网络备自投系统立足于调度控制主站、通过利用已有信息建立备自投模型，从 SCADA 读取遥信、遥测数据，经过自身逻辑判断，形成控制指令，完成在事故情况下的故障甄别，以及快速恢复供电。网络备自投的系统框架如图 4-11 所示。

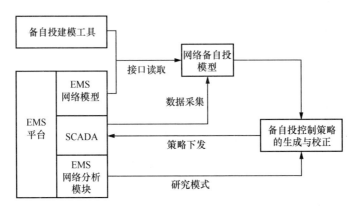

图 4-11　网络备自投系统框架

以一个电网区域下的某个运行方式为一个备自投模型，该区域下多种运行方式对应多种备自投模型。哪个备自投可以充电，则由充电设备及方式条件决定。同时，每个备自投的控制策略可以有多个，实际运行时，哪个控制策略具备动作条件，则出口该控制策略。网络备自投的模型结构如图 4-12 所示。

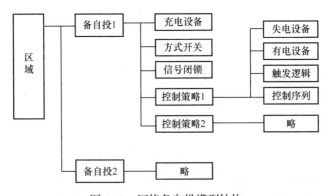

图 4-12　网络备自投模型结构

当备自投模型搭建完毕后，自动进入闭锁状态，经人工解锁以后，备自投模型开始根据充电条件进行判断，满足条件后，模型进入充电状态，充电状态下发生方式改变、拓扑校核不一致或者通道等异常时，会自动转为放电状态。在充电状态下，当模型检测到触发条件后，进入启动状态，在启动状态稳定周期内，遥测、遥信及拓扑判断满足动作条件，模型会按照制定的控制序列进行断路器控制，无论动作成功与否，均会转为闭锁状态。

网络备自投适用于链式结构串供厂站，如图 4-13 所示，AC 线带 110kVC 站，通过 CD 线带 110kVD 站一条母线，BD 线带 110kVD 站另一条母线。当第一级线路 AC 线故障跳闸，重合不成功后，末端变电站 110kVD 站可通过进线备自投，将 D 站 CD 线断路器追跳后，对 D 站内失压设备恢复供电，此时 C 站全站失压，网络备自投在进一步判断失压设备具备送电条件后，通过合上 D 站 CD 线断路器后，恢复 C 站供电。

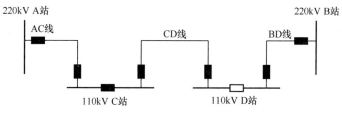

图 4-13　网络备自投适用场景

二、低频低压减负荷装置

（一）低频低压的危害

当电力系统因事故而出现严重的功率缺额时，其频率、电压会随之急剧下降。当频率降低较大时，对系统运行极为不利，甚至会造成严重后果，主要表现在以下 3 个方面。

（1）对汽轮机的影响。运行经验表明，某些汽轮机长期在频率低于 49~49.5Hz 运行时，叶片容易产生裂纹，当频率低到 45Hz 附近时，个别级的叶片可能发生共振而引起断裂事故。

（2）发生频率崩溃现象。当频率下降到 47~48Hz 时，火力发电厂的厂用机械（如给水泵等）的出力将显著降低，使锅炉出力减少，致使功率缺额更为严重。于是系统频率进一步下降，这样恶性反馈将使发电厂运行受到破坏，从而造成所谓"频率崩溃"现象。

（3）发生电压崩溃现象。当频率降低时，励磁机、发电机等的转速相应降低，由于发电机的电势下降，使系统电压的水平下降。运行经验表明，当频率下降至

45～46Hz 时，系统电压水平受到严重影响，系统运行的稳定性遭到破坏，出现所谓的"电压崩溃"现象。电压崩溃会导致系统损失大量负荷，甚至大面积停电或使系统瓦解。

（二）低频低压减载装置的配置

在电力系统发生故障或非正常运行状态下，如果处理不当或处理不及时，往往会引起电力系统的频率崩溃或电压崩溃，造成电力系统事故。

为了提高供电质量，保证重要用户供电的可靠性，当系统中出现有功功率缺额引起频率下降，无功缺额引起电压下降时，根据频率、电压下降的程度，自动断开一部分用户，阻止频率、电压下降，以使频率、电压迅速恢复到正常值，这种装置称为低频低压减载装置。

低频低压自动减载装置根据负载的重要程度分级，在不同低频、低压的情况下，分别切除不同等级的负荷，凡是重要性低的负荷首先切除，而后逐级上升，直到系统频率、电压恢复正常为止。

（三）低频低压减载装置的原理

1. 低频减载原理

低频减载一般配置六轮正常减载（Lfs1～Lfs6）和两轮加速减载（Lfsp1、Lfsp2），两轮加速减载元件安装于低频第 1 轮元件 Lfs1 上，配置或整定退出 Lfs1 时，加速跳功能随之退出。正常减载 Lfs1～Lfs4 为基本轮，Lfs5、Lfs6 为特殊轮。基本轮各轮之间、特殊轮各轮之间设有顺序和独立动作两种动作方式。

根据厂站需要对 Lfs1～Lfs6、Lfsp1、Lfsp2 进行配置（投入/退出）和设定基本轮和特殊轮的动作方式。例如，若低频减载基本轮 Lfs1～Lfs4 设定为顺序动作方式时，则四轮按 Lfs1→Lfs2→Lfs3→Lfs4 依次动作，当 Lfsn 退出（配置退出或软压板退出）时，Lfs（n-1）动作后，Lfs（$n+1$）开始计时，其他依次类推；若 Lfs1～Lfs4 设定为独立动作方式时，四轮启动计时、动作互相独立，各轮延时一到立即动作。

当 Lfs1 启动后，装置同时检查当前的 Lfsp1 和 Lfsp2 的动作状况，决定是正常减载（Lfs1）还是加速减载（Lfsp1/2）。低频加速跳 1 动作（F505）闭锁低频减载 Lfs1、Lfs2，直接启动 Lfs3；低频加速跳 2 动作（F506）闭锁低频减载 Lfs1～Lfs3，直接启动 Lfs4。

低频启动原理主要由 3 个模块组成：

（1）装置无告警信号，即系统有压、运行正常，装置的电压、频率采样回路正常。

（2）装置检测到系统频率低于整定值。

（3）装置的闭锁元件不启动，即滑差闭锁、故障状态检测不动作。

当满足上述 3 个条件时，低频减载装置启动。

2. 低压减载动作原理

低压减载共配置六轮正常减载（Lvs1～Lvs6）和两轮加速减载（Lvsp1、Lvsp2），两轮低压加速跳元件安装于低压第 1 轮元件 Lvs1 上，配置或整定退出 Lvs1 时，加速跳功能随之退出。低压减载各轮的动作方式全同低频减载。

当 Lvs1 启动后，装置同时检查当前的 Lvsp1 和 Lvsp2 的动作状况，决定是正常减载（Lvs1）还是加速减载（Lvsp1/2）。低压加速跳 1 动作（F512）闭锁低压减载 Lvs1 和 Lvs2，直接启动 Lvs3；低压加速跳 2 动作（F513）闭锁低压减载 Lvs1～Lvs3，直接启动 Lvs4。

低频启动原理主要由 3 个模块组成：

（1）装置无告警信号，即系统有压，运行正常。

（2）装置检测到系统电压低于整定值。

（3）装置的闭锁元件不启动，即滑差闭锁、故障状态检测不动作。

低压减载逻辑与低频减载逻辑类似，在装置电压启动元件动作后，根据电压基本轮顺序动作和特殊轮的定值，按照各轮的配置（投入/退出）状态动作出口。

三、安全稳定控制装置

（一）电力系统稳定控制的概念

电力系统的运行状态可以分成正常状态和异常状态两种。正常状态又可分为安全状态和警戒状态；异常状态又分成紧急状态和恢复状态。电力系统的运行包括了所有这些状态及其相互间的转移。

安全状态是指系统的频率、各节点的电压、各元件的负荷均处于规定的允许值范围内，并且一般的小扰动不致使运行状态脱离正常运行状态。正常安全状态实际上始终处于一个动态的平衡之中，必须进行正常的调整，包括频率和电压，即有功功率和无功功率的调整。

警戒状态是指系统整体仍处于安全的范围内，但个别元件或地区的运行参数已临近安全范围的边缘，此时再有新的扰动将使系统进入紧急状态。对处于警戒状态的电力系统应该采取预防控制，使之进入安全状态。

紧急状态是指正常运行状态的电力系统遭到扰动（包括负荷的变动和各种故障），电源和负荷之间的功率平衡遭到破坏而引起系统频率和节点电压超过了允许的偏移值，或元件的负担超过了安全运行的限制值，系统处于危机中。对处于紧急状态下的电力系统，应该采取各种校正控制和稳定控制措施，使系统尽可能恢复到正常状态。

恢复状态是指电力系统已被解列成若干个局部系统，其中有些系统已经不能保证正常地向用户供电，但其他部分可以维持正常状态；或者系统未被解列，但已不能满足向所有的用户正常供电，已有部分负荷被切除。当处于紧急状态下的电力系统不能通过校正和稳定控制恢复到正常状态时，应按对用户影响最小的原则采取紧急控制措施，使之进入恢复状态。然后根据情况采取恢复控制措施，使系统恢复到正常运行状态。

电力系统的预防控制、紧急控制和恢复控制总称为安全控制。安全控制是维持一个电力系统安全运行所不可缺少的。随着电力系统的发展扩大，对安全控制提出了越来越高的要求，成为电力系统控制和运行的一个极重要的课题。

（二）电力系统安全稳定控制标准与防御系统

1. 安全稳定标准

DL 755—2001《电力系统安全稳定导则》确立了电力系统承受大扰动能力的安全稳定标准，将电力系统承受大扰动能力的安全稳定标准分为三级。

（1）第一级安全稳定标准：正常运行方式下的电力系统受到第 I 类大扰动后，保护、断路器及重合闸正确动作，不采取稳定控制措施，必须保持电力系统稳定运行和电网的正常供电，其他元件不超过规定的事故过负荷能力，不发生连锁跳闸。

（2）第二级安全稳定标准：正常运行方式下的电力系统受到第 II 类大扰动后，保护断路器及重合闸正确动作，应能保持稳定运行，必要时允许采取切机和切负荷等稳定控制措施。

（3）第三级安全稳定标准：正常运行方式下的电力系统受到第 II 类大扰动导致稳定破坏时，必须采取措施，防止系统崩溃，避免造成长时间大面积停电和对最重要用户（包括厂用电）的灾难性停电，使负荷损失尽可能减小到最小，电力系统应尽快恢复正常运行。

2. 防御系统三道防线

相对应的，在 DL/T 723—2000《电力系统安全稳定控制技术导则》中，为保证电力系统安全稳定运行，二次系统配备的完备防御系统应分为三道防线。

（1）第一道防线：保证系统正常运行和承受第Ⅰ类大扰动的安全要求。措施包括一次系统设施、继电保护、安全稳定预防性控制等。

（2）第二道防线：保证系统承受第Ⅱ类大扰动的安全要求，采用防止稳定破坏和参数严重越限的紧急控制。常用的紧急控制措施有切除发电机（简称切机）、集中切负荷（简称切负荷）、互联系统解列（联络线）、HVDC 功率紧急调制、串联补偿等。

（3）第三道防线：保证系统承受第Ⅰ类大扰动的安全要求，采用防止事故扩大，系统崩溃的紧急控制。措施有系统解列，再同步，频率和电压紧急控制等。

（三）电力系统紧急控制的类型及其作用

1. 电力系统紧急控制的作用

电力系统发生短路等事故时，首先应由继电保护动作切除故障。一般情况下事故切除系统可继续运行。如果事故很严重或者事故处理不当，则可能造成事故扩大而导致严重后果。为此，电力系统中还应配备必要的紧急控制装置。

2. 电力系统紧急控制的措施

为实现紧急控制，通常要根据紧急状态（事故）前的电网结构和运行情况，考虑紧急状态（故障及其暂态过程）的实际情况，由控制装置进行分析判断，确定相应的控制措施。

紧急控制通常采用以下措施，每次控制可以是采用一种措施，也可能是同时采用多种措施，包括发电机侧控制手段和负荷端控制手段。

（1）发电机侧控制手段有：

1）切除发电机；

2）快关汽轮机的汽门；

3）水轮机快速降低和升高输出功率；

4）发电机励磁紧急控制；

5）动态电阻制动。

（2）负荷端控制手段。

1）集中切负荷（切除高压线路实现）；

2）分散减负荷；

3）电容装置强行补偿、紧急投切并联电容装置及并联电抗器；

4）高压直流输电紧急调制；

5）电力系统解列。

3. 电力系统紧急控制与继电保护的关系

继电保护在电力系统发生短路等事故时，首先动作并切除、隔离故障。它是电力系统安全稳定三道防线中保证第一道防线有效的重要措施。一般情况下，事故切除系统可继续运行。如果事故很严重，或者事故处理不当，则可能造成事故扩大而导致严重后果。为此，电力系统中还应配备必要的紧急控制装置。继电保护是在紧急控制之前动作的，只有在事故很严重或者事故处理不当时，紧急控制装置才动作。

（四）分布式稳定控制装置

1. 分布式稳定控制装置切负荷方式的选择

在故障或者过负荷情况下，安全稳定控制装置查找策略表，采取适当的切负荷措施。既可以按轮次切负荷，也可以根据负荷的实际情况实现精确切负荷。

精确切负荷方式下，需要对负荷线路的电流进行采样计算，根据策略表设定的切负荷容量，或者接收到上一级控制主站发送来的切负荷量命令，按照一定的优先顺序（根据负荷的重要性，先切不太重要的负荷，后切重要负荷），按最匹配过切原则切除相应数量的负荷。

为了实现区域性的精确切负荷，通常设置区域控制主站，对实际负荷进行统计排序，再统一由其下发命令到各执行站，指定切除需要切除的负荷线路。这样可以使得实际过切负荷量减少到最小。

2. 分布式稳定控制装置控制决策

多个厂站的稳定控制装置通过通信联系，共同构成一个区域型稳控系统。装置通过采样计算，按有关判据判断电网故障，再根据当时的运行方式、潮流断面情况，查找策略表，采取就地出口或远传命令到其他控制站执行出口。

装置主要采取控制策略表的形式来进行决策，控制策略表是复杂电网稳定控制的基本依据。离线计算后的控制策略表是由运行方式人员按稳定要求，通过大量的离线分析计算，归纳整理形成的；然后，由研制装置的软件人员把控制策略表以程序的形式编制成便于微机存放和查找的格式，存储在装置的存储器内。策略表一般按运行方式分成若干张大表，再按故障元件及故障类型分成若干张小表，每张小表中根据送电潮流、开机方式等分档放置相应的控制措施。稳定控制装置的启动过程一般为 5s，如果 5s 之内发生两次故障，则按严重的故障采取措施，若第一次是较轻故障，那么第二次故障时将追加措施。

四、故障录波器及故障信息管理系统

（一）故障录波器

1. 故障录波器的作用

故障录波器是一种系统正常运行时，故障录波器不动作（不录波）；当系统发生故障及振荡时，通过启动装置迅速自动启动录波，直接记录下反映到故障录波器安装处的系统故障电气量的一种自动装置。

故障录波器主要是用来记录电网中各种扰动（主要是电力系统故障）发生的过程，为分析故障和检测电网运行情况提供依据。其作用有：

（1）为正确分析事故原因，研究防止对策提供原始资料，通过录取的故障过程波形图，可以反映故障类型、相别，反映故障电流、电压大小，反映断路器的跳合闸时间和重合闸是否成功等情况。因此，可以分析故障原因，研究防范措施，减少故障发生。

（2）帮助查找故障点。利用录取的电流、电压波形，可以推算出一次电流、电压数值，由此计算出故障点位置，使巡线范围大大缩小，省时、省力，对迅速恢复供电具有重要作用。

（3）分析评价继电保护及自动装置、高压断路器的动作情况，及时发现设备缺陷，以便消除隐患。根据故障录波资料可以正确评价继电保护和自动装置工作情况（正确动作、误动、拒动），尤其是发生转换性故障时，故障录波能够提供准确资料，并且可以分析查找装置缺陷。曾有记录，通过故障录波资料查到某220kV 线路单相接地故障误跳三相和某 220kV 线路瞬时单相接地故障重合闸后加速跳三相的原因。同时，故障录波器可以真实记录断路器存在问题，如拒动、跳跃、掉相等。

（4）了解电力系统情况、迅速处理事故。从故障录波图的电气量变化曲线，可以清楚地了解电力系统的运行情况，并判断事故原因，为及时、正确处理事故提供依据，减小事故停电时间。

（5）实测系统参数，研究系统振荡。故障录波可以实测某些难以用普通实验方法得到的参数，为系统的有关计算提供可靠数据。当电力系统发生振荡时，故障录波器可以提供从振荡发生到结束全过程的数据，可以分析振荡周期、振荡中心、振荡电流和电压等问题，通过研究，可以提供防范振荡的对策和改进继电保护及自动装置的依据。故障录波器为加强对电力系统规律的认识，提高电力系统运行水平积累第一手资料。

2. 微机故障录波器的优点

故障录波器的发展经历了 3 个阶段，第一阶段是机械—油墨式故障录波器；第二阶段是机械—光学式故障录波器；第三阶段是微机—数字式故障录波器。目前，前两种装置已基本淘汰，在现场大量使用并能接入故障信息系统的是微机—数字式故障录波器。

微机型故障录波器是主机由微型计算机实现的新型录波装置，适用于各电压等级的输电线路，可安装于发电厂、变电站等场所。当电力系统振荡和发生故障时，自动记录故障类型、发生故障的时间、电流和电压的变化过程，以及继电保护和自动装置的动作情况，计算出短路点到装置安装处的距离等，并且可以通过打印机就地打印事故报告。

与传统的机械故障录波器相比，微机型故障录波器具有以下优点：

（1）除能完成时间、相角、瞬时值、有效值、开关量测量及故障量计算等测量功能外，还能借助计算机软件程序对测量到的电压、电流波形数据进行更为复杂的分析，如谐波分析，序分量计算，功率计算，阻抗计算，相量图，阻抗轨迹图，故障测距。

（2）配备智能通信系统，直接将事故报告传送到各级调度中心。

3. 微机型故障录波器的采集量

微机型故障录波器在系统发生大扰动，包括在远方故障时，能自动地对扰动的全过程按要求进行记录，并当系统动态过程基本终止后，自动停止记录。应能无遗漏地记录每次系统大批发生后的全过程数据，并按要求输出历次扰动后的系统电参数（I、U、P、Q、f）及保护置和安全自动装置的动作行为。所以故障录波器应接入必须的采集量，即应收集和记录全额规定的故障模拟量数据和直接改变系统状态的继电保护跳闸命令、安全自动装置的操作命令和纵联保护的通道信号。模拟量直接来自主设备，而开关量则由相应装置用空触点送来。

（1）微机型故障录波器接入的模拟量。根据现场实际情况，引入故障录波器电流的 TA 二次电流额定值可以为 1A，也可以为 5A，故障录波器电流采样工作回路线性工作范围应在 0.1～20I_n，并应考虑直流分量。引入故障录波器的二次电压，以二次电压有效值为标准，线性测量范围应为 0.01～2 倍额定电压。配有专用收发信机的线路保护，应将高频信号引入到高频录波端子。

一般情况，故障录波器的采样频率在 1k～10kHz，500kV 系统用的故障录波器的采样频率不可低于 5kHz，故障录波器记录中各时间段（A、B、C、D、E）的采样时间和频率应能分别设定。故障录波器应具有优良的启动功能，每一路模拟量均可设定为正、负越限触发，突变量越限触发，故障录波器的硬盘应足够大，在目前的技术条件下，不应少于 10G，以供存放录波数据。故障录波器应具备良好的数据远传的能力，应能具备同时通过串口和以太网向外传输数据的功能。

（2）微机故障录波器接入的事件量。各断路器的位置信号，位置信号宜采用断路器的辅助接点，如现场确有困难，可以采用经过重动继电器引入的位置信号。但重动继电器的动作延时必须小于 10ms，且必须经测试合格后设备方可投入运行。

线路保护的分相跳闸信号，主变压器保护、高压电抗器保护的所有电气量、非电气量的跳闸信号，每一套母线保护的跳闸出口接点，每一套短线路保护，断路器失灵保护，过电压保护及就地判别装置，以及其他保护的跳闸出口接点。断路器失灵保护总跳闸以及经延时跳相邻断路器的跳闸出口接点。重合闸动作信号，以及闭锁重合闸信号。

对于载波保护，应接入各主保护的收信信号、发信信号、非阻塞（unblock）信号、微波、光纤保护应接入通道告警信号。慢速通道的监频、跳频信号接点，如果有条件，应接入线路保护启动重合闸的接点。

每一路事件量应可单独设定为接点闭合触发，或接点打开触发。事件量的分辨率不低于 1ms。

4. 微机故障录波器调试运行注意事项

故障录波器在现场调试时，应按照上面提出的要求进行全面的检查，同时，作为故障信息系统的重要组成部分，应结合故障信息系统情况，进行设备联调，认真检查数据远传能力，并进行通道稳定性测试，确保通信设置正确，运行稳定。录波记录应以电力系统暂态数据交换（COMTRADE）通用格式上传，在子站保护管理机和调度端主站均应能及时准确调用录波记录，并提供完备的分析软件，分析记录中的信息。在投运前，应进行全球定位系统（GPS）对时精度测试，确保对时精度满足规定。

故障录波器在运行以后，经常会因为变电站扩建、改造的需要，增加、调整新的录波量。在调试结束，验收合格的情况下，应及时修改图纸，确保图纸和现场情况相符。必须在新设备投运前将有关参数输入到录波器中，保证故障录波器对新设备能正确录波。

（二）故障信息管理系统

故障信息管理系统是有保护设备、故障录波器设备、子站主站、通信网络，以及接口设备和主站设备组成的一个综合的系统；服务对象主要是在系统发生故障后，作为调度员快速了解事故性质和保护动作行为的辅助决策工具。同时，在系统保护动作行为不正确时，为继电保护人员分析保护动作行为提供技术手段。根据电力系统本身的结构特点，电力系统继电保护及故障信息管理系统是一个分层分布式的管理系统，其结构应包括以下内容：

（1）调度端主站系统：主站 1 至主站 N 分别对应不同的管理部门，诸如地调、省调、网调等。

（2）变电站内的子站系统：子站 1 至子站 N 分别对应不同的厂站。

（3）微机保护、故障录波器等二次装置。

（4）通信链路：包括连接主站与子站的通信网络，以及变电站内的子站与保护装置、故障录波器的通信通道。

1. 故障信息管理系统主站

（1）主站的构成及功能。主站系统是指故障信息系统位于调度端的部分，包括数据服务器、通信服务器、Web 服务器、工作站等终端设备。主站主要实现以下功能：

1）收集各个信息子站采集的各设备的各种信息，并进行综合分析。在收集并存储各子站上传信息的基础上，应提供较完善的故障数据分析手段，具体有谐波分析、矢量分析、阻抗分析等功能，故障数据的图形化分析必须形象直观，方便使用。

2）告警提示。当接收到子站上传的自检或事件信息时，显示上传信息的文字描述，并自动推出相应的子站画面，持续发告警音提示，直至用户响应。

3）图形化监控。对电网继电保护及故障信息采用一次接线图方式的图形化管理及图形化信息发布。主画面为区域地图叠加电网走线示意，并标识具体的厂站，直接调用图标进行菜单操作。

4）远程监控和操作。对厂站端的继电保护装置、故障录波器运行状况和整定参数的动态实时监测和操作。

（2）主站系统各部分作用。

1）数据服务器主要是存储各子站上传的数据。

2）通信服务器是沟通主子站的桥梁，主要负责主子站之间的数据传输，并可以通过全球移动通信系统，即"全球通"（GSM）的短消息服务发往指定的手机。

3）Web 服务器主要是将子站上送的信息实时通过网页形式发布，使各个终端用户能实时浏览保护及故障录波器的各种信息。根据相关安全防护规定，电力二次系统分为Ⅰ实时控制区、Ⅱ非控制生产区、Ⅲ生产管理区、Ⅳ管理信息区，其中Ⅰ区安全防护等级最高，其余以此类推。安全Ⅰ区、Ⅱ区与安全Ⅲ、Ⅳ区之间应采用专用的单向隔离装置，该隔离装置以接近物理隔离的强度。故障信息管理系统属于安全开区，调度生产管理系统（DMIS）属于安全Ⅲ区，Web 服务器属于Ⅳ管理信息区，因此它们之间需要加专用单向隔离装置。

2. 故障信息管理系统子站

（1）故障信息管理系统子站的功能主要是接入厂站内的继电保护和故障录波及其他自动装置，并且能够准确无误地采集这些装置在运行状态下产生的各种瞬间数据，再将采集到的各类数据进行整理就地存储并发往主站，供主站端进行分析处理。

（2）故障信息系统子站数据采集。

1）子站采集的内容包括所连接微机保护、自动装置和录波器的信息，如保护的定值、压板投入状态、采样值、装置启动、动作时的报告、自检报告、异常信息、录波器所录数据、子站系统与站内装置的通信情况等。

2）子站系统应能适应多种通信接口，接入不同厂家、不同时期、不同型号的保护装置，故障录波装置，以及系统有必要管理的其他设备。子站与二次装置之间的通信方式主要有 RS485 总线、LonWorks 控制总线、CAN 网、以太网、点对点（RS232、RS485、RS422 等）、虚拟串口等。

3）子站系统应能适应不同厂家、不同时期的多种规约。例如，与原南京电力自动化设备总厂（现国电南京自动化股份公司）的 WXB 系列保护装置的通信采用南自 94 协议，PST 系统的保护装置的通信采用 IEC 103 协议；与南京南瑞继保电气有限公司的 LFP 系统保护装置的通信采用 LFP 协议，与 RCS 系列的保护装置通信采用 IEC 103 协议等。

（3）故障信息系统管理子站数据处理和转发。子站系统将采集到的装置数据进行必要的格式转换和整理，以便于向主站系统数据转发。子站系统将采集到的录波数据自动转换为电力系统暂态数据交换（COMTRADE）标准格式的文件，必要时可按间隔对波形数据进行分解重组，再上传主站系统，提高数据传输效率。

（4）故障信息管理系统子站时钟管理。变电站内的各个子站必须接收 GPS 装置的输出对时，对厂站内接入的智能化装置授时，通过 GPS 系统实现同步运行，以便获得统一的基准时间，从而保证故障记录的时标准确，为分析事故过程提供可靠依据。GPS 对时方式主要有脉冲对时、串行对时、IRIG-B 时钟码对时这 3 种方式。

1）脉冲对时方式。脉冲对时方式多采用空接点接入方式，它可以分为：秒脉冲（PPS）-GPS 时钟 1s 对设备对时 1 次；分脉冲（PPM）-GPS 时钟 1min 对设备对时 1 次；时脉冲（PPH）-GPS 时钟 1h 对设备对时 1 次。

2）串行口对时方式。被对时设备通过 GPS 时钟的串行口，接收时钟信息，来矫正自身的时钟。对时协议有 RS 232 协议、RS 422/485 协议等。

3）IRIG-B 时钟码对时方式。IRIG-B 是专为时钟传输而制订的时钟码标准。每秒钟输出一帧含有时间、日期和年份的时钟信息，这种对时比较精确。

一般应优先采用 IRIG-B 信号，且在投运前必须经过对时精度的测试试验，确保对时精度满足要求（误差小于 1ms）。

3. 故障信息管理系统主站与子站连接与注意事项

主子站之间的通信根据不同地区的通信链路状况，可以用数据网，也可用通信专网，还可以用电话拨号，通信链路好的地区可以将电话拨号作为数据网或通信专网的通信备份。在目前的情况下，通常采用数据网，子站以太网接口经 PCM 设备接入光端机，较高档的 PCM 设备本身具有 10M 的以太网接口，普通 PCM 设备则没有，需要加 2M/10M 转换设备，即增加一个 G. 703 转以太网（Ethernet）的转换器（即 2M 转 10M），并给其划分出独立通道。子站系统向主站系统进行数据转发时应采用 IEC 103 及 IEC 104 规约，支持文件传送并具备断点续传能力。

安全性管理：根据变电站二次系统安全防护管理规定，必须认真考虑保护、故障录波器、子站、主站接入系统时的安全问题，主要有以下几条注意事项：

（1）不同安全区的设备在接入到子站时，要采用适当的隔离方式，决不可以通过网络连接在一起。

（2）所有以微软视窗（Microsoft Windows）为操作系统的设备自接入子站和数据网时要进行隔离，不可以直接接入。

（3）采用嵌入式子站装置是比较好的抵抗计算机病毒攻击的方法。

（4）在厂家工作人员进行调试时，要重视其工作的计算机的安全性，不能将病毒带入到网络中。

（5）主站系统和工作站必须单独成系统，不得接入到公司办公网和国际互联网。

第五章 电网调度自动化系统

第一节 调度自动化主站系统

一、主站系统体系架构

1. 主站系统硬件配置总体介绍

主站系统如图 5-1 所示，由服务器、工作站、磁盘阵列、网络交换机、横向隔离装置、纵向加密认证装置等计算机设备、存储设备、网络与安全防护设备，以及大屏幕、天文时钟等辅助设备组成。逻辑结构上分为数据采集子系统、用户接口子系统、调度员培训仿真子系统（DTS）、Ⅲ区应用子系统（WEB）、容灾备调子系统。系统采用双网结构，按照不同的安全要求分为 3 个安全区，各安全区内双交换机组网，不同安全区之间按照安全防护要求使用硬件防火墙或横向隔离装置进行通信。系统数据管理服务器、EMS 服务器、PAS 服务器、SCADA 服务器、WAMS 服务器，以及调度员工作站、调控工作站、报表工作站等接入核心交换机（Ⅰ区），数据采集服务器接入数据采集交换机；DTS 服务器、Ⅱ区其他应用服务器、DTS 工作站接入安全 DTS 交换机（Ⅱ区）并通过防火墙接入核心交换机（Ⅰ区）；WEB 服务器及其他Ⅲ区设备通过隔离装置接入核心交换机（Ⅰ）区构成对外信息交换途径。主站系统与外界的数据交换主要通过调度数据专网实现。

2. 安全Ⅰ区调度自动化系统

位于安全一区的调度自动化系统主要实现对电网一次设备的实时监控功能，为电网调度监控运行人员提供各类电网实时信息数据，是电网调度运行人员的眼睛和手足。主要有实时监控与预警类应用，包括电网实时监控与智能告警，电网自动化控制、网络分析、在线安全稳定分析、调度运行辅助决策、水电及新能源监测分析、继电保护定值在线校核及预警、辅助监测和运行分析与评价等应用，实现电网运行监视全景化、安全分析、调整控制前瞻化和智能化以及运行评价动态化，侧重于提高电力系统的可观测性和提高电力系统安全运行水平。

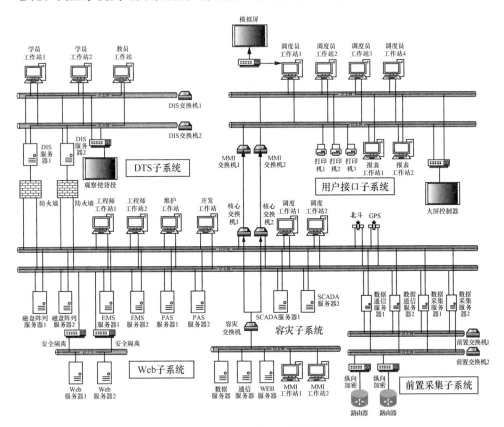

图 5-1　主站系统的硬件结构

安全Ⅰ区的调度自动化系统纵向上使用调度数据网实时子网通信，并应在调度数据网实时子网的边界纵向连接处设置经过国家指定部门监测认证的电力专用纵向加密认证装置。安全Ⅰ区的调度自动化系统与Ⅱ区系统经过防火墙交互网络信息，实现细化 IP、端口、服务的访问控制。安全Ⅰ区的调度自动化系统经国家指定部门检测认证的电力专用正反向单项隔离装置实现Ⅰ区与Ⅲ区之间的信息交互，并对传输文件格式等进行限制，禁止任何穿越安全Ⅰ区与安全Ⅲ区之间边界的通用网络服务。

3. 安全Ⅱ区调度自动化系统

位于安全Ⅱ区的调度自动化主要包括主站端智能电网调度控制系统的调度计划和安全校核类应用（电能量计量系统、水调自动化系统、调度员培训仿真系统等），输变电设备在线监测系统，电力市场运营系统等。安全Ⅱ区的调度自动化系统测重于提高电力系统的可预测性，并提高经济运行水平。

安全Ⅱ区的调度自动化系统纵向上使用调度数据网非实时子网通信，并应用在调度数据网实时子网的边界纵向连接处设置经过国家指定部门检测认证的电力专用纵向加密认证装置。安全Ⅱ区的调度自动化系统与Ⅰ区系统经过防火墙交互网络信息，实现细化到 IP，端口、服务的访问控制功能。安全Ⅱ区的调度自动化系统经国家指定部门检测认证的电力专用正反向单向隔离装置实现Ⅱ区与Ⅲ区之间的信息交互，并对传输文件格式等进行限制，禁止任何穿越安全Ⅱ区与安全Ⅲ区之间边界的通用网络服务。

4. 安全Ⅲ区调度自动化系统

位于安全Ⅲ区的调度自动化系统主要包括主站端智能电网调度控制系统的调度管理类应用，如 OMS 系统。

调度管理类应用主要包括调度运行、专业管理、机构内部工作管理、综合分析评价、信息展示与发布 5 个应用，它主要实现电力系统的运行信息、设备台账、工作流程、业务协作等的规范管理，为调度机构日常调度生产管理作支撑，侧重于提高电力系统的运行绩效水平，是实现电网调规范化、流程化和一体化管理的技术保障；实现电网调度基础信息的统一维护和管理；主要生产业务的规范化、流程化、管理；调度专业和并网电厂的综合管理；电网安全、运行、计划，二次设备等信息的综合分析评估和多视角展示与发布；调度机构内部综合管理；与公司信息系统的信息交换和共享功能。

安全Ⅲ区的调度自动化系统纵向上使用综合信息网的调度 VPN 通信，并在综合信息网的调度 VPN 边界纵向连接处设置防火墙，实现细化到Ⅰ、端口、服务的访问控制功能。经国家指定部门检测认证的电力专用正向单向隔离装置接收安全Ⅰ区与Ⅱ区的调度自动化系统信息，通过反向单向隔离装置向安全Ⅰ区与Ⅱ区传输限定格式的文件，禁止任何穿越安全Ⅰ区、Ⅱ区与Ⅲ区之间边界的通用网络服务。

二、主站系统软件功能

1. 系统软件总体概述

国、分、省三级调度智能电网调度控制系统总体架构如图 5-2 所示。

主调度系统和备用调度系统应采用完全相同的系统体系架构，具有相同的功能并实现主、备调的一体化运行。

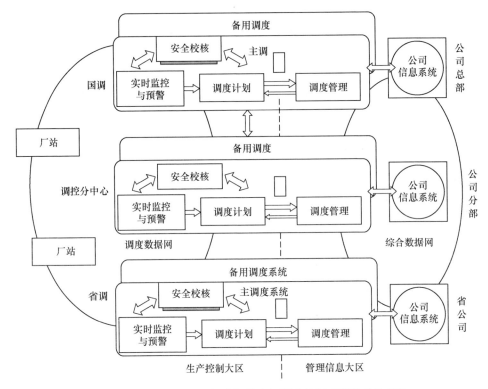

图 5-2　国、分、省三级调度智能电网调度控制系统的总体架构

横向上，调度系统内通过统一的基础平台实现 4 大类应用的一体化运行，以及与公司信息系统的交互，实现主、备调间各应用功能的协调运行以及主、备调系统维护与数据同步。

纵向上，通过基础平台实现各级调度控制系统间的一体化运行和模型、数据、画面的源端维护与系统共享，通过调度数据网双平面实现厂站与调控中心之间、各调控中心之间的数据采集与交换。

智能电网调度控制系统整体架构如图 5-3 所示。

图 5-3 是根据调度系统软件功能进行结构示意，图 5-4 是根据电力监控系统安全防护要求实际进行分区实际部署示意。

2. 基础平台与 4 大类应用关系

智能电网调度控制系统 4 大类应用建立在统一的基础平台上，平台为各类应用提供统一模型、数据、CASE、网络通信、人机界面、系统管理，以及分析计算等服务。应用之间的护具交互通过平台提供的数据服务进行。4 大类应用与基础平台的数据逻辑关系如图 5-5 所示。

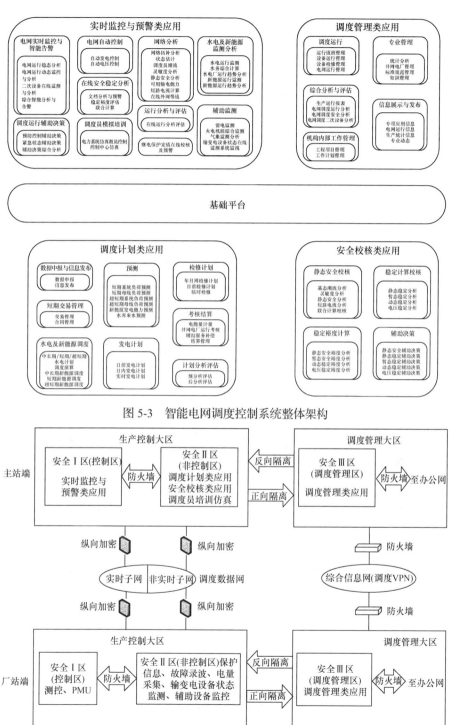

图 5-3 智能电网调度控制系统整体架构

图 5-4 调度自动化系统总体框架示意

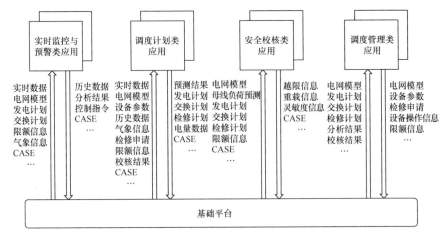

图 5-5　智能电网调度控制系统 4 大类应用与基础平台数据逻辑关系示意

在智能电网调度控制系统内部，各类应用之间的所有数据交互通过基础平台来完成，4 大类应用之间的数据逻辑关系如图 5-6 所示。

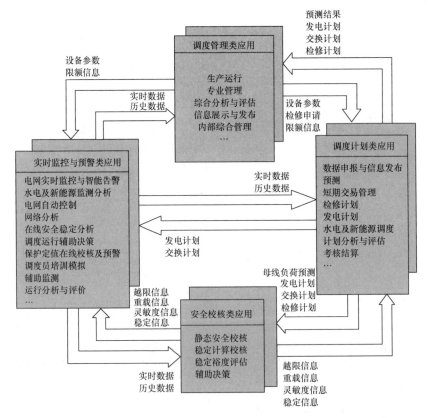

图 5-6　智能电网调度控制系统 4 大类应用之间的数据逻辑关系示意

实时监控与预警类应用向其他 3 类应用提供电网实时数据、历史数据和断面数据等；同时，从调度计划类应用获取发电计划和交换计划数据，从安全校核类应用获取校核断面的越限信息，重载信息，灵敏度信息等校核结果数据，从调度管理应用获取设备原始参数和限额信息等。

调度计划类应用将预测数据、发电计划、交换计划、检修计划等数据提供给实时监控预警类应用、安全校核类应用和调度管理类应用；同时，从实时监控与预警类应用获取历史负荷信息、水文信息，从调度管理类应用获取限额信息、检修申请等信息，从实时监控与预警类应用获取电网拓扑潮流等实时运行信息，并通过调用安全校核类应用提供的校核服务对。

调度计划进行多角度的安全分析与评估，将通过校核的调度计划送到实时监控与预警类应用，用于电网运行控制。

安全校核类应用将越限信息、重载信息、灵敏度信息、稳定信息等校核结果提供给其他各类应用；同时，从调度计划类应用获取母线负荷预测、发电计划、交换计划、检修计划等，从实时监控与预警类应用获取实时数据和历史数据，从调度计划类应用获取预测结果、发电计划、交换计划、检修计划等。

3. 实时监控与预警类应用

实时监控与预警类应用是电网实时调度业务的技术支撑，主要实现电网运行监视全景化，安全分析、调整控制前瞻化和智能化，运行评价动态化。应能够从时间、空间、业务等多个层面和维度，实现电网运行的全方位实时监视、在线故障诊断和智能报警；实时跟踪、分析电网运行变化并进行闭环优化调整和控制；在线分析和评估电网运行风险，及时发布告警、预警信息并提出紧急控制、预防控制策略；在线分析评价电网运行的安全性、经济性、运行控制水平等。

实时监视与预警类应用主要包括电网实时监控与智能告警、电网自动控制、网络分析、在线安全稳定分析、调度运行辅助决策、水电及新能源监测分析、继电保护定值在线校核及预警、调度员培训模拟、辅助监测和运行分析与评价等应用。实时监控与预警类应用的组成及数据逻辑关系如图 5-7 所示。

4. 调度计划类应用

调度计划类应用是调度计划编制业务的技术支撑，主要完成多目标，多约束，多时段调度计划的自动编制、优化和分析评估。提供多种智能决策工具和灵活调整手段，适应不同调度模式要求，实现从年度、月度、日前到日内、实时调度计划的有序衔接和持续动态优化；多目标、多约束、多时段调度计划自动编制和国、网、省三级调度计划的统一协调；可视化分析、评估和展示等。实现电网运行安全性与经济性的协调统一。

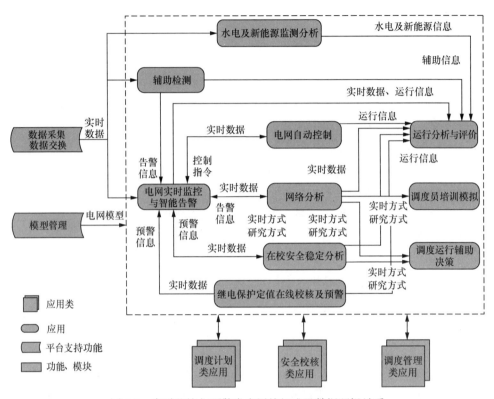

图 5-7 实时监控与预警类应用的组成及数据逻辑关系

调度计划类应用主要包括申报发布、预测、检修计划、短期交易管理、发电计划、水电及新能源调度、考核结算及计划分析与评估等应用。调度计划类各应用的组成及各应用之间的数据逻辑关系如图 5-8 所示。

5. 调度管理类应用

调度管理类应用是实现电网调度规范化，流程化和一体化的技术保障。主要实现电网调度基础信息的统一维护和管理；主要生产业务的规范化、流程化管理；调度专业和并网电厂的综合管理；电网安全、运行、计划、二次设备等信息的综合分析评估和多视角展示与发布；调度机构内部综合管理等。实现与内外部系统的数据共享与业务协同。

调度管理类应用（OMS2.0）主要为调度机构日常调度生产管理作支撑，主要包括基础信息、生产运行业务应用、用户界面、调度机构内业务接口、调度机构外业务协调 5 个方面应用，通过调度管理类应用实现调度生产管理的专业化、规范化和流程化。调度管理类应用还具备将各类电网运行和管理数据基于统一模型的综合处理功能，包括数据校验、加工、存储、组织、展示、分析等信息综合分析与评估功能。同时调度管理类应用也是调控中心对外提供各类生产运行信息和数据的服务窗口。

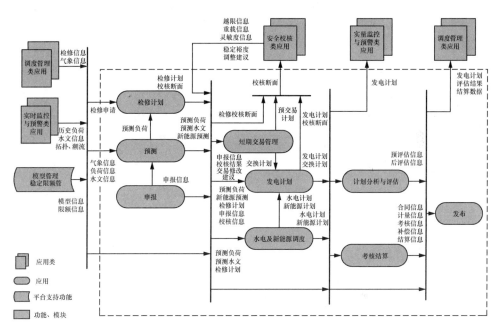

图 5-8　调度计划类应用组成及数据逻辑关系

三、主站系统运行与维护功能介绍

1. SACDA 功能模块

SCADA 应用操作包括：告警信息设置分类、画面浏览工具使用、历史数据查询工具使用、曲线浏览工具使用、报表浏览工具使用、事故追忆断面查询、前置机厂站通道监视表使用、规约解读软件使用、远动规约报文格式。

SCADA 常用维护包括：SCADA 数据库表和域含义、数据库录入工具使用、绘图工具使用、图元编辑工具使用、报表编辑、曲线编辑工具、电网模型定义、遥测系数计算、网络数据采集通道设置、公式定义工具使用、系统用户维护工具使用、数据库备份与恢复。

2. PAS 与 DTS 功能模块

常见 PAS、DTS 应用操作包括：状态估计软件操作方法、状态估计收敛条件、状态估计运行记录表内容格式、负荷预测软件使用、电压无功优化软件使用、PAS 与 DTS 各应用软件启停、各种 PAS 报表格式内容。

常见 PAS、DTS 安装调试内容包括：PAS 数据库各种表和域含义、PAS 电网模型定义原则、电网设备参数录入方法、4PAS 应用软件运行参数设置、DTS 维护。

3. 主厂站联合调试模块

主厂站联合调试功能包括：自动化通道调试、前置系统结构及数据处理流程、前置机进程功能、规约报文分析。

4. 电能计量系统模块

常用电能计量系统维护功能包括：数据库各类表定义、数据库录入软件使用、采集通道开通与设置、数据库备份与恢复。

四、调度自动化系统介绍

1. OPEN-3000 系统介绍

OPEN-3000 系统遵循 IEC 61970 等国际标准，采用先进 IT 技术的调度自动化信息集成技术。

（1）系统架构。"一个平台、四个系统"的战略指导方针，一个平台是指设计一个适用于调度中心内各种实时应用功能的实时信息系统平台。

实时信息系统平台，在这个平台之上构架相关的各种应用从而构成不同的应用系统，比如在实时信息系统平台上构架 SCADA、AGC、PAS、DTS 等应用组成一个网省级的 EMS 系统，在其上构架 SCADA、DA、GIS、FM/AM 等则构成一个 DMS 系统，实时信息系统平台还支持广域测量系统与公共信息平台系统。

（2）实时信息系统。在 OPEN-3000 系统中，平台与应用之间有着清晰的层次关系，平台位于下层，应用位于上层，平台为应用的功能实现提供服务。平台服务的设计是在对各应用的需求进行分析、总结与归纳的基础上进行的，为所有的应用提供从底层通信到上层界面的通用服务。

平台为各应用提供的服务包括：系统的配置与运行管理、网络通信管理、商用数据库管理、实时数据库管理、图形软件包、模型维护界面、权限管理、报警服务、计算服务、报表工具、安全 WEB 信息发布等。各应用模块的开发注重的是其自身的业务逻辑与算法，并通过调用平台的服务实现其完整功能。

（3）能量管理系统。能量管理系统是调度中心的基本应用系统，包括 SCADA、AGC、PAS、DTS 等诸多应用子系统，根据系统等级的不同，在 OPEN-3000 系统支撑平台基础上可灵活选配相关子系统，即可满足各种系统的应用功能需求。比如选配 SCADA、PAS 部分模块可构成一个小型地调系统，选配 SCADA、PAS、DTS 可构成一个大中型地调系统，选配 SCADA、AGC、PAS、DTS 等即可构成一个网省级的系统。另外，还可选配其他与 SCADA 相关的功能模块，如继电保护信息管理模块、操作票生成与模拟模块等。

（4）公共信息平台系统。公共信息平台系统的是在 Ⅱ 、Ⅲ 区分别建设一个以 IEC 61970 系列标准为基础，采用分布式公用对象请求代理体系结构中间件 CORBA 作为系统的通信和集成框架，以实时数据库为核心构筑基于 CIM/CIS/UIB 的开放式分布式信息集成系统的综合数据平台。

电力二次系统安全防护方案实施后，各个应用系统根据安全等级的不同分别属于不同的安全区，Ⅱ 区与 Ⅲ 区之间通过隔离装置进行隔离。为了实现位于不同安全区的公用信息模型共享，公共信息平台分为内网部分和外网部分。内网部分为 Ⅰ 区和 Ⅱ 区的系统提供数据服务，外网部分为 Ⅲ 区系统提供数据服务。公共信息平台的内网部分和外网部分通过物理隔离设备相连。

公共信息平台系统不仅起着整个调度通信中心的不同系统间的"桥梁"和"纽带"的作用，还是整个调度通信中心的信息发布平台和数据仓库，能为各应用系统提供其所需的各种电网模型、参数和数据服务。在公共信息平台实现以后，EMS、OTS、电量、电力市场、水调、DMIS 等系统相互之间不再直接连接和交换数据，而是通过公共信息平台提供的标准接口进行数据访问。

2. D5000 智能电网调度控制系统介绍

为满足特大电网多级调度一体化运作和建立备用调度体系的业务需求。明确技术路线：充分继承已有 CC-2000 和 OPEN-3000 等的优势技术，基于多路多核集群技术和面向服务的体系架构，开发一体化支撑平台，移植实时监控、调度计划、安全校核、调度管理 4 大类应用功能，简称为 D5000 智能电网调度控制系统，能够适应国家电网一体化调度的需求，提高对驾驭大电网、资源优化配置和灾害防御的支撑能力，提升电网调度运行精益化管理水平。智能调度控制系统的主要特征可以归结为广域、全景、分布式、一体化。

（1）广域：体现在需要面向广域分布的跨大区互联电网和各级调度，从全系统角度研究解决互联电网的数据和模型交换、共享，电网的监视预警、调整控制、在线分析评估、调度计划编制和调度管理等问题。

（2）全景：体现在系统分析和展示上以整个互联运行电网为对象，从时间、空间、业务等各个维度提供全景信息，采用不同电网模型进行全景分析，满足电网监视、分析、控制、计划编制和管理等不同应用层面和不同专业的业务需求。

（3）分布式：体现在适应分级调度、统一管理的需要，智能电网调度控制系统的体系结构、功能和维护是完全分布的。国（分）、省调的系统既是一个有机的整体，在定位上又各有侧重；各应用功能可以根据应用需求进行灵活配置和调用；系统运行维护是分层分布的，基础数据、模型、图形等实现"源端维护、全网共享"。

（4）一体化：系统的体系结构、系统平台和应用功能的设计是一体化的、标准化的按照横向、纵向一体化的总体思路，建成标准化的、先进、开放、可靠、安全、适应性强的一体化、国产化的调度控制平台，能够满足调度机构各专业的需要，能够实现和国家电网公司一体化企业级信息集成平台 SG186 协同运作，最终实现国（分）、省、地（县）级调度控制系统的一体化运行、一体化维护和一体化使用。

智能电网调度控制系统的建设愿景是逐步建立与特高压电网运行特点相适应，与电网管理相匹配的高效运转的一体化调度控制系统，形成一体化调度作业平台，施行调度同质化管理，实现系统平台标准化、系统功能业务化、生产过程流程化、调度生产信息化、调度管理精益化、电网调度智能化。最终实现电网运行安全可靠、资源配置科学经济和调度管理规范高效，使公司电网调度的规范化、流程化、信息化、自动化、智能化和现代化的整体水平达到国际领先水平。

3. 新一代调度支持系统介绍

（1）新一代调度支持系统总体架构。"一体两翼、双引擎驱动"的总体架构，在智能电网调度控制系统运行控制平台和模型驱动型应用的基础上，运用云计算、大数据、人工智能等 IT 新兴技术，构建云计算平台和数据驱动型应用，形成一套系统、两种平台协同支撑、两种引擎联合驱动、4 大子系统构成的新一代调度技术支持系统。新一代调度技术支持系统采用分布部署和集中部署相结合的体系架构，基于运行控制子平台和调控云子平台，构建实时监控、自动控制、分析校核、培训仿真、计划预测、运行评估和调度管理应用功能面向实时调度、生产组织和运行管理 3 大业务的特点，同时考虑当前调度管理模式，构建"云端+

就地"相结合的体系架构，以实现全网模型统一维护、数据实时汇聚及共享，支撑全网一体化分析决策，同时满足就地监控的需要。

1）云端部署：面向交流同步电网及省级电网分析决策，采用国分、省地两级部署的模式，国分云汇聚交流同步电网 220kV 及以上电压等级数据，省地云汇聚本省 10kV 及以上电压等级数据，部署生产组织和运行管理两大业务应用。

2）就地部署：面向就地监控，采用国、分、省、地四级部署的模式，采集本级调管范围内的数据，并进行控制，部署实时调度业务应用。

实时监控、自动控制采用分布式就地部署方式，面向调管范围的采集、监视和控制。

分析校核、现货市场、新能源预测等应用采用云端部署方式，面向省级电网提供全网分析决策（省级云节点），分析计算的模型数据范围为 10kV 及以上。

（2）新一代调度支持系统总体架构支撑平台。

1）数据存储。通过分布式存储、集群化访问等技术，支持关系数据库、内存数据库、时间序列库、文件等多种数据存储方式，提升了系统数据存储和访问能力，提供数据统一访问中间层，有效支撑了电网稳态、暂态与动态应用、现货市场、源网荷储、配电网等应用不同类型数据的需求，满足能源互联网海量数据的存储与访问要求。

2）广域通信。通过广域服务总线、广域消息总线和广域文件传输等技术，提供面向国、分、省、地多级调控机构，跨越运行控制平台、实时数据平台等多系统的广域数据通信功能，实现历史数据、实时数据、模型数据、计算结果数据等各类数据的全网传输，为广域系统间数据交互和服务共享打造信息高速公路，有效支撑新一代调控系统新能源、源网荷储、调度计划市场等应用的多级协同和透明访问。

3）服务管理。通过采用服务扩展、服务熔断、服务编排、服务跟踪等技术，对分布在监控系统、模型数据中心和分析决策中心的服务进行全过程周期管理，有效应对服务请求高峰和服务调用竞争，满足业务功能按需灵活组合，支持全局监控、全局分析、全局防控和全局决策的业务需求，实现从本地服务到全局服务的转变。

4）弹性资源管理。通过资源监视、调度、隔离和弹性伸缩等技术，实现资源的动态分配和充分利用，支撑系统规模的在线扩展和应用功能的快速部署；针对各类电网异常时高并发访问尖峰请求，通过系统资源动态调度，满足配网、新能源、源网荷储、计划市场等业务对资源的弹性需求。

5）分布式数据处理。基于分布式数据存储技术和分布式任务管理技术，通过分布式实时数据库和集群管理组件等平台组件，构建业务分布式数据处理，支撑大容量业务数据分布式并行处理。以分布式 SCADA 为例，实现了处理能力的动态扩展和资源的弹性伸缩，解决了以往主备模式下数据处理能力存在瓶颈的问题，较好的适应电网广域监视以及未来新能源大规模接入下的数据处理需求。

6）系统多活。基于数据同步、负载均衡、分区容错等技术，实现各调控系统地位均等，同时对外提供服务，充分利用资源，在一个系统故障时，其他系统可对关键业务或全部业务实现快速接管，做到用户对系统的"故障无感知"；利用断点续算机制，在故障系统切换后，业务会从未完成阶段继续执行，实现业务的快速恢复，避免多阶段、计算耗时长的业务故障切换后重新计算。

7）大数据引擎。为电网调控多维异构数据存储、数据计算、数据管理、数据分析与数据洞察等环节提供全过程支撑。基于批、流混合式数据计算框架，支撑大容量业务数据离线、实时数据处理；通过数据清洗、数据转换、数据标签等数据加工服务，构建高质量数据分析样本；采用适应于电网时序性数据特征的数理分析算法框架，支撑电网多维数据分析与预测。

8）人工智能引擎。基于可视化免编码机器学习建模技术，降低人工智能应用研发门槛；基于分布式训练任务调度框架与自动超参调节技术，缩短大规模数据模型训练的收敛时间；通过对接调控云海量运行数据，滚动开展各类业务应用的 AI 模型训练，并将训练完成后的模型发布到生产控制大区，供实时调控业务使用，实现 AI 模型训练和应用的闭环。

9）安全防护。采用主机加固、云安全等技术，保证本体安全；采用生物特征识别、软件基本颗粒安全等技术，保证应用安全；采用国密算法、数据分级分类技术，实现数据安全；采用全域监视、威胁识别等技术，实现安全监控；新一代系统安全防护提升了系统的主动防御能力，有效支撑了调度计划的跨系统安全传输、源网荷储的安全接入，市场报价数据安全保护等需求。

五、配电自动化系统介绍

配电自动化是以一次网架和设备为基础，利用计算机及其网络技术、通信技术、现代电子传感技术，以配电自动化系统为核心，将配网设备的实时、准实时和非实时数据进行信息整合和集成，实现对配电网正常运行及事故情况下的监测、保护及控制等。

1. 配电自动化主站基本结构

配电自动化系统主站以配电网调度监控和配电网运行状态管控为主要应用

方向，Ⅰ区中压配网调控核心应用、Ⅳ区中低压配电网状态管控和低压配电网运行监测，实现中低压配电网全面监控，满足"状态全面感知、信息高效处理、应用便捷灵活"的应用需求。

配电自动化系统主站作为中低压配电网设备状态感知与智能控制的核心系统，按照配电网二次系统顶层设计方案和电网资源业务中台应用需求，提升配电自动化数据与其他系统数据的融合分析应用能力，拓展配电自动化系统功能应用场景，支撑配网同期线损管理、供电可靠性管控、新能源设备管理等业务，促进实现工单驱动、数字化班组等重点任务落地实践，赋能配网管理数字化转型和智能化运营，推动能源互联网在配电网的高速发展。

目前，配电自动化系统主站均采用"$N+N$"模式建设，即生产控制大区的配电网运行监控应用与管理信息大区的配电网运行状态管控功能均在地市公司就地部署。综合考虑配电自动化系统主站前期建设应用成果与未来应用需求，下一阶段将采用 "$N+N+1$"模式，在保留地市完整主站的基础上，在省公司新增基于中台的省级配电云主站，实现省地两级主站信息交互，待条件成熟后逐步演进到"$N+1$"模式。

（1）"$N+N$"是指在当前各地市公司部署的配电自动化主站Ⅰ区和Ⅳ区，接入市区及所辖县公司配电自动化终端，主要实现中压配电网调度控制和运行监控功能。

（2）"1"是指在省公司管理信息大区集中建设基于中台的配电云主站，通过物联管理平台直接接入低压台区各类智能终端、中压非工控协议的各类配电状态监测终端等设备，集中实现中低压配电网运行状态管控功能。市县公司在管理信息大区（Ⅳ区）通过浏览器按权限配置访问相应功能页面。

（3）各地市公司分别部署的主站通过Ⅳ区接口服务器与省级集中部署的配电云主站进行数据交互。

（4）在符合安全防护方案的情况下，各地市主站可在生产控制大区边界设置无线通信安全接入区，采用无线通信方式的中压配电自动化终端可根据需要逐步接入无线安全接入区实现遥控功能。

（5）部署配电自动化系统网络信息安全监控平台，实现对各地市配电自动化主站系统的安全监控；建立配电自动化实用化指标穿透式管控体系，实现关键指标精准管控分析。

2. 配电自动化系统技术原则

（1）配电主站采用"$N+N+1$"方式部署应用，生产控制大区（Ⅰ区）、管理信息大区（Ⅳ区）部分由地市公司分别部署，采用"地县一体"建设模式，县公司配置远程工作站；开展省级配电云主站（Ⅳ区）建设，省市县分级应用，具备条件后逐步过渡至"*N*+1"方式。

（2）10kV 线路侧有控制要求的配电终端接入配电自动化系统主站Ⅰ区，其他 10kV 配电终端接入主站Ⅳ区；台区智能融合终端接入Ⅳ区（或配电云主站），Ⅰ区和Ⅳ区之间通过信息交换总线实现数据共享。

（3）核心城区具备建设条件的可采用光纤通信方式，其余区域以无线通信方式为主，光纤铺设困难、无线信号弱的区域或节点采用载波通信作为补充。

（4）纯电缆线路馈线自动化模式采用集中型或智能分布型，架空及混合线路馈线自动化模式在 A+、A、B 类区域采用集中型或就地重合型，在 C、D 类区域优先采用就地重合型。

3. 配电自动化技术路线

（1）主站架构演进。原地市主站生产控制大区与管理信息大区功能不进行中台化改造，省公司侧配电云主站按照中台框架设计，实现省地生产控制大区和管理信息大区按需数据交互。

（2）硬件设施层演进。配电云主站基于国网统一云平台建设，在硬件层面不再单独配置服务器、存储等资源，统一由国网云提供管理运维，基于国网云计算、存储、网络虚拟化池进行配电云主站系统所需资源的弹性部署和动态分配。

（3）平台服务演进，通用服务云化。配电云主站原有公共支撑服务不再单独存在，统一由国网云与中台提供通用的高性能、高可靠、灵活的基础服务。设备感知物联化和自动化融合。对原自动化前置应用进行建设改造，使配电云主站同时具备物联体系和工控体系接入感知能力，实现配电网 DTU/FTU/融合终端/视频/站房环控等各类配电物联边端设备的即插即用。实时数据处理分布式化。基于电网一张图理念构建含分布式新能源和各类柔性负荷的配电网全模型，全面融合目前融合终端+配电自动化+站房环境视频等运行运维感知数据，支撑配电网应用分析和数据共享发布。配电业务能力服务化。配电云主站通过共性服务化建设，将配电网实时量测数据、配电网电网分析、配电网运行方式改变统一按照电网资源中台规范进行服务注册发布。

（4）数据共享演进。按照电网资源业务中台建设要求，地市配电自动化主站与省级配电云主站对其提供量测设备台账数据、量测信息共享和图模信息与异动数据共享服务，并建立相应数据可靠性维护机制流程，按公司统一的数据模型开展交互信息模型设计，进行中台化改造，业务数据应及时归集到电网资源业务中台。

第二节 厂站自动化系统

一、厂站自动化设备

1. 站控层设备工作原理

站控层主要包括监控主机、操作员工作站、工程师工作站、数据通信网关机、数据库服务器、综合应用服务器、同步时钟、计划管理终端等，提供站内运行的人机联系界面，实现管理控制间隔层、过程层设备等功能，形成全站监控、管理中心，并实现与调度通信中心通信。站控层的设备采用集中布置，站控层设备与间隔层设备之间采用网络相连，且常用双网冗余方式。

（1）监控主机。监控主机实现变电站的 SCADA 功能，通过读取间隔层装置的实时数据、运行实时数据库，来实现对站内一、二次设备的运行状态监视、操作与控制等功能，一般监控主机采用双台冗余配置。监控主机是用于对本站设备的数据进行采集及处理，完成监视、控制、操作、统计、分析、打印等功能的处理机，配置 Linux 操作系统。监控主机软件可分为基础平台和应用软件两大部分，基础平台提供应用管理、进程管理、权限控制、日志管理、打印管理等支撑和服务，应用软件则实现前置通信、图形界面、告警、控制、防误闭锁、数据计算和分析、历史数据查询、报表等应用和功能。

对于 220kV 及以下电压等级的变电站，监控主机往往还兼有数据服务器和操作员工作站的功能。

（2）综合应用服务器。综合应用服务器的作用与监控主机类似，但接收和处理的是电量、波形、状态监测、辅助应用及其他一些管理类信息。监控主机对数据响应的实时性要求通常不超过 1s，综合应用服务器的要求大约为 3~5s 甚至更低。

一般情况下，综合应用服务器采用的硬件与监控主机相同。当监控主机故障时，综合应用服务器可以作为监控主机的备用机，以提升整个变电站系统的可用性。综合应用服务器的软件同样分为基础平台和应用软件，基础平台与监控主机相同，应用软件则包括网络通信、图形界面、状态监测、保护信息管理、辅助控制等。综合应用服务器不一定有独立的实时数据库和历史数据库，处理后的数据可以选择存储在数据服务器中。

（3）操作员工作站。操作员工作站是运行人员对全站设备进行安全监视与执行控制操作的人机接口，主要完成报警处理、电气设备控制、各种画面报表、记录、曲线和文件的显示、日期和时钟的设定、保护定值及事件显示等。500kV以上电压等级的智能变电站，在有人值班时常会配置独立的操作员工作站作为值班员运行的主要人机界面。操作员工作站可以与监控主机合并，也可以根据安全性要求采用双重化配置。

（4）工程师工作站。工程师工作站主要完成应用程序的修改和开发，修改数据库的参数和参数结构，进行继电保护定值查询，在线画面和报表生成和修改，在线测点定义和标定，系统维护和试验等工作。对于特别重要的有人值班变电站，可以配置独立的工程师工作站用作技术员和开发人员的工作终端。工程师工作站也可与监控主机合并。

（5）数据库服务器。数据库服务器主要为变电站级软件提供集中存储服务，为站控层设备和应用提供数据访问服务。一般是一台运行数据库管理系统的计算机，支持高效的查询、更新、事务管理、索引、高速缓存、查询优化、安全及多用户存取控制等功能。

（6）数据通信网关机。数据通信网关机是变电站对外的主要接口设备，实现与调度、生产等主站系统的通信，为主站系统的监视、控制、查询和浏览等功能提供数据、模型和图形服务。作为主厂站之间的桥梁，数据通信网关机也在一定程度上起到业务隔离的作用，可以防止远方直接操作变电站内的设备，增强系统运行的安全性。

根据电力系统二次安全防护的要求，变电站设备按照不同业务要求分为安全Ⅰ区和安全Ⅱ区，因此，数据通信网关机也分成Ⅰ区数据通信网关机、Ⅱ区数据通信网关机和Ⅲ/Ⅳ区数据通信网关机。Ⅰ区数据通信网关机用于为调度（调控）中心的SCADA和EMS提供电网实时数据，同时接收调度（调控）中心的操作与控制命令。Ⅱ区数据通信网关机用于为调度（调控）中心的保信主站、状态监测主站等系统提供数据，一般不支持远程操作。Ⅲ/Ⅳ区数据通信网关机主要用于与生产管理主站、输变电设备状态监测主站等Ⅲ/Ⅳ区主站系统的信息通信。无论处于哪个安全区，数据通信网关机与主站之间的通信都需要经过安全隔离装置进行隔离。

（7）电能量采集终端。电能量采集终端实时采集变电站电能量信息，并上送电能计量主站和监控系统。电能量采集终端由上行主站通信模块、下行抄表通信模块、对时模块等组成，功能包括数据采集、数据管理和存储、参数设置和查询、事件记录、数据传输、本地功能、终端维护等。电能量计量数据是与时间变量相关的功率累计值，电能表和采集终端的时钟准确度，直接影响电能量计量数据精度，以及电能结算时刻采集和存储数值的准确度。

（8）同步时钟。同步时钟指变电站的卫星时钟设备，接收北斗或 GPS 的标准授时信号，对站控层各工作站及间隔层、过程层各单元等有关设备的时钟进行校正。常用的对时方式有硬对时、软对时、软硬对时组合 3 种。在卫星时钟故障的情况下，还可接收调度主站的对时，以维持系统的正常运行。

同步时钟的主要功能是提供全站统一、同步的时间基准，以帮助分析软件或运行人员对各类变电站数据和时间进行分析处理。特别是在事后分析各类事件，如电力系统相关故障的发生和发展过程时，统一同步时钟、实现对信息的同步采集和处理具有极其重要的意义。

2. 间隔层设备工作原理

间隔层的功能是主要使用一个间隔的数据，并且对这个间隔的一次设备进行操作的功能，这些功能通过逻辑接口实现间隔层内通信，通过逻辑接口与过程层通信，即与各种远方输入/输出、智能传感器和控制器通信。

间隔层设备主要包括测控装置、继电保护装置 PMU、安全自动装置、故障录波器、网络报文记录及分析设备、网络通信设备等。

（1）测控装置。测控装置是变电站自动化系统间隔层的核心设备，主要完成变电站一次系统电压、电流、功率、频率等各种电气参数测量（遥测），一次、二次设备状态信号采集（遥信）；接受调度主站或变电站监控系统操作员工作站下发的对断路器、隔离开关、变电站分接头等设备的控制命令（遥控、遥调），并通过联闭锁等逻辑控制手段保障操作控制的安全性，同时还要完成数据处理分析，生成事件顺序记录等功能。测控装置具备交流电气量采集、状态量采集、GOOSE 模拟量采集、控制、同期、防误逻辑闭锁、记录存储、通信、对时、运行状态监测管理功能等，对全站运行设备的信息进行采集、转换、处理和传送。

（2）同步相量测量装置（PMU）。同步相量技术起源于 20 世纪 80 年代初，但由于同步相角测量需要各地精确的统一时标，将各地的量测信息以精确的时间标记，同时传送到调度中心。对于 50Hz 工频量而言，1ms 的同步误差将导致 18°的相位误差，这在电力系统中是不允许的。随着全球定位系统（GPS）的全面建成并投入运行，GPS 精确的时间传递功能在电力系统中得到广泛应用。GPS 每秒提供一个精度可达到 1μs 的秒脉冲信号，1μs 的相位误差不超过 0.018°，完全可以满足电力系统对相角测量的要求，因而 PMU 才获得广泛应用。

（3）继电保护装置。继电保护装置是当电力系统中的电力元件（如发电机、线路等）或电力系统本身发生了故障，危及电力系统安全运行时，直接向所控制的断路器发出跳闸命令，以终止这些事件发展的一种自动化设备。

继电保护装置监视实时采集的各种模拟量和状态量，根据一定的逻辑来发出告警信息或跳闸指令来保护输变电设备的安全，需要满足可靠性、选择性、灵敏性和速动性的要求。

（4）保护测控集成装置。保护测控集成装置是将同间隔的保护、测控等功能进行整合后形成的装置形式，其中保护、测控均采用独立的板卡和 CPU 单元，除输入、输出采用同一接口，共用电源插件以外，其余保护、测控板卡完全独立。保护、测控功能实现的原理不变。一般应用于 110kV 及以下电压等级。

（5）安全自动装置。当电力系统发生故障或异常运行时，为防止电网失去稳定和避免发生大面积停电，在电网中普遍采用安全自动保护装置，执行切机、切负荷等紧急联合控制措施，使系统恢复到正常运行状态。

（6）故障录波器。故障录波器用于电力系统，可在系统发生故障时，自动、准确地记录故障前后过程的各种电气量的变化情况。将这些电气量进行分析、比较，对分析处理事故、判断保护是否正确动作、提高电力系统安全运行水平均有着重要作用。故障录波器是提高电力系统安全运行的重要的自动装置，当电力系统发生故障或振荡时，它能自动记录整个故障过程中各种电气量的变化。

根据故障录波器所记录的波形，可以正确地分析判断电力系统、线路和设备故障发生的确切地点、发展过程和故障类型，以便迅速排除故障和制定防止对策；分析继电保护和高压断路器的动作情况，及时发现设备缺陷，查找电力系统中存在的问题。

故障录波器的基本要求是，必须保证在系统发生任何类型故障时都能可靠启动。一般启动方式有负序电压、低电压、过电流、零序电流、零序电压启动方式等。

（7）网络报文记录及分析设备。网络报文记录及分析设备自动记录各种网络报文，监视网络节点的通信状态，对记录报文进行全面分析及回放。

（8）网络通信设备。网络通信设备包括多种网络设备组成的信息通道，为变电站各种设备提供通信接口，包括以太网交换机、路由器等。

3. 过程层设备工作原理

在 DL/T 860《变电站配置工具技术规范》中，变电站自动化系统的过程层为直接与一次设备接口的功能层。变电站自动化系统的保护/控制等 IED 装置需要从变电站过程层输入数据，然后输出命令到过程层，其主要指互感器、变压器、断路器、隔离开关等一次设备及与一次设备连接的电缆等，典型过程层的装置是合并单元与智能终端。

（1）合并单元。合并单元（Merging Unit，MU）是按时间组合电流、电压数据的物理单元，通过同步采集多路 ECT/EVT 输出的数字信号，并对电气量进行合并和同步处理，将处理后的数字信号按照标准格式转发给间隔层各设备使用。

（2）智能终端。智能终端是指作为过程层设备与一次设备，采用电缆连接，与保护、测控等二次设备采用光纤连接，实现对一次设备的测量等功能的装置。与传统变电站相比，可以将智能终端理解为实现了操作箱功能的就地化装置。

二、二次回路原理调试

1. 二次回路概述

变电站作为电力系统中变换电压，接受和分配电能，控制电力的流向和调整电压的电力设施，它通过其变压器将各级电压的电网联系起来，在整个电力系统起着决定性的作用。为了保证高压电网安全、稳定、经济运行，变电站必须配备完整的二次系统，目的是对电网的运行进行监测、控制、调节、保护，并为运行检修人员提供运行工况和指导信号。二次系统包括二次设备和二次回路，常用的二次设备有仪表、控制及信号装置、继电保护装置、电网安全自动装置、远动装置、合并单元、智能终端等。二次设备通常由互感器二次绕组的出线和控制信号回路按照设计要求进行连接，这些连接的二次设备构成的回路称为二次回路或二次接线。

2. 二次回路组成

二次回路包括测量回路、采样回路、断路器控制及信号回路、操作电源回路、断路器和隔离开关的电气闭锁回路等全部低压回路。二次回路是在电气系统中由互感器的次级绕组、测量监视仪器、继电器、保护自动装置等通过控制电缆联成电路或通过光缆及配置文件形成数据流，用以控制、保护、调节、测量和监视一次回路中各参数和各元件的工作状况，并监视测量表计、控制操作信号、继电保护和自动装置等。二次回路是电力系统发电厂和变电站的重要组成部分，是电力系统安全、稳定、经济、运行的重要保证。二次回路是一个具有多种功能的复杂网络。

二次回路主要包括以下内容：

（1）控制系统。控制系统的作用是对变电站的断路器设备进行就地或远方控制，以满足改变主系统运行方式及处理事故的要求。

（2）信号系统。信号系统的作用是准确及时地显示出相应一次、二次设备的运行工作状态，为运行人员提供操作、调节和处理故障的可靠依据。

（3）测量及监察系统。测量及监察系统的作用是指示或记录电气设备和输电线路的运行参数，作为运行人员掌握主系统运行情况、故障处理及经济核算的依据。

（4）调节系统。调节系统的作用是调节某些主要设备的工作参数，以保证主设备和电力系统的安全、经济、稳定运行。

（5）继电保护及自动装置系统。继电保护及自动装置系统由电压互感器、电流互感器的二次绕组，继电器，继电保护及自动装置，断路器及其网络构成。

（6）操作电源系统。操作电源系统的作用是供给上述各二次系统的各种电源、断路器的跳合闸电源及其他设备的事故电源等。

3. 查找二次回路故障的一般步骤与方法

要想迅速、正确地查出并消除二次回路的故障，首先要将故障现象搞清楚，根据故障现象分析原因，再确定检查处理的顺序和方法。

运行中，某些故障和异常发生后，应尽量维持原状，应先从外部检查，找出能直接目测到的异常。例如，发生了越级跳闸事故时，找到拒跳断路器后，拒跳断路器及二次回路应尽量保持原状，然后恢复无故障部分的正常供电。应首先进行外部检查，根据所出现的现象分析性质和原因，最好不要使断路器和二次回路元件动作。在检查电源情况、各继电器触点状态无异常状况时，再模拟事故情况进行分析检查。否则，在断路器或二次回路中，某些元件动作后无意中将故障暂时自行消除，就很难找出并确定故障原因。确定检查顺序时，先查发生故障可能性大的，较容易出现问题的部分，这样可减少走弯路。如回路不通时，先查电源熔断器是否熔断或接触不良，可动部分、经常动作的元件及薄弱点等。

经上述检查未查出问题，应当用缩小范围法查找，缩小范围后，继续查明故障点。

二次回路查找故障的一般步骤：①根据故障现象和图纸分析原因；②保持原状，进行外部检查和观察；③检查出故障可能性大的、容易出问题的、常出问题的薄弱点；④用"缩小范围法"缩小范围；⑤使用正确的方法，查明故障点并排除故障。

缩小范围的方法：①分网法。如查找直流接地等故障时，在直流系统中，使母线分网运行，可有效地缩小查找范围。②网络分段结合表计测量查找。③模拟分析缩小范围。模拟分析缩小范围，可有效地缩小回路不通故障的查找范围。

4. 二次回路短路故障检查

正常运行中，某些二次回路中的电源熔断器熔断，若更换熔断器后再次熔断，说明回路中有短路故障。这时，不能再次向故障点送电，运检人员应立即查找故障。二次回路发生短路时，电源熔断器熔断，某些熔断器（如控制回路熔断器、事故信号熔断器、电压互感器熔断器等）熔断能报出信号，熔断器更换后会再次熔断。触点通过短路电流时会熔断损坏，短路点会有电弧损伤、冒烟等痕迹，二次回路短路故障查找，也要分析判断，也需要用一定的方法缩小范围，不能盲目地乱查。

（1）分析判断。如果是交流回路发生短路，要先判定故障相别，判定是单相短路还是相间短路；回路上是否有人工作，是不是由人员失误造成的。如果有人工作，应停止工作并断开试验电源和接线。判定短路故障是在什么情况下发生的。

（2）外部观察和检查。首先应目测观察，看有无冒烟，烧伤痕迹及触点烧伤现象。触点有烧伤的，该触点所控制的回路内可能有短路，冒烟的线圈、烧伤的部件则可能是短路点，还要查回路中各元件的接线端子，接线柱等有无明显相碰，有无异物落上造成短路及触碰金属外壳现象。

（3）缩小范围的方法。先将第一分支回路接线拆除，用万用表的电阻挡测量第一分支回路的电阻。若电阻值不是很小，与正常值相差不太大，就可以恢复所拆接线。再装上电源熔断器，若不熔断，说明是第一分支回路正常。用相同的方法依次检查第二、第三分支回路。对于测量电阻值很小的分支回路，或试投入时熔断器再次熔断的分支回路，应进一步查明回路中的短路点。

三、变电站监控系统

1. 一体化监控平台

为解决常规变电站多个子系统间通信规约不统一，信息交互不便，设备重复设置等问题，智能变电站采用了基于统一信息的一体化监控平台，实现了SCADA、"五防"闭锁、同步相量采集、电能量采集、故障录波、保护信息管理、备自投、低频解列、安全稳定控制等功能的集成，同时还集成了智能化程序操作票系统，实现倒闸操作的程序化控制。

一体化监控平台支持 DL/T 860《变电站配置工具技术规范》的信息对象模型和服务，满足测控、保护等各种智能装置的无缝通信，实现即插即用；支持功能自由分配和重构，满足装置互换性的要求；支持信息智能分析、综合处理，提供变电站的用户接口，满足智能变电站用户互动需求。

根据 Q/GDW 678—2011《智能变电站一体化监控系统功能规范》和 Q/GDW 678—2011《智能变电站一体化监控系统建设技术规范》，一体化监控平台从功能上可以划分为运行监视、操作与控制、信息综合分析与智能告警、运行管理、辅助应用这 5 大应用，而这些应用根据功能定位又各有特点。运行监视功能包括运行工况监视、设备状态监测和远程浏览 3 个部分。操作与控制功能包括调度控制、站内操作、无功优化、负荷控制、顺序控制、防误闭锁和智能操作票 7 个部分。信息综合分析与智能告警，包括站内数据辨识、故障综合分析和智能告警 3 个部分。运行管理，包括源端维护、权限管理、设备管理、定值管理和检修管理 5 个部分。辅助应用，包括电源监控、安全防护、环境监测和辅助控制 4 个部分。

2. MMS 协议

MMS 是通过对真实设备及其功能进行建模的方法，实现网络环境下计算机应用程序或智能电子设备 IED 之间数据和监控信息的实时交换。

MMS 对地规定的各类服务没有进行具体实现方法的规定，以保证实现的开放性。MMS 主要功能如下：

（1）信号上送。开入、事件、报警等信号类数据的上送功能通过 BRCB（有缓冲报告控制块）来实现，映射到 MS 的读写和报告服务。通过有缓冲报告控制块，可以实现遥信和开入的变化上送、周期上送、总召、事件缓存。由于采用了多可视的实现方案，事件可以同时送到多个后台。

（2）测量上送。遥测、保护测量类数据的上送功能通过 URCB（无缓冲报告控制块）来实现，映射到 MMS 的读写和报告服务。

（3）控制功能。控制功能分为定值控制功能，遥控、遥调功能。定值控制功能通过定值控制块，即 SGCB 对选择定值区进行召唤、修改、定值区的切换，映射到 MMS 的读写服务；遥控、遥调等控制功能通过 DL/T 860 的控制相关数据结构实现，映射到 MMS 的读写和报告服务。

（4）故障报告。通过 RDRE 逻辑节点来实现，映射到 MMS 的报告和文件操作服务。MMS 独立于应用程序与设备的开发者，所提供的服务非常通用，适用于多种设备、应用和工业部门。现在 MMS 已经广泛用于汽车、航空、化工等工业自动化领域。在国外，MMS 技术广泛用于工业过程控制、工业机器人等领域。

MMS 除了定义公共报文（或协议）的形式外，还提供了以下定义。MMS 定义了公共对象集（如变量）及其网络可见属性（如名称、数值、类型）。对象是静态的概念，存在于服务器方，它以一定的数据结构关系间接体现了实际设备各个部分的状态、工况及功能等方面的属性。MMS 标准共定义了 16 类对象，其中每个 MMS 应用都必须包含至少一个 VMD 对象，VMD 在整个 MMS 的对象结构中处于"根"的位置。VMD 所具有的属性定义了设备的名称、型号、生产厂商、控制系统动静态资源等 VMD 的各种总体特性。除 VMD 对象外，MMS 所定义的其他 15 类对象都包含于 VMD 对象中而成为它的子对象，有些类型的对象还可包含于其他子对象中而成为更深层的子对象。

MMS 协议是运行在网络层（第 3 层）的客户端-服务端（单播）模式协议，故需携带 IP 地址传输，并可跨越路由器。MMS 工作的一种模式是，MMS 客户端（通常是 SCADA 或网关）针对某个特定的数据项发送请求到由 IP 地址所标识 IED 的 MMS 服务端，服务端返回响应报文发送到客户端的 IP 地址；另一种模式是，服务端在事件产生时自动发送报告至订阅的客户端。

3. GOOSE 协议

GOOSE 是面向通用对象的变电站事件的简称，是 DL/T 860.7 系列标准中定义的一种派生于 GSE 类的通用变电站事件模型。其基于发布/订阅机制，能快速和可靠地交换数据集中的通用变电站事件数据值的相关模型对象和服务，以及这些模型对象和服务到 ISO/IEC 8802-3 之间的映射。智能变电站中 GOOSE 服务主要用于智能一次设备、智能终端等与间隔层保护测控装置之间的信息传输，包括传输跳合闸信号或命令。GOOSE 报文数据量不大，但具有突发性。由于在过程层中 GOOSE 应用于保护跳闸等重要报文，必须在规定时间内传送到目的地，因此对实时性要求远高于一般的面向非嵌入式系统，对报文传输的时间延迟在 4ms 以内。

为了发挥以太网的组播功能优势，GOOSE 报文在第 2 层（链路层）上交互。GOOSE 通信由一个事件驱动的快速传输和一个慢循环传输组成，如图 5-9（时间/距离图）和图 5-10（时间图）所示。

当一个预先配置的事件状态发生变化时，IED 应立即发送携带变量值的 GOOSE 报文来通知该事件的发生。

由于 GOOSE 报文是组播方式，故无需目标确认。为了避免瞬时错误，相同的 GOOSE 报文按照间隔时间为 T_1、T_2、T_3 顺序重发多次（由具体应用指定）。

GOOSE 报文以低的速率 T_0 重传的方式来监测 GOOSE 发送源是否在线。GOOSE 报文运行在链路层，不可脱离局域网，也不能跨越路由器。通过源 MAC 地址和消息中的标识符来识别。

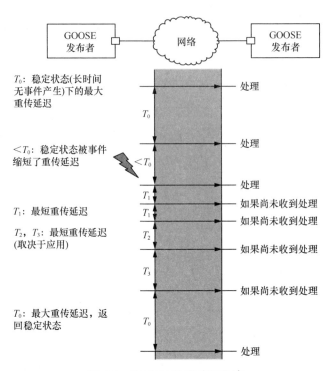

图 5-9　GOOSE 协议时间/距离

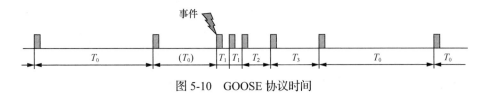

图 5-10　GOOSE 协议时间

GOOSE 遵循发布/订阅的原则，接收到的新值可以直接覆盖老值，也可以在老值不能被及时处理时暂时进入队列。

GOOSE 报文发送采用心跳报文和变位报文快速重发相结合的机制。当有 DL/T 860.72《电力自动化通信网络和系统 第 7-2 部分：基本信息和通信结构-抽象通信服务接口（ACSI）》中定义过的事件发生后，GOOSE 服务器生成一个发送 GOOSE 命令的请求，该数据包将按照 GOOSE 的信息格式组成并用组播包方式发送。为保证可靠性一般会重传相同的数据包若干次，在顺序传送的每帧信息中包含一个"允许存活时间"的参数，它提示接收端接收下一帧重传数据的最大等待时间。如果在约定时间内没查收到相应的数据包，接收端认为连接丢失。

如图 5-10 所示，在 GOOSE 数据集中的数据没有变化的情况下，发送时间间隔为 T_0（一般为 5s 或更大）的心跳报文，报文中状态号（Stnum）不变，顺序号

（Sqnum）递增。在 GOOSE 数据集中的数据发生变化的情况下，发送一帧变位报文后，以时间间隔 T、T、T_2、T_0（T、T_2、T_0 时间依次增加，但比 T_0 要短）进行变位报文快速重发。数据变位后的第一帧报文中状态号（Stnum）增加 1，顺序号（Sqnum）从零开始，随后的报文中顺序号（Stnum）不变，顺序号（Sqnum）递增。GOOSE 接收方可以根据 GOOSE 报文中的允许生存时间 TAL（Time Allow to Live）来检测链路是否中断。

GOOSEPDU 在映射到数据链路层后，采用 ISO/IEC/IEEE 8802-3 版本的以太网数据帧。这种数据帧其实就是带 IEEE 802.1Q 和 IEEE 802.1Q 标记的以太网数据帧。

4. SV 协议

采样值协议［在 DL/T 860.92《电力自动化通信网络和系统 第 9-2 部分：特定通信服务映射（SCSM）-基于 ISO/IEC 8802-3 的采样值》中规定］主要用于传感器向 IED 传输模拟值（电流和电压）。

同 GOOSE 一致，SV 协议仅使用第 2 层组播方式，通过 MAC 地址（也可能是 VLANID）和一个标识符（在报文主体中）来识别（DL/T 860.92 也定义了单播 SV 传输方式，但使用较少）。同 GOOSE 一致，SV 没有重传机制，丢失的采样点会被后续成功的采样点覆盖。与 GOOSE 不同，SV 报文是纯粹的周期性高频传输协议。UCA 61859-9-2LE 规定工频 50Hz 电网的采样周期为 250μs，60Hz 电网的采样周期为 208.3μs。

典型 160 个八位位组大小的 SV 报文，在 100Mbit/s 的链路上会消耗 12μs（每秒 4800 条 SV 报文将占用 6% 带宽）。在 100Mbit/s 的链路上周期应满足 123μs 的最大的 FTP 报文（每秒 4800 条 SV 报文将占用 60% 带宽），这就限制了总线上连接 SV 发布者的数量约为 6 个。因此，SV 报文必须较短。

为了避免产生干扰，同一总线上的所有 SV 发布者应工作在相同的周期内，最好采用分时多路复用方案，如图 5-11 所示。

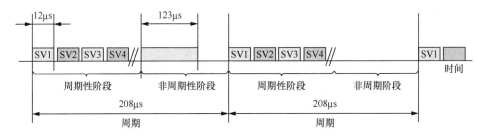

图 5-11　SV 通信示例（4800Hz）

DL/T 860 定义了 9-1［特定通信服务映射（SCSM）通过单向多路点对点串行链路的采样值］和 9-2（SCSM 映射到 ISO/IEC 8802-3 的采样值）两种 SV 通信服务映射 SCSM）方式。9-1 遵循了 IEC 60044-7/8 对合并单元的设定，采用专用的数据集，帧格式固定，采用单向多路点对点通信方式，使用起来不够灵活。9-2 映射方式帧格式可以灵活定义，并支持组播、广播和单播多种方式，映射方法更加灵活，对 ACSI 模型的支持也更加完备。但是 9-2 对装置外部对时及网络交换机性能的要求较高，因此，目前主要采用的是直采方式。国家电网公司针对直采方式，提出简化版的 9-2，即 9-2LE。SV 报文映射的通信协议栈见表 5-1。

表 5-1　SV 报文映射通信协议栈配置

OSI 模型分层	规范			M/O
	名称	服务规范	协议规范	
应用层	采样值服务			
表示层	抽象语法	ISO/IEC 8824-1；1998	ISO/IEC 8825-1998	
会话层	—	—	—	
传输层	—	—	—	
网络层	—	—	—	
数据链路层	优先标记/虚拟局域网	IEEE 802.1Q		M
	载波侦听多路检测/碰撞检测（CSMA/CD）	ISO/IEC 8802-3；2002		M

SavPDU 在经过表示层 ASN.1 基本编码规则 BER 编码后，生成的数据包不经 TCP/IP 协议，直接映射到数据链路层，如图 4-10 所示。与 GOOSE 一样，DL/T 860.92 采样值在数据链路层也采用 ISO/IEC 8802-3 版本的以太网数据帧。

第三节　电力监控系统网络安全防护

一、电力监控系统网络安全防护基本概念

电力监控系统是指用于监视和控制电力生产及供应过程，基于计算机及网络技术的业务系统及智能设备，以及作为基础支撑的通信及数据网络，其总体安全防护水平取决于系统中最薄弱点的安全水平（木桶理论）。为保障电力生产的安全运行，抵御黑客利用操作系统漏洞、业务系统后门的恶意入侵，防止通过计算机病毒或恶意代码进行破坏和攻击，造成电力监控系统的沦陷或挟持电力监控系统对电力系统生产进行破坏，因此，需要对电力监控进行体系化的安全防护。我

国电力监控系统安全防护工作历经十多年的不断完善，实现了从静态布防到动态管控的转变。电力监控系统从安全防护技术、应急备用措施、全面安全管理 3 个维度构建了立体的安全防护体系，如图 5-12 所示。

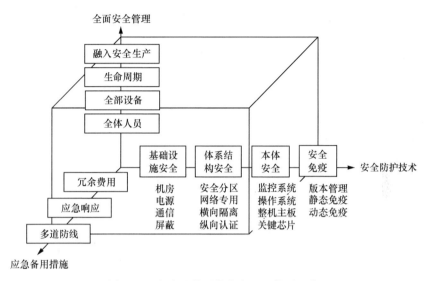

图 5-12　电力监控系统安全防护体系示意

安全防护技术维度主要包括基础设施安全、体系结构安全、本体安全、安全免疫。基础设施安全方面，从机房、电源、通信、屏蔽、密码、认证等方面保障基础安全。体系结构安全方面主要体现在安全分区、网络专用、横向隔离、纵向认证的 16 字方针，构建完善的栅格状的安全防护体系。本体安全方面应保证监控系统无恶意软件、操作系统无恶意后门、整机主板无恶意芯片、主要芯片无恶意指令。安全免疫方面，主要通过可信计算的技术来实现安全免疫等。

应急备用措施维度主要从冗余备用、应急响应、从外到内从上到下的多道防线等方面建立健全的联合响应机制。电力调度机构负责统一指挥调度范围内的电力监控系统安全应急处理，当遭受网络攻击，生产控制大区的电力监控系统出现异常或者故障时，应立即向上级电力调度机构及上级监管单位报告，联合采取应急措施，打造从外到内从上到下的多道防线。

全面安全管理维度主要包括全体人员安全管理、全部设备安全管理、全生命周期安全管理、融入安全生产管理体系。通过这种安全防护技术与安全管理相结合的方式，打造覆盖度更广、管理体系与技术体系及应急体系协同作战的安全防护体系。

二、电力监控系统网络安全防护基本策略

1. 网络设备防护策略

网络设备是调度数据网和各类电力监控系统的重要组成部分，也是网络安全的基石，包括调度数据网路由器、调度数据网接入交换机和局域网交换机。其中，调度数据网路由器用于主站与主站及主站与厂站间调度数据网纵向数据的转发；调度数据网接入交换机用于调度数据网实时、非实时业务数据交换；局域网交换机用于安全Ⅰ区（控制区）、Ⅱ区（非控制区）与Ⅲ区（管理信息大区）局域网数据的交换和转发。

网络设备安全防护的管理要求包括用户与口令、登录管理、网络服务、安全防护、日志与审计5个方面。

（1）用户口令。应对登录网络设备的用户进行身份鉴别。按照用户性质分别创建账号，不同用户标识应唯一，应重命名或删除默认用户，及时删除多余的、过期的用户，禁止不同用户间共享账号，禁止人员和设备通信共用账号。通过控制台和远程终端登录设备，应输入用户名和口令，口令长度不能小于8位，要求是数字、字母和特殊字符的组合，不得与用户名相同，口令应加密存储。

（2）登录管理。对于通过本地 Console 接口进行维护的设备，设备应配置使用用户名和口令进行认证。对于使用 IP 协议进行远程维护的设备，设备应配置使用 SSH、HTTPS 等加密协议，采用 SSH 服务代替 Telnet 协议实施远程管理，并配置使用用户名和口令进行认证，提高设备管理安全性。只允许特定地址访问 SSH、SNMP 和 HTTPS 公共网络服务。本地及远程登录应启用登录失败处理功能，可采取结束会话、限制非法登录次数和当登录连接超时自动退出等相关措施，应限制同一用户连续登录失败次数。

（3）网络服务。禁用不必要的公共网络服务；网络服务宜采取白名单方式管理，只允许开放 SNMP SSH、NTP 等特定服务。应开启 NTP 服务，建立统一时钟，保证日志功能记录的时间的准确性。

（4）安全防护。应设置 ACL 访问控制列表，访问控制列表应采取白名单方式，控制并规范网络访问行为（适用于调度数据网设备）。应关闭交换机、路由器上的空闲端口，防止恶意用户利用空闲端口进行攻击。应使用 IP、MAC 和物理端口进行绑定，防止 ARP 攻击、中间人攻击、恶意接入等安全威胁。调度数据网网络设备的安全配置，应合理设置主机路由，按业务需求配置明细路由，避免使用默认路由，关闭网络边界 OSPF 路由功能（适用于调度数据网设备）。路

由器和交换机设备使用的软件版本应为经过测试的无重大安全隐患成熟版本。

（5）日志审计。应采用安全增强的 SNMPV2 及以上版本的网管协议。修改 SNMP 默认的通信字符串，字符串长度不能小于 8 位，要求是数字、字母和特殊字符的组合，不得与用户名相同，通信字符串应加密存储。设备应开启自身日志和远程日志功能，至少支持一种通用的远程标准日志接口，如 Syslog、SNMPTrap 等，所有设备日志均能传输到远程日志服务器（网管服务器或网络安全监测装置）。远程日志服务器应配置审计策略。日志应至少保存 6 个月。

2. 安防设备防护策略

安全防护设备是网络边界防护和网络安全事件监视的重要工具，主要包括纵向加密认证装置，正反向隔离设备、防火墙设备、入侵检测设备（IDS）及网络安全监测装置。其中纵向加密认证装置是部署在安全 I 区（控制区）、II 区（非控制区）的纵向网络边界的电力专用安全防护设备。正反向安全隔离装置是安全 I 区（控制区）、II 区（非控制区）与III区（管理信息大区）之间的正反向单向传输的电力专用安全防护设备；防火墙是部署在安全 I 区（控制区）与II 区（非控制区）的横向网络边界上的逻辑隔离设备；IDS 是检测安全 I 区（控制区）和II 区（非控制区）的网络边界攻击行为的安全防护设备；网络安全监测装置是部署于电力监控系统局域网络中，用以采集监测对象的网络安全信息，为网络安全管理平台上传事件并提供服务代理功能的安全防护设备。

安全防护设备的管理主要包括设备管理、用户与口令、登录管理、安全策略、日志与审计 5 个方面。

（1）设备管理。对关键节点正反向隔离设备、防火墙设备应设置双机热备，并定期离线备份配置文件，应使设备系统时间与时钟服务器保持一致。时间不一致时，应提供系统告警，但不应影响系统运行。专用安全防护设备应接入网络安全管理平台。

（2）用户口令。应按照用户性质分配账号，避免不同用户间共享账号，避免人员和设备通信公周一账号。应实现系统管理、网络管理、安全管理、审计管理等设备特权用户的权限外并且网络管理特权用户管理员无权对审计记录进行操作。应对访问安全设备的用户进行身份鉴别，口令复杂度应满足要求。应修改默认用户和口令，不得使用缺省口令，口令长度不得小于 8 位，要求是字母和数字或特殊字符的组合并不得与用户名相同，口令禁止明文存储。

（3）登录管理。配置账户定时自动退出功能，退出后用户需再次登录方可进入系统。用户多次登录失败将锁定账户。对于通过本地 Console 接口进行维护的设备，设备应配置使用用户名和口令进行认证。对于使用 IP 协议进行远程维护的设备，设备应配置使用 SSH、HTTPS 等加密协议，采用 SSH 服务代替 Telnet 协议实施远程管理。

（4）安全策略。应配置跟业务相对于的安全策略，禁止开启与业务无关服务，策略配置应遵循最小化原则。应严格限制安全防护设备白名单管理。

（5）日志审计。设备应支持远程日志功能，日志应至少保存 6 个月。网络安全监测装置应支持与服务器、工作站、网络设备、安全防护设备通信，采集上述各类设备自身的日志信息，并支持事件上传功能。所有设备事件均能通过事件上传功能传输到上级调度网络安全管理平台。设备应启用自身日志审计功能，并配置审计策略。审计内容应覆盖重要用户行为、系统资源的异常使用和重要系统命令的使用等，系统重要安全相关事件，至少应包括用户的添加和删除、审计功能的启动和关闭、审计策略的调整、权限变更、系统资源的异常使用、重要的系统操作（如用户登录、退出）等。

3. 主机设备防护策略

针对服务器、工作站等主机设备安全防护设备的管理主要包括配置、网络管理、接入管理、日志审计 4 个方面。

（1）配置管理。操作系统应推行无超级管理员运行模式，应根据管理用户的角色分配权限，实现权限分离，仅授予管理用户所需的最小权限。应保证操作系统中不存在多余或过期的账户。操作系统账户口令应具有一定的复杂度。应预先定义不成功鉴别尝试的管理参数（包括尝试次数和时间的阈值），并明确规定达到该值时，应采取的拒绝登录措施。应采用两种或两种以上组合的鉴别技术对管理用户进行身份鉴别（适用于三级及以上调度主站系统）。应禁止调度员和监控员进行与监控系统人机交互无关的操作。应开启操作系统自带的相关安全功能。应管理主机所处的网络环境，禁止用户随意更改卫和 MAC 地址。应禁止用户随意更改计算机的名称。

（2）网络管理。应开启操作系统的防火墙功能，实现对所访问的主机的 IP、端口、协议等进行限制。应禁止非必要的服务开启。

（3）接入管理。应管理主机的各种外设接口。应禁止外部存储设备自动播放或自动打开功能，避免木马、病毒程序通过移动存储设备的自动播放或自动打开实现入侵。应禁止使用不安全的远程登录协议。主机应设定接入方式、网络 IP 地址范围等远程登录限制条件。应禁止用户通过拨号、3G/4G 网卡、无线网卡、E 代理等方式连接互联网。

（4）日志审计。系统应对重要用户行为、系统资源的异常使用、入侵攻击行为等重要事件进行日志记录和安全审计。可根据审计记录进行分析，并生成审计报表。

4. 数据库防护策略

关系数据库安全防护配置操作包括用户与口令、数据库操作权限、数据库访问最大连接数管理、日志管理、安装管理、文件及程序代码管理等内容。

（1）用户口令：现达梦数据库和人大金仓数据库具备系统管理、审计和安全管理员用户，现场可根据系统运行效率确定是否设置审计和安全管理员用户。数据库操作管理员权限对象包括对用户、角色、操作权限等进行创建，禁止将数据库管理员权限赋予数据库操作用户（电力监控系统用户）。电力监控系统用户设置为数据库操作用户，分为平台用户和应用用户两类。由数据库系统管理员创建普通用户，授予对象权限。要求密码长度不少于 8 位，必须同时包含数字、字母和特殊符号。要求配置密码有效期，有效期限时间为 90d。要求配置账户安全登录策略，如连续登录失败 5 次锁定账户，锁定时间设置为 10min 等。口令不得与账户名相同。

（2）数据库操作权限。通过系统权限严格控制用户创建数据库对象的权限，对于跨模式查询，应对用户进行按需指定其对特定的对象（如表、视图等）进行特定的操作（增、删、改、查）权限。

（3）数据库访问最大连接数。对多个用户共用的数据库（如 HISDB、EMS），配置其数据库连接数为 80 以内。对单个用户使用的数据库（如 PSGSM2000、TMR），配置其数据库连接数为 30 以内。设置所有用户的数据库最大连接数。设置数据库服务的最大连接数限制，配置为 1000。

（4）日志管理。生成的日志必须记录对数据的增加、删除、修改语句，应保存至少 6 个月。

（5）安装管理。仅数据库管理员用户对数据库存储路径具有读、写、删除、执行权限。电力监控系统用户可以访问上述路径，其他操作系统用户不具备访问权限。

（6）文件及程序代码管理。应在配置文件中将用户/口令以加密后的密文方式存储。应将数据库用户/口令从源程序中独立出来，将用户口令以加密后的密文方式存储。

5. 电力监控系统应用软件防护策略

电力监控系统应用软件是指用于监视和控制电力生产及供应过程的、基于计算机及网络技术的业务系统，其安全防护要求包括用户与口令、登录管理、特权账户控制、操作权限、实时数据库修改权限、责任区划分、控制功能、日志管理、测试验证系统等 9 个部分的内容。

（1）用户口令。用户应实名制管理，口令应具有一定的复杂度，口令长度不能小于 8 位，要求是数字、字母和特殊字符的混合，不得与用户名相同。口令应 90d 定期更换和加密存储，应用软件应采用两种或两种以上组合的鉴别技术对用户进行身份鉴别（适用于三级及以上调度主站系统）。

（2）登录管理。同一账户能且仅能在一个节点登录人机界面工具，在一段时间内若人机界面工具无操作，用户应自动退出登录（除调度员、监控员使用的人机界面），限制连续失败登录次数，并确定处理方式。

（3）特权账户控制。系统投运后，不允许存在超级管理员账户。应将系统管理、安全管理、审计管理三权分立，系统管理员负责创建权限对象包括操作权限、角色、用户等，安全管理员负责关联权限对象，审计管理员负责管理系统中的审计信息。

（4）操作权限。按照权限最小化原则，将应用的权限分配给不同角色。根据用户的职责关联其用户相关的角色。

（5）实时数据库修改权限。按照权限最小化原则，将实时数据库修改权限分配给确定的角色，其仅将实时库维护用户的权限关联到该角色。

（6）责任区划分。调度员、监控员等用户的设备操作应限制在特定的责任区范围内（适用于调度主站系统）。

（7）控制功能。对于调度员和监控员的远方控制操作（如遥控、遥调、AGC 设点、AVC 投切等），应采用调度数字证书及安全标签技术进行安全加固（适用于调度主站系统）。

（8）日志管理。应用软件应提供日志记录功能，记录鉴权事件、登录事件、用户行为事件、系统软硬件故障等重要信息，记录应包括事件的日期、时间、类型、主体标识、客体标识和结果等。记录应保存 6 个月以上。

（9）测试验证系统。具备条件的应建立测试验证系统，与在线系统解耦并独立运行，保证测试验证系统对在线系统不产生任何影响。测试验证系统应采用与在线系统相同的安全防护策略。新功能投运前应在测试验证系统进行功能和性能测试。

三、网络安全设备调试运维

1. 纵向加密认证装置基本原理

（1）对称加密算法。纵向加密认证装置所采用的对称加密算法，主要分为电子密码本（Electronic Code Book，ECB）算法模式和加密块链（Cipher Block Chaining，CBC）算法模式。其中，ECB算法模式用于纵向加密认证装置与装置管理中心之间数据的加解密，CBC算法模式用于业务系统之间数据的加解密。

ECB的原理是将加密的数据分成若干组，每组的大小与加密密钥长度相同。然后每组都用相同的密钥进行加密CBC，首先将明文分成固定长度的块，随后将前面一个加密块输出的密文与下一个要加密的明文块进行异或操作，再将计算结果用密钥进行加密得到密文。第一明文块加密时，因为前面没有加密的密文，所以需要一个初始化向量。与ECB模式不同，CBC模式通过连接关系，使得密文跟明文不再是一一对应的关系，破解起来更困难，避免了ECB模式无法隐藏明文的弱点。

（2）非对称加密算法。纵向加密认证装置所采用的非对称加密算法主要为RSA、SM2，其用于纵向加密认证装置之加密器密钥间的密钥协商。

RSA是目前国际应用较为广泛的公钥加密算法。SM2是国家密码管理局发布的椭圆曲线公钥密码算法。随着密码技术的发展，有关部门提出需要逐步采用SM2椭圆曲线算法代替RSA算法，来满足密码产品国产化要求。

纵向加密认证装置采用了国家密码管理局自主研制开发的高性能电力专用硬件密码单元，该密码单元采用电力专用密码算法，支持身份鉴别、信息加密、数字签名和密钥生成与保护。为了保证密钥和密码算法的安全性，纵向加密认证装置的密钥及算法仅存在于系统密码处理单元的安全存储区中，与应用系统完全隔离，不能通过任何非法手段进行访问。电力专用硬件密码单元在国家密码管理局指定的军方研究机构完成硬件生产后，由国家密码管理局完成关键参数灌注，并严格限制其销售渠道。密码单元的安全保密强度及相关软硬件实现性能定期经国内专家评审，确保其安全性。

2. 横向隔离装置基本原理

电力专用横向单向安全隔离装置是电力监控系统安全防护体系的横向防线，作为生产控制大区与管理信息大区之间的必备边界防护措施，是横向防护的关键设备。

（1）单向传输技术。物理隔离的技术框架建立在单向安全隔离的基础上。内网是安全等级高的生产控制大区，外网是安全等级低的管理信息大区。当内网需要传输数据到达外网时，内网服务器立即发起对隔离设备的数据连接，隔离设备将所有的协议剥离，把原始的纯数据写入高速数据传输通道。根据不同的应用，对数据进行完整性和安全性检查，如防病毒和恶意代码等。

一旦数据完全写入安全隔离设备的单向安全通道，隔离设备内网侧就立即中断与内网的连接，将单向安全通道内的数据推向外网侧，外网侧收到数据后发起对外网的数据连接，待连接建立成功后，进行 TCP/IP 的封装和应用协议的封装，并交给外网应用系统。

在硬件控制逻辑电路收到完整的数据交换信号之后，安全隔离设备立即切断与外网的直接连接。当外网的应用数据需要传输到内网时，需要通过隔离装置的专用反向通道进行数据摆渡，传输原理与上述相同。

（2）割断穿透性 TCP 连接协议技术。横向单向安全隔离装置采用专用协议栈，割断了穿透性的 TCP 连接。自定义的专用协议栈是对 TCP 状态、TCP 序列号、分片重组、滑动窗口、重传、最大报文长度等做了相应的改造，用来提高实时性和安全性。

割断穿透性 TCP 连接的技术优点：

1）透明性强，性能好，其在数据分析过程中的复制次数、内容资源的开销方面都优于普遍操作系统的 TCP 协议栈。

2）安全性强，修改 TCP 的不安全参数，增强安全控制；稳定性强，采用自定义的协议栈实现数据的平滑传输。

（3）基于状态检测的报文过滤技术。横向单向安全隔离装置采用基于状态检测技术的报文过滤技术，可以对出入报文的 MAC 地址、IP 地址、协议和传输端口、通信方向、应用层标记等进行高速过滤。状态检测技术采用的是一种基于连接的状态检测机制，将属于同一连接的所有包作为一个整体的数据流看待，构成连接状态表，通过规则表与状态表的相互配合，对表中各个连接状态因素加以识别。连接状态表里的记录可以随意排列，提高系统的传输效率。因此，与传统包过滤技术相比，报文过滤技术具有更好的系统性和安全性，可以极大地提高数据包检测效率。

（4）安全内核裁减技术。为了保证隔离装置自身的安全，隔离装置基于 Liunx 操作系统的嵌入式安全内核进行了裁剪。目前，内核中仅包括用户管理、进程管理功能，裁剪掉 TCPIP 协议栈和其他不需要的系统功能，隔离装置后台操作系统不能使用任何网络命令（包括 ifeonfig、ping、Telnet、arp 等），很大程度上降低了由通用服务带来的风险。

3. 防火墙调试运维

在实际网络环境中有两种部署防火墙的方法，一是将防火墙部署在内部网与外部网的接入处，防火墙串接在内部网与外部网之间的路由器上，对外部网进入内部网的数据包进行检查和过滤，抵御来自外部网的攻击；二是将防火墙部署在内部网络中重要信息系统服务器的前端，防火墙串接在内部网核心交换机与服务器交换机之间，对内部网用户访问服务器及其应用系统进行控制，防止内部网用户对服务器及其应用系统的非授权访问。

（1）生产控制大区防火墙部署。电力监控系统生产控制大区中防火墙的部署应在安全区Ⅰ（控制区）与安全区Ⅱ（非控制区）的横向网络边界上，起到逻辑隔离的作用，且在配备防火墙时建议采用双机热备方式进行部署安装。

（2）管理信息大区防火墙部署。电力监控系统管理信息大区中在纵向边界和重要信息系统区都需要分别放置防火墙来进行边界防护，以此来保障各区域数据信息的安全性和可控性。

4. 物理隔离设备调试运维

（1）正向安全隔离装置。正向安全隔离装置用于从生产控制大区到管理信息大区的非网络方式的单向数据传输，以实现两个安全区之间的安全数据交换，并且保证安全隔离装置内外两个处理系统不同时连通，其支持的主要功能如下：

1）支持透明工作方式。虚拟主机 IP 地址、隐藏 MAC 地址。

2）基于 MAC、IP、传输协议、传输端口，以及通信方向的综合报文过滤与访问控制。

3）防止穿透性 TCP 连接。禁止两个应用网关之间直接建立 TCP 连接，应将内、外两个应用网关之间的 TCP 连接分解成内外两个应用网关分别到隔离装置内外网卡的 TCP 虚拟连接，隔离装置内、外网卡在装置内部是非网络连接，且只允许数据单向传输。

4）具有可定制的应用层解析功能，支持应用层特殊标记识别。

5）安全、方便的维护管理方式。基于证书的管理人员认证，图形化的管理界面。

（2）反向安全隔离装置。反向安全隔离装置用于从管理信息大区到生产控制大区的非网络方式的单向数据传输，是管理信息大区到生产控制大区的唯一数据传输途径。其支持的主要功能如下：

1）具有应用网关功能，实现应用数据的接收与转发。

2）具有应用数据内容有效性检查功能。

3）具有基于数字证书的数据签名/解签名功能。

4）实现两个安全区之间的安全数据传递。

5）支持透明工作方式：虚拟主机 IP 地址、隐藏 MAC 地址。

6）基于 MAC、IP、传输协议、传输端口，以及通信方向的综合报文过滤与访问控制。

7）横向单向安全隔离装置提供配套文件传输软件，用于生产控制大区与管理信息大区间的单向文件发送。

5. 入侵监测设备调试运维

入侵检测技术是通过计算机网络或计算系统中的若干关键点收集信息并对其进行外析，从中发现网络或系统中是否有违反安全策略的行为和被攻击的迹象。该技术是一种动态的安全检测技术，一旦发现网络攻击现象，则发出报警信息，还可以与防火墙联动，对网络攻击进行阻断。进行入侵检测的软件与硬件的组合便是入侵检测系统（Intrusion Detection System，IDS），这里首先要区分 IDS 与 IPS 的区别，入侵防御系统（Intrusion Prevention System，IPS）位于防火墙和网络的设备之间。IPS 会在攻击扩散到网络其他地方之前阻止这个恶意的通信。入侵检测系统（IDS）则是起到报警的作用，而无法起到防御的作用。

入侵检测系统是检测安全区 I（控制区）、安全区 II（非控制区）或安全 III 区的网络边界攻击行为的安防设备。在电力监控系统网络中，采用镜像口监听部署模式（旁路部署）。镜像口监听模式是最简单方便的一种部署方式，不会影响原有网络拓扑结构。这种部署方式把入侵检测设备连接到交换机镜像口后，只需对入侵检测规则进行勾选启动，无需对自带的防火墙进行设置，无需另外安装专门的服务器和客户端管理软件，用户使用 Web 浏览器即可实现对入侵检测系统的管理（包括规则配置、日志查询、统计分析等），大大降低了部署成本和安装使用难度，增加了部署灵活性。

6. 纵向加密装置调试运维

生产控制大区接入调度数据网时，必须采用国家指定部门检测认证的电力专用纵向加密认证装置及相应设施，实现网络层双向身份认证、数据加密和访问控制。

纵向加密认证装置功能特点如下：

（1）纵向加密认证装置位于电力控制系统的内部局域网与电力调度数据网的路由器之间，用于安全区的广域网边界保护，为本地安全区 I/II 的广域网边界提供保护，为本地安全区 I/II 提供一个网络屏障，同时具有类似过滤防火墙的功能，为上下级控制系统之间的广域网通信提供认证与加密服务，实现数据传输的机密性、完整性保护。

（2）加密认证网关除具有加密认证装置的全部功能外，还应实现应用层协议及报文内容识别的功能。

（3）采用标准的加密和认证算法对数据进行加密/解密、签名/验证。

（4）纵向加密认证装置之间支持基于公钥的认证。

（5）支持通明连接，可不用占用网络 IP 地址资源。

（6）具有支持 IP、传输协议、应用端口号的综合报文过滤与访问控制功能。

7. 网络安全监测装置调试运维

厂站监测装置部署工作可分为装置部署准备、装置单体调试、监测对象接入调试、平台接入调试和竣工验收这 5 个主要阶段，各阶段包含的具体工作如下：

（1）装置部署准备。该阶段主要由项目集成厂商开展现场调研统计相关设备详细信息，协同厂站运维检修部门分析项目实施过程的各类风险点并制定应对措施，联系调控机构进行 IP 地址分配，并编制项目实施方案。

（2）装置单体调试。该阶段主要由项目集成厂商开展装置的上架安装、布线、上电检查、软件版本校验和参数配置等工作。

（3）监测对象接入调试。该阶段主要由现场实施厂商（项目集成厂商、监测对象厂商、监测装置厂商）开展厂站内主机、网络和安全防护等站控层设备的接入装置工作，以及相应的功能测试。

（4）平台接入调试。该阶段主要由项目集成厂商开展和调控机构开展监测装置与调度主站平台的联调测试。

（5）竣工验收。该阶段主要由厂站运维检修部门组织开展主站功能检查和现场竣工验收等工作。

8. 电力调度数字证书系统运维

电力调度数字证书系统是面向电力调度相关业务提供数字证书、安全标签的签发及管理服务的信息安全基础设施，主要用于数字证书和安全标签的申请、审核、签发、撤销、发布及管理，同时具备密钥管理、系统安全管理等功能。证书系统为电力监控系统及电力调度数据网上的各个应用、所有用户和关键设备提供数字证书服务，主要用于生产控制大区。

电力监控系统中使用的分布式数字证书认证体系和通用经典数字证书体系有所不同，通用经典数字证书体系适用于用户较多的共用系统，通过 RA（注册中心）实现 CA（认证中心）证书发放、管理的延伸功能，并提供 Web 服务供用户进行证书的在线签发操作，涉及部署 CA 服务器、RA 服务器、证书发布服务器等。

考虑到电力调度数字证书系统的用户数量有限，为进一步提升密钥在签发过程中的安全性，电力调度数字证书系统省去了OCSP（证书在线认证）环节，缩减了RA功能，并对其存储功能进行了优化。电力调度数字证书系统将需要的功能完全集成在一台设备中，通过单级、离线工作方式，实现CA认证中心的所有功能。证书管理及配置操作均以本机访问模式进行，不得以任何方式接入任何网络。

其中，CA服务器是证书管理系统的核心部分，主要负责证书的签发/注销、证书的存签发储管理等。本地配置管理客户端是基于JAVA语言开发的GUI配置界面，实现管理员对证书录入、审核、签发的操作管理。

根据相关要求，电力调度数字证书系统应统一规划信任体系，各级电力调度数字证书用于颁发本调度中心及调度对象相关人员、程序和设备证书，上下级电力调度数字证书系统应通过信任链构成认证体系，省级以上调度中心和有实际业务需要的地区调度中心应建立电力调度数字证书系统。目前电力系统数字证书通过证书信任链构成了三层树状逻辑结构，并已在地级以上调度中心建立了电力调度证书服务系统。

电力调度数字证书自带标签管理程序，对当地的服务主体（服务请求者）和客体（服务提供者）进行安全标签管理。安全标签包含以下内容。

（1）32字节身份标签，包含行政编码、角色编码、应用编码和保留位。

（2）16字节证书序列号，符合调度证书服务系统签发的证书序列号编制。

（3）8字节有效期，表示安全标签的有效终止日期，应小于或等于所对应数字证书的有效期。

（4）128字节签名，即数字签名。

第四节　电力调度数据网

一、数据网设备原理

（一）路由协议RIP原理

路由信息协议（Routing Information Protocol，RIP）是一种基于D-V算法的路由协议。RIP使用跳数（Hopcount）来衡量到达目的网络的距离。为提高性能，防止产生路由环路，RIP支持水平分割（Splithorizon）与路由中毒（Poisonreverse），并在路由中毒时采用触发更新（Triggered Update）。RIP 包括 RIP-1 和 RIP-2 两个版本，RIP-1 不支持变长子网掩码，RIP-2 支持变长子网掩码。RIP-1 使用广播发送报文；RIP-2 有两种传送方式，即广播方式和组播方式，默认采用组播发送报文，RIP-2 的组播地址为 224.0.0.9。

路由协议 RIP 原理如下：

（1）RIP 协议以 30s 为周期、用响应（Response）报文广播自己的路由表。

（2）收到邻居发送而来的响应（Response）报文后，RIP 协议计算报文中的路由项的度量值，比较其与本地路由表路由项度量值的差别，更新自己的路由表。

（3）RIP 路由表的更新原则如下。

1）对本路由表中已有的路由项，当发送报文的网关相同时，无论度量值增大或是减少，都更新该路由项（当度量值相同时，只将其老化定时器清零）。

2）对本路由表中已有的路由项，当发送报文的网关不同时，只在度量值减少时更新该路由项。

3）对本路由表中不存在的路由项，在度量值小于不可达时，在路由表中增加该路由项。

4）路由表中的每一路由项都对应一个老化定时器，当路由项在 180s 内没有任何更新时，定时器超时，该路由项的度量值变为不可达。

5）某路由项的度量值变为不可达后，以该度量值在响应（Response）报文中发布 4 次（120s），之后从路由表删除。

（二）路由协议 OSPF 原理

开放最短路径优先协议（Open Shortest Path First，OSPF）是互联网工程任务组（Internet Engineering Task force，IETF）组织开发的一个基于链路状态的内部网关协议，其特性如下：

（1）适应范围：支持各种规模的网络，最多可支持几百台路由器。

（2）快速收敛：在网络的拓扑结构发生变化后，立即发送更新报文，使这一变化在自治系统（Autonomous System）中同步。

（3）无自环：由于 OSPF 根据收集到的链路状态用最短路径树算法计算路由，从算法本身保证了不会生成自环路由。

（4）区域划分：允许 AS 的网络被划分成区域来管理，区域间传送的路由信息被进一步抽象，从而减少了占用的网络带宽。

（5）等价路由：支持到同一目的地址的多条等价路由。

（6）路由分级：使用四类不同的路由，按优先顺序来说，分别是区域内路由、区域间路由、第一类外部路由、第二类外部路由。

（7）支持验证：支持基于接口的报文验证，以保证路由计算的安全性。

（8）组播发送：协议报文支持以组播形式发送。

OSPF 协议路由的计算过程可简单描述如下：

（1）每台路由器，根据自己周围的网络拓扑结构生成链路状态广播（简称为 LSA），通过相互之间发送协议报文将 LSA 发送给网络中其他路由器。

（2）由于 LSA 是对路由器周围网络拓扑结构的描述，那么 LSDB 则是对整个网络的拓扑结构的描述。

（3）每台路由器都使用 SPF 算法计算出一棵以自己为根的最短路径树。OSPF 协议支持基于接口的报文验证，以保证路由计算的安全性，并使用 IP 多播方式发送和接收报文。

（三）路由协议 BGP 原理

1. BGP 的基本原理

BGP 是用来连接互联网（Internet）上的独立系统的路由选择协议，是一种在 AS 之间动态交换路由信息的路由协议。AS 是拥有同一选路策略，在同一技术管理部门下运行的一组路由器。

BGP 在路由器上以下列两种方式运行。

（1）IBGP（Internal BGP）：当 BGP 运行于同一 AS 内部时，被称为 IBGP。

（2）EBGP（External BGP）：当 BGP 运行于不同 AS 之间时，称为 EBGP。

2. BGP 的特性描述

（1）BGP 是一种外部网关协议（Exterior Gateway Protocol，EGP），用于控制路由的传播和选择最佳路由。

（2）BGP 使用 TCP 作为其传输层协议（端口号 179），提高了协议的可靠性。

（3）BGP 支持无类别域间路由（Classlessinter-Domainrouting，CIDR）。路由更新时，BGP 只发送更新的路由，大大地减少了 BGP 传播路由所占用的带宽，适用于在互联网（Internet）上传播大量的路由信息。

（4）BGP 路由通过携带 AS 路径信息，彻底解决路由环路问题。

（5）BGP 提供了丰富的路由策略，能够对路由实现灵活的过滤和选择。

（6）BGP 易于扩展，能够适应网络新的发展。

二、数据网拓扑结构

1. 数据网整体架构模式

国家电力调度数据网由骨干网和各级调度接入网两部分组成，骨干网用于数据的传输和交换，接入网用于各厂站接入。

骨干网采用双平面架构模式（即骨干网第一平面、骨干网第二平面），分别由国调、网调、省调和地调节点组成。其中省级以上节点构成骨干网核心层，地调（包括省调备调）节点构成骨干网骨干层。

接入网由各级调度接入网即国调接入网、网调接入网、省调接入网和地调接入网组成，其中各级调度接入网又分别通过两点接入骨干网双平面。

220kV 及以上厂站按双机配置，分别接入不同的接入网中。110kV 及以下厂站按单机配置，接入地调接入网中，即国调直调厂站应接入国调接入网和网调接入网，网调直调厂站应接入网调接入网和省调接入网，省调直调厂站应接入省调接入网和地调接入网，地调直调厂站和县调应接入地调接入网。具体如图 5-13 所示。

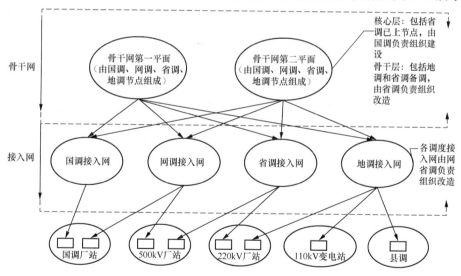

图 5-13　网络整体架构模式

2. 骨干网省公司子区网络拓扑

省公司子区采用分层架构模式，由 4 个核心节点和 15 个汇聚节点组成。核心节点设置在省调、A 地调、B 地调和 C 地调，其他 15 个地调为汇聚节点。核心与核心节点之间采用 155M 两两互联，汇聚节点通过两路 155M 上联至两个不同的核心节点。具体如图 5-14 所示

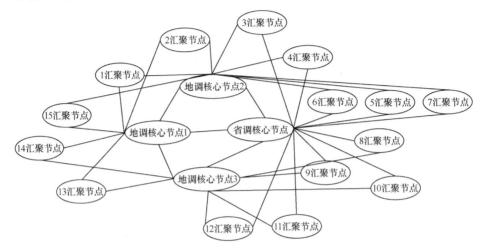

图 5-14　骨干网一平面某省公司子区网络拓扑

3. 省调接入网结构

以某省电力公司为例，省调接入网网络架构采用分层结构，分为核心层、汇聚层和接入层。具体如图 5-15 所示。

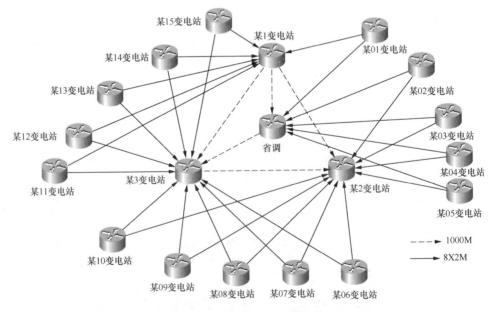

图 5-15　省调接入网网络拓扑

4. 地调接入网结构

地区调度数据网（简称地调接入网）网络结构采用分层架构模式，分为核心层、汇聚层和接入层。其中核心层设置有2个节点，设置在地调和通信网第二出口；汇聚节点设置在各县公司和220kV枢纽变电站，其中每个县公司设置有2个汇聚节点，第一汇聚节点设置在各县调，第二汇聚节点设置在县调管辖范围内110kV枢纽变电站；接入层设置在各厂站。

第一核心作为地调接入网第一出口采用GE方式背靠背上联至本地区骨干网双平面节点，第二核心作为地调接入网第二出口采用8×2M上联至其他地区骨干网双平面节点；县调第二汇聚节点和220kV枢纽变电站汇聚节点分别采用8×2M上联至两个核心节点，县调第一汇聚节点采用8×2M分别连接至地调核心节点和县调第二汇聚节点；接入厂站分别采用1×2M就近接入到本地区两个汇聚节点或核心节点。地调接入网网络示意图如图5-16所示。

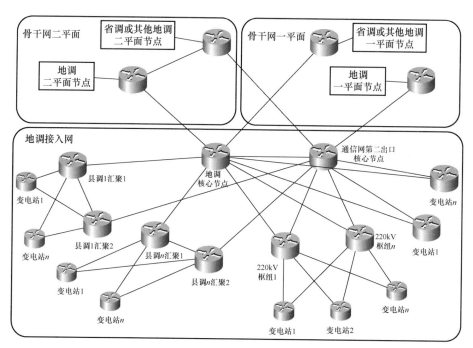

图 5-16 地调接入网网络示意图

5. 厂站端网络及业务接入方式

220kV及以上厂站端配置2套调度专网设备（每套专网设备为1台路由器、

2 台交换机），分别通过 2MEl 上联至两个不同的接入网，即 500kV 厂站通过 2M 上联至网调接入网和省调接入网，220kV 厂站通过 2M 上联至省调接入网和地调接入网，县调、110kV 及以下厂站配置 2 套调度专网设备，通过 2M 上联至地调第一接入网和地调第二接入网。具体接入方式如图 5-17 所示。

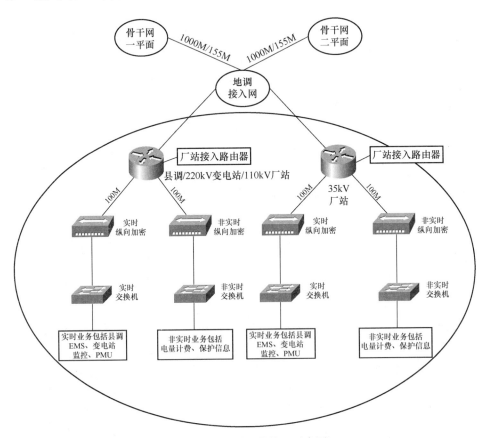

图 5-17　厂站端网络接入示意图

三、网络设备调试运维

1. 交换机常用配置命令

以 H3C 交换机为例：

（1）进入系统视图模式（System-View）。

（2）为设备命名（Sysname）。

（3）当前配置情况（Displaycurrent-Configuration）。

（4）中英文切换（Language-mode Chinese|English）。

（5）进入以太网端口视图（InterfaceEthernet1/0/l）。

（6）设置端口访问模式（Portlink-typeAccess|Trunk|Hybrid）。

（7）打开（Undoshutdown）以太网端口。

（8）关闭（Shutdown）以太网端口。

（9）退出（Quit）当前视图模式。

（10）vlan10。创建 vlan10，并进入 vlan10 的视图模式。

（11）在端口模式下，将当前端口加入 vlan10 中（port access vlan10）。

（12）在 VLAN 模式下，将指定端口加入当前 vlan 中（portEl/0/2toEl/0/5）。

（13）允许所有的 vlan 通过（port trunk permit vlan all）。

2. 路由器常用配置命令

以 H3C 路由器为例：

（1）进入系统视图模式（system-view）。

（2）为设备命名为 R1（sysname R1）。

（3）显示当前路由表（display ip routing-table）。

（4）中英文切换（language-mode Chinese|English）。

（5）进入以太网端口视图（interface EthernetO/0）。

（6）配置 IP 地址和子网掩码（ipaddress192.168.1.1255.255.255.0）。

（7）打开以太网端口（undoshut down）。

（8）关闭以太网端口（shut down）。

（9）退出当前视图模式（quit）。

（10）配置静态路由（iproute-static 192.168.2.0 255.255.255.0 192.168.12.2 descriptionTo.R2）。

（11）配置默认路由（iproute-static 0.0.0.0 0.0.0.0 192.168.12.2 descriptionTo.R2）。

3. OSPF 协议基本命令与状态查询

（1）启动 OSPF 进程 ospf［process-id］。

（2）重启 OSPF 进程 resetospf［process-id］process。

（3）配置 OSPF 区域 area［area-id］。

（4）在指定的接口上启动 OSPFnetworkip-addresswildcard-mask。

（5）配置 OSPF 接口优先级（ospfdr-prioritypriority）。

（6）配置 OSPF 接口（Costospfcostvalue）。

4. BGP 协议基本命令与状态查询

（1）启动 BGP（bgpas-number）。

（2）指定 BGP 对等体及 AS 号（peerip-addressas-numberas-number）。

（3）创建 BGP 地址族，并进入相应地址族视图（address-familyipv4unicast）。

（4）使能本地路由器与指定对等体交换路由信息的能力（peerip-addressenable）。

（5）指定建立 TCP 连接使用的源接口（peerip-addressconnect-interfaceinterface-typeinterface-number）。

（6）配置允许同非直接相连网络上的邻居建立 EBGP 连接（peerip-addressebgp-max-hop [hop-count]）。

（7）将本地路由发布到 BGP 路由表中（networkip-address [mask|mask-length] [route-policyroute-policy-name]）。

四、通信 SDH 设备

SDH 传输网是由不同类型的网元通过光缆线路的连接组成的，通过不同的网元完成 SDH 网的传送功能：上下业务、交叉连接业务、网络故障自愈等。

1. 终端复用器（TM）

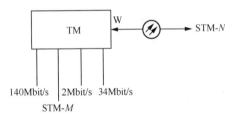

图 5-18　TM 模型

注：M > N。

终端复用器用在网络的终端站点上，例如一条链的两个端点上，它是一个双端口器件，如图 5-18 所示。

终端复用器的作用是将支路端口的低速信号复用到线路端口的高速信号 STM-N 中，或从 STM-N 的信号中分出低速支路信号。请注意，它的线路端口输入/输出一路 STM-N 信号，而支路端口却可以输出/输入多路低速支路信号。在将低速支路信号复用进 STM-N 帧（将低速信号复用到线路）上时，有一个交叉的功能，例如，可将支路的一个 STM-1 信号复用进线路上的 STM-16 信号中的任意位置上，也就是指复用在 1～16 个 STM-1 的任一个位置上。将支路的 2Mbit/s 信号可复用到一个 STM-1 中 63 个 VC12 的任一个位置上去。

2. 分/插复用器（ADM）

分/插复用器用于 SDH 传输网络的转接站点处，例如，链的中间结点或环上结点是 SDH 网上使用最多、最重要的一种网元，它是一个三端口的器件，如图 5-19 所示。

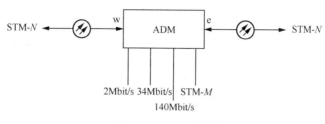

图 5-19 ADM 模型

注：$M < N$。

ADM 有两个线路端口和一个支路端口。两个线路端口各接一侧的光缆（每侧收/发共两根光纤），为了描述方便，我们将其分为西（W）向、东向（E）两个线路端口。ADM 的作用是将低速支路信号交叉复用进东向或西向线路上去，或从东侧或西侧线路端口收的线路信号中拆分出低速支路信号。另外，还可将东向、西向线路侧的 STM-N 信号进行交叉连接，例如，将东向 STM-16 中的 3 号 STM-1 与西向 STM-16 中的 15 号 STM-1 相连接。

ADM 是 SDH 最重要的一种网元，通过它可等效成其他网元，即能完成其他网元的功能，例如，一个 ADM 可等效成两个 TM。

3. 再生中继器（REG）

光传输网的再生中继器有两种，一种是纯光的再生中继器，主要进行光功率放大以延长光传输距离；另一种是用于脉冲再生整形的电再生中继器，主要通过光/电变换、电信号抽样、判决、再生整形、电/光变换，以达到不积累线路噪声，保证线路上传送信号波形的完好性。此处讲的是后一种再生中继器，REG 是双端口器件，只有两个线路端口——W、E，如图 5-20 所示。

图 5-20 电再生中继器

再生中继器的作用是将 w/e 侧的光信号经 O/E、抽样、判决、再生整形、E/O 在 e 或 w 侧发出。我们注意到 REG 与 ADM 相比仅少了支路端口，所以若 ADM 本地不上/下话路（支路不上/下信号）时，完全可以等效一个 REG。

真正的 REG 只需处理 STM-N 帧中的 RSOH，且不需要交叉连接功能（w—e 直通即可），而因为 ADM 和 TM 要完成将低速支路信号分/插到 STM-N 中，所以不仅要处理 RSOH，而且还要处理 MSOH；另外，ADM 和 TM 都具有交叉复用能力（有交叉连接功能），因此，用 ADM 来等效 REG 有点大材小用了。

4. DXC 数字交叉连接设备

数字交叉连接设备完成的主要是 STM-N 信号的交叉连接功能，它是一个多端口器件。它实际上相当于一个交叉矩阵，完成各个信号间的交叉连接，如图 5-21 所示。

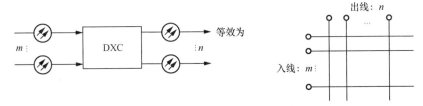

图 5-21　DXC 功能

DXC 可将输入的 m 路 STM-N 信号交叉连接到输出的 n 路 STM-N 信号上，图 5-24 表示有 m 条入光纤和 n 条出光纤。DXC 的核心是交叉连接，功能强的 DXC 能完成高速（例 STM-16）信号在交叉矩阵内的低级别交叉（例如，VC12 级别的交叉）。

第五节　调度自动化系统辅助环境

一、机房 UPS

机房供电系统中的主要设备为不间断电源（UPS）系统。UPS 系统是采用蓄电池通过逆变的方式供电给后端负载，平时处于在线式滤波稳压工作方式，停电后启动电池组逆变供电给负载。

1. UPS 基本结构

不间断电源（Uninterruptible Power Supply，UPS）的电路结构形式多种多样，各种结构形式 UPS 的出现与当时的电路技术水平、半导体器件（主要指功率半导体器件和控制组件）的发展水平，以及实际应用的需要等因素有密切的关系。对 UPS 的电路结构形式进行分类的方法有很多，如：

（1）按动静分类，可分为旋转型、动静型和静止型。

（2）按功率分类，可分为小功率、中功率和大功率。

（3）按输出波形分类，可分为方波（准正弦波）和正弦波。

（4）按输出电压的相数分类，可分为单相和三相。

（5）按不停电供电方式分类，可分为在线式、后备式和在线互动式。

普遍应用的主流产品是静止变换型 UPS，包括后备式、在线互动式和在线式。

2．UPS 系统组成

（1）充电器。充电器由晶闸管三相全控整流桥功率电路和相应的控制电路组成。它将电源 1 输入的交流电变换成直流电，供给电池组充电及逆变器的输入，其性能的优劣直接影响 UPS 的输入指标。另外，它的整流电路部分一般采用晶闸管整流器或二极管与绝缘栅双极晶体管（Insulated Gate Bipolar Transistor，IGBT）组合型整流器。

（2）静态开关。静态开关是为提高 UPS 系统工作的可靠性而设置的，能承受负荷的瞬时过负荷或短路，由反并联的晶闸管功率电路和相应的控制电路组成。因 UPS 的逆变器采用电子器件，如 IGBT 的过负荷能力仅为 125%，当 UPS 供电系统出现过负荷或短路故障时，UPS 将自动切换到旁路，以保护 UPS 的逆变器不会因过负荷而损坏。UPS 供电系统转入旁路供电后，是由市电直接供给负荷的。市电的系统容量大，可提供足够的时间，因此，过负荷或短路回路的断路器跳闸，待系统切除过负荷或短路回路后，旁路断路器将自动转换回由逆变器继续向其他负荷供电。它实现负荷在逆变器与旁路电源两者之间的不间断切换。静态开关为智能型大功率无触点开关，转换时间为 2~3ms。

（3）电池电路由可充电的电池组组成，将直流能量储存在电池组中。当电源 1 停电或超限时，向逆变器电路释放能量，以对负荷进行后备式（backup）的供电。

（4）各种隔离保护装置。

Q1 为整流器输入开关，QF1 为电池电路保护断路器，Q4S 为静态旁路输入开关，Q5N 为逆变器输出开关，Q3BP 为手动维修旁路开关。

UPS 的旁路开关又分为静态旁路开关和动态旁路开关：

1）静态旁路开关为无触点开关，由晶闸管开关器件构成。所谓电子式静态转换开关，是将一对反向并联的快速晶闸管连接起来，作为 UPS 在执行由市电旁路供电至逆变器供电切换操作时的元件。由于快速晶闸管的接通时间为微秒级，同小型继电器毫秒级的转换时间相比，它只是小型继电器的千分之一左右。因此，依靠这种先进技术，可以对负荷实现转换时间为零的不间断供电。正常工作时，只有逆变器供电回路或交流旁路电源回路之中的一路电源向负荷供电。只有当 UPS 需求执行由交流旁路电源供电至逆变器供电切换操作时，才会出现短暂的（几毫秒至几十毫秒）两路交流电源在时间上重叠向负荷供电的情况。静态开关可以将转换时间缩短到毫秒级以下，甚至 $100\mu s$ 以内，但损耗较大。

2）动态旁路开关为有触点开关，由接触器、断路器构成，靠机械动作完成转换。动态旁路开关转换过程会有几十毫秒的供电中断，故不能应用于重要的负荷场合，现代的 UPS 已很少采用。

3. UPS 工作原理

（1）后备式 UPS 工作原理。当电网供电正常时，一路市电通过整流器对蓄电池进行充电，而另一路市电通过自动稳压器初步稳压，吸收部分电网干扰后，再由旁路转换开关直接给负荷供电。此时，蓄电池处在充电状态，直到蓄电池充满而转入浮充状态。UPS 相当于一台稳压性能较差的稳压器，仅对市电电压幅度波动有所改善，对电网上出现的频率不稳、波形畸变等"电污染"不作任何调整。当电网电压或电网频率超出 UPS 的输入范围时，即在非正常的情况下，交流电的输入已被切断，充电器停止工作，蓄电池进行放电。在控制电路的控制下，逆变器开始工作，使逆变器产生 220V、50Hz 的交流电，此时，UPS 供电系统转换为由逆变器继续向负荷供电。后备式 UPS 的逆变器总是处于后备供电状态。从后备式 UPS 的工作原理可以看出，在大部分供电时间内，负载所使用的电源就是市电（或经过调压器简单调压的市电），负荷还是会承受从市电网络进来的浪涌、尖脉冲干扰、频率漂移等不良影响。显然，这时的 UPS 实质上是一台稳压器，只能对市电的高低压问题有所改善，而不能解决大部分市电供电问题，它是一种价格便宜、技术含量较低的 UPS，适合不太重要的普通电脑使用。

（2）后备式 UPS 特点。

1）后备式 UPS 的优点。产品价格低廉，运行费用低。由于在正常情况下，逆变器处于非工作状态，电网能量直接供给负载，因此，后备式 UPS 的电能转换效率很高。蓄电池的使用寿命一般为 3~5 年。

2）后备式 UPS 的缺点。当电网供电出现故障时，由电网供电转换到逆变器供电存在一个较长的转换时间，对于那些对电能质量要求较高的设备来说，这一转换时间的长短是至关重要的。再者，由于后备式 UPS 的逆变器不经常工作，因此，不易掌握逆变器的动态状况，容易形成隐性故障。后备式 UPS 一般应用在一些非关键性的小功率设备上。

（3）在线式 UPS 工作原理。所谓在线式，是指不管电网电压是否正常，负载所用的交流电压都要经过逆变电路，即逆变电路始终处于工作状态。在线式UPS一般为双变换结构。所谓双变换是指当UPS正常工作时，电能经过了AC/DC、DC/AC两次变换后再供给负荷。

当在线式 UPS 在电网供电正常时，电网输入的电压经过噪声滤波器去除电网中的高频干扰，以得到纯净的交流电。然后一路进入充电器对蓄电池充电，另一路进入整流器进行整流和滤波，并将交流电转换为平滑直流电供给逆变器，而逆变器又将直流电转换成 220V、50Hz 的交流电供负荷使用。

当发生市电中断时，交流电的输入已被切断，整流器不再工作，此时，蓄电池放电把能量输送到逆变器，再由逆变器把直流电变成交流电，供负荷使用。因此，对负荷来说，尽管市电已不复存在，但此时负荷并未因市电中断而停运，仍可以正常工作。

（4）在线式 UPS 的特点。无论市电正常与否，在线式 UPS 的逆变器始终处于工作状态。逆变器具有稳压和调压的作用，因此，在线式 UPS 能对电网供电起到"净化"作用，同时具有过负荷保护功能和较强的抗干扰能力，供电质量稳定可靠，但其价格较贵。在线式 UPS 从根本上完全消除了来自市电的任何电压波动和干扰对负荷工作的影响，真正实现了对负荷的无干扰、稳压、稳频供电。在线式 UPS 输出的正弦波的波形失真系数小，一般市售产品的波形失真系数均在 3% 以内。

当市电供电中断时，UPS 的输出不需要开关转换时间，因此，其负荷电能的供应是平滑稳定的。在线式 UPS 能实现对负荷真正的不间断供电，因此，从市电供电到市电中断的过程中，UPS 对负荷供电的转换时间为零。

二、机房精密空调

机房空调是一种专供机房使用的高精度空调，因其不但可以控制机房温度，也可以同时控制湿度，因此也叫恒温恒湿空调机房专用空调机。另因其对温度、湿度控制的精度很高，亦称机房精密空调。

1. 精密空调的结构及工作原理

精密空调主要由压缩机、冷凝器、膨胀阀和蒸发器这 4 大部件组成。压缩机将经过蒸发器后吸收了热能的制冷剂气体压缩成高压气体，然后送到室外机的冷凝器。冷凝器将高温高压气体的热能通过风扇向周围空气中释放，使高温高压的气体制冷剂重新凝结成液体，然后送到膨胀阀。膨胀阀将冷凝器管道送来的液体制冷剂降温后变成液、气混合态的制冷剂，然后送到蒸发器回路中去。蒸发器将液、气混合态的制冷剂通过吸收机房环境中的热量重新蒸发成气态制冷剂，然后又送回到压缩机，重复前面的过程。

精密空调的构成除了上面介绍的压缩机、冷凝器、膨胀阀和蒸发器外，还包括风机、空气过滤器、干燥过滤器、加湿器、加热器、视液镜、储油罐、电磁阀等，因此，在日常的机房管理工作中，对精密空调的管理和维护主要是针对以上部件去维护的。

2. 精密空调的日常维护管理

（1）控制系统的维护。对空调系统的维护人员而言，在巡视时第一步就是看空调系统是否在正常运行，因此首先要做以下一些工作：

1）从空调系统的显示屏上检查空调系统的各项功能及参数是否正常。

2）如有报警的情况，要检查报警记录，并分析报警原因。

3）检查温度、湿度传感器的工作状态是否正常。

4）对压缩机和加湿器的运行参数记录核对。

（2）压缩机的巡回检查及维护。

1）听：用听声音的方法，能较正确地判断出压缩机的运转情况。

2）摸：用手摸的方法，可知其发热程度，能够大概判断是否在超过规定压力、规定温度的情况下运行压缩机。

3）看：主要是从视夜镜观察制冷剂的液面，看是否缺少制冷剂。

4）量：主要是测量在压缩机运行时的电流、吸排气压力，以及吸排气温度，能够比较准确地判断压缩机的运行状况。

3. 冷凝器的巡回检查及维护

（1）需要检查冷凝器的固定情况，看冷凝器的固定件是否有松动的迹象，以免对冷媒管线及室外机造成损坏。

（2）检查冷媒管线有无破损的情况，检查冷媒管线的保温状况。

（3）检查风扇的运行状况，主要检查风扇的轴承、底座、电机等的工作情况。

（4）检查冷凝器是否脏堵，从而影响冷凝器的冷凝效果。检查冷凝器的翅片有无破损的状况。

（5）检查冷凝器工作时的电流是否正常，从工作电流也能够进一步判断风扇的工作情况是否正常。

（6）检查调速开关是否正常。检查调速开关时主要是看在规定的压力范围内，调速开关能否正常控制风扇的启动和停止。

4. 加湿系统的巡检及维护

（1）检查空调加湿罐，如果沉淀物过多而又不及时冲洗的话，就容易在电极上结垢，从而影响加湿罐的使用寿命。

（2）检查上水和排水电磁阀的工作情况是否正常。

（3）检查加湿罐排水管道是否畅通。

（4）检查蒸汽管道是否畅通，保证加湿系统的水蒸气能够正常为计算机设备加湿。

（5）检查漏水探测器是否正常。

5. 空气循环系统的巡回检查及维护

（1）检查机房内的气流状况，看是否有气流短路的现象发生。如果有上述现象，应及时调整。

（2）检查空调过滤器是否干净，若有脏污，应及时更换或清洗。

（3）检查风机的运行状况，主要是检查风机各部件的紧固及平衡情况，检查轴承、皮带、共振等情况。

（4）测量电动机运转电流是否在规定的范围内，根据测得的参数也能够判断电动机是否是正常运转。

（5）测量温度、湿度值，并与面板上显示的值进行比较，如有较大的误差，应进行温度、湿度的校正。如果误差过大，应分析原因，可能有两种原因：一是控制板出现故障；二是温度、湿度探头出现故障，需要更换。

（6）检查计算机及其他需要制冷的设备进风侧的风压是否正常。

三、机房动力环境监控

机房环境和动力监控系统主要通过 TCP/IP 协议把各机房内的设备监控信息传送到控制中心，同时对设备运行状况进行判断。当设备出现异常时，则通过电话、手机短信等方式向管理中心及相关的值班人员传递信息，做到对故障的快速响应和及时处理。

1. 平台结构

系统整体设计需要采用分布式结构，系统软件基于实时多任务操作系统，在图形用户界面（GUI）环境中，以控件组态的方式构造监控系统。

系统需要采用模块化结构，以提高系统稳定性，并为将来的维护和扩展提供便利。系统数据库采用 SQL Server2000，与数据库接口采用 ODBC 技术，使系统从根本上脱离了数据库的限制，也就是可支持各种类型数据库。

2. 平台性能

（1）稳定性。系统能够 7×24×365 不间断地连续工作，平均无故障时间（MTBF）大于 20 万 h，平均修复时间（MTTR）小于 2h。

（2）扩展性。系统需要采用模块化设计，以方便维护和扩展，并保证某一机房设备出现故障时，其他机房设备不受影响。

系统需要预留自定义报表功能接口：通过自定义报表功能，用户可结合本单位的实际情况，加入本单位的计算公式，按需要设置系统报表的生成格式，过滤无关数据，使其显示真实有效的、具有针对性的报表内容，并可按需定制日报表、周报表、月报表、季报表、年报表等各种报表。系统需预留智能排班功能接口：通过智能排班功能，用户可根据预先设置的规则自动调整值班班次，实现自动通知管理人员值班、值班情况考勤管理等功能。

系统需要支持 RS-232、RS-485、RS-22、TCP/IP、SNMP、OPC、DDE、ModBus ASCII、LonkWorks、BACnet 等各种标准化协议和接口，以快速方便地将各监控对象集成到系统中。

（3）安全性。系统应具备完善的安全防范措施，对所有操作人员按其工作性质分配不同的权限，并有完善的密码管理功能，有效地保证系统及数据的安全。

在排除硬件及监控设备本身的故障时，系统的误报率要求小于 0.1%。系统能够自动检测各监控模块故障、传感器（模拟量）故障以及各智能设备与监控系统之间、各监控子系统之间的通信是否正常。一旦发现通信故障（包括系统本身的硬件故障），系统能在第一时间发出报警信息。

3. 平台模块

监控平台主要模块功能有动力系统监控管理、环境系统监控管理、安防系统监控管理，下面具体说明：

（1）机房动力系统监控管理模块。该模块主要包含了 UPS 电源监测，基本确保用户在机房供电系统中的市电供电安全，UPS 供电安全，以及最后各路开关的供电安全。

UPS 和直流屏监测系统通过 UPS 厂家提供的串口通信协议及通信接口，对 UPS 进行全面系统的监测与诊断。一旦有故障发生，自动弹出报警画面，通过多媒体声音和电话语音报警，告知相关人员。

配电和开关状态监测。一旦供配电系统工作状态不正常，系统会弹出报警画面，通过多媒体语音、电话语音报警，告知值班人员。

（2）机房环境系统监控管理模块。该模块负责精密空调监控、漏水监控、温湿度探测器监控、烟感探头监控，确保机房和变电站的环境安全管理。

精密空调监测。采用 RS-485 总线通信方式，通过精密空调厂家提供的通信协议及通信接口，对空调运行状态及参数进行监控。一旦有故障发生，自动弹出报警画面，通过多媒体语音和电话语音报警，告知相关人员。

漏水检测系统。对于计算机机房，防水患和泄漏是十分重要的，机房地板下面强电、弱电线槽线缆分布密集，一旦发生漏水，造成的损失将是巨大的。由于机房空调、水管、暖通漏水，以及窗户、天花、外墙渗漏的情况时有发生，为能及时发现险情，在机房里安装泄漏监测系统极为必要。

温湿度监控。对面积较大的机房，由于设备分布、送风分布等因素影响，机房不同区域的温度、湿度不一致，偏移较大的地方对设备的工作状态存在潜在的影响，因此，应安装温度、湿度检测系统，监测温度、湿度变化状况，及时报告预警信息。监控系统以直观的画面实时显示温度、湿度数据和变化曲线，并可根据需要人工设定温度、湿度报警的阈值，包括超低值、低值、高值、超高值，一旦温湿度达到相应的阈值，就会进行越限报警，自动弹出报警画面，通过多媒体声音、电话语音报警告知相关人员。

四、调度大屏及可视化

1. 调度大屏

大屏幕投影显示系统主要由显示子系统和控制子系统组成。控制子系统将按照用户要求的显示内容和显示方式，驱动投影墙显示相应的计算机图文信息和视频图像信息。其中，显示子系统由 $m \times n$ 个投影单元组成，控制子系统由控制器和辅助设备组成。

显示子系统是整个大屏幕投影系统图像处理的最终单元，投影机阵列将完成各种数据处理后的投影显示，投影机的性能和技术指标决定整个系统的显示效果。投影机型主要有 CRT 管投影机、LCD 液晶投影机、DLP 媒体全数码投影机这 3 种。前两者属于投射方式成像，DLP 属于反射方式成像。CRT 管投影机通过红、绿、蓝 3 只显像管投影图像，并在屏幕上会聚产生彩色图像，其优点是分辨率高，缺点是亮度低、对安装环境要求较高、安装程序复杂、不易维护，因此，它不太适合用于组合拼接，而更适合单机工作方式。LCD 液晶投影机采用金属卤素等作为光源，后来又发展了高端液晶显示（AP/LCD）技术，缺点是图形有颗粒感，在长期连续运行方面不如 DLP。DLP 是以微型镜片组成的数字微型镜装置成像，DLP技术投影系统的特点是体积小、全数字化处理、失真小、亮度高、均匀性好、图像清晰、工作稳定、易于维护。综上所述，DLP技术是最适合用于多屏拼接系统的。大屏幕投影显示系统是由显示控制器驱动成 $m \times n$ 排列的投影系统。控制器可采取硬件拼接、软件拼接两种方式，前者即所接入工作站的显示器上有什么则显示什么；后者以网络连接的方式，可将应用系统的图文信息以窗口方式显示在大屏幕上。

2. 可视化

随着地区经济的发展和产业的升级，各层级对供电可靠性和服务水平有了更高的要求，为此电网企业不断引入更多创新科技和自动化系统，电网的安全稳定运行得了极大的提升，但同时也带来了海量数据及大量监测、分析、计算结果不易表达等问题，如"信息孤岛"严重，各部门各平台数据信息无法实现融合、信息共享，不能进行相关系统的系统联动等，使日常工作效率难以提高也为调度指挥的开展带来了极大的复杂度。因此，急需一套能够智能、全面地辅助调度指挥人员快速开展工作的可视化平台。

调度可视化系统能够打通规划建设、生产运行、供电服务等各领域之间的壁垒，推进横向协同、纵向贯通，从而提升公司电网"资源统筹能力、事件预警能力、快速响应能力和服务管控能力"。应充分利用可视化技术、数据挖掘等先进的技术和算法建设调度可视化系统，通过组织、提取、集成、展现反应电网运行、设备检修、用户投诉等关键技术指标，将原本分散在各专业系统的多种信息按照不同主题关联、串接起来，达到满足调度监控运行、应急处置及对外展示的需要，同时通过提供实时在线、全景视角的生产经营状况视图，满足战略层、管理层和操作层对调度业务综合可视化展现和分析决策的需求，以整体、形象、动态、丰富的多元化方式支持调度运行分析。

调度可视化系统从根本上而言是建立在现有各专业系统的基础上，找出大量数据的内在联系，按照层次、主从、逻辑等关系进行组织，最终用可视化手段展现出来。

整个系统架构由数据接口层、综合数据层、应用服务层和终端展现层组成。

（1）数据接口层主要负责数据信息的接入。系统从包括 D5000 系统、OMS 系统、配电自动化系统、供电服务指挥系统等系统中集成各类数据。这些数据以国家电网规定的各种标准接口方式，利用 ESB 数据服务总线，通过系统接口层配置的模型/数据图形适配器后接入系统。

（2）综合数据层的主要作用是对接入系统的数据进行存储、维护、挖掘整合、管理及发布。针对不同的数据类型及数据用途，系统分别配有关系库及实时库。

（3）应用服务层主要是针对应用层面提供一系列服务进程，包括数据分析、图形服务、报表服务及平台管理类服务等。通过该层的处理，原始数据将会按时间流、能量流、业务流、事件流等主线获得再加工。

（4）终端展现层：该层的作用是将处理好的数据信息按业务主题在大屏、移动终端、桌面终端上用可视化技术展现。

第六节　调度自动化系统运行管理

一、调度自动化系统运维管理

1. 运维对象管理

调度自动化系统运维工作分为主站（分站）和厂站两类，涵盖系统硬件设备、软件平台、运维业务、专业支撑和同业对标等。主站运维工作旨在保障系统和相关设备的安全、可靠、稳定运行，实现各专业运维需求，提升技术支撑能力。运维对象包括且不仅限于以下内容：

（1）调度自动化系统（含备调、县调分站、集控分站）及其设备（简称 EMS）。功能应用包括数据采集与集中监控、省地互联转发与接收、高级应用（网络拓扑分析、状态估计、自动电压控制）、报表服务、Web 镜像发布，以及各类接口（三类文件、新能源转发、电能质量、OP 互联）等。硬件设备包括服务器、磁盘阵列、工作站、网络交换设备、同步时钟装置及其网线、光纤、电源线缆等。运维业务包括远动通道调试、图形编制、模型维护、监控信息接入及责任分流、采样定义、公式定义、AVC 闭环测试、报表编制、数据库维护、用户权限管理、日常巡视、缺陷处理、统计分析与报送等。

（2）电能量计量系统及其设备（TMR）。功能应用包括电量采集、损耗统计、报表服务、Web 镜像发布，以及同期线损接口等。硬件设备包括服务器、磁盘阵列、同步时钟装置、电话拨号通信装置、无线通信装置及其网线、光纤、电源线缆等。运维业务包括采集通道调试、关口档案维护、损耗模型维护、数据展示与统计、异动事项编辑、报表编制、数据库维护、用户权限管理、日常巡视、缺陷处理、统计分析与报送等。

（3）调度管理系统及其设备（OMS）。功能应用包括调度操作票、一次检修票、保护定值单、自动化检修票、电力监控工作票、自动化工作任务单等流程服务，以及文档信息发布、台账管理、用户权限管理等。硬件设备包括服务器、磁盘阵列及其网线、光纤、电源线缆等。运维业务包括各类工作流程维护、文档信息上传、新闻发布、用户权限管理、日常巡视、缺陷处理等。

（4）调度数据网络及其设备（简称数据网）。功能包括为调度自动化各系统提供网络通信基础，以及设备节点管理和配置手段等。硬件设备包括网管服务器、核心路由器、汇聚路由器、接入路由器、交换机及其网线、光纤、电源线缆等。运维业务包括调度数据网设备配置、日常巡视、缺陷处理、统计分析与报送等。

（5）网络安全防护管控平台及其设备（简称安防）。功能包括为调度自动化各系统提供安全防护基础，以及设备节点管理和配置手段等。硬件设备包括服务器、网络交换设备、电力专用横向隔离装置、纵向加密认证装置、拨号认证网关、入侵检测装置、防火墙、网络安全监测装置、安全接入网管及其网线、光纤、电源线缆等。运维业务包括安防设备节点接入、隧道调试、访问控制策略配置、告警监视与处置、日常巡视、缺陷处理、统计分析与报送。

（6）调控云平台。运维业务包括电网一次、二次设备台账、模型、人员信息等维护。

（7）机房辅助设施。功能包括为调度自动化各系统提供环境、电源等运行基础，为维护人员维护界面和监视管控等提供技术手段。硬件设备包括机房精密空调、环境监控系统、消防联动系统、KVM 矩阵/收发器、专用 UPS 电源、门禁等。运维业务包括日常巡视、缺陷处理、统计分析等。

（8）调度大屏及其设备。功能应用包括为调度大厅提供自动化系统相关信息大屏展示，具备界面配置工具等。硬件设备包括服务器、显示屏矩阵及其视频线、网线、电源线缆等。运维业务包括数据转发接口维护、日常巡视、缺陷处理等。

（9）厂站运维工作旨在保障厂站自动化设备的安全、可靠、稳定运行，为主站系统运行提供源端数据支撑，包括且不仅限于以下内容：

1）调度数据网路由器及交换机、纵向加密装置、网络安全监测装置的安装、电源接入、更换、调试、缺陷处理等。

2）调度数据网路由器至通信传输 2M 线缆，网络安全监测装置至变电站站控层交换机等设备网线。

3）上述设备所在屏柜至站内 UPS 屏、通信 220V 电源屏、直流电源屏、通信直流屏和交流电源屏电源线缆。

2. 运维值班管理

自动化运维班运行值班实行 24h 轮班制。重要节假日、特殊时期可根据需要增加值班人数。运维人员必须按预先安排的值班轮值表值班，不得随意调班。运行值班人员遇特殊情况需换班的，应至少提前 1d 进行安排，经班长同意批准，并修改 OMS 排班表。

值班人员必须经过专业培训及考试，并定期参加公司组织的安规考试，合格后方可上岗。脱离岗位半年以上者，上岗前重新进行考核。

值班人员应身体健康，每年进行体检，无影响工作的疾病。遵守公司防疫的各项规定，不得向公司隐瞒传染性疾病。

值班人员应每年签订《安全保密协议》及《安全承诺书》，在工作中接触到的或以任何方式获得的企业及数据信息，未经许可，不得泄露。信息包括但不限于如下所列：商业秘密、技术秘密、通信或与其相关的其他信息；无论是书面的、口头的、图形的、电磁的或其他任何形式的信息；包括（但不限于）数据、模型、技术、方法和其他信息均为承诺保密的专有信息。

值班人员必须保持 24h 手机开机，并及时接听机房电话和接收告警短信息。值班期间不得远离机房操作间，随时保证 5min 之内到达自动化机房，特殊情况需离开大楼，应交待其他班组人员临时顶替。

自动化运维班运行值班实行交接班制度。每日交接班时间为上午 8:30，交班人员应提前 30min、接班人员应提前 10min 进值班操作间，认真做好交接班工作。值班员在交班前，必须将当班时的各项事务提前进行梳理，填写值班记录，做好交接班的准备。交接班的内容应包括：系统和设备的运行情况（包括自动化各系统、UPS、空调等），厂站遗留缺陷和联系处理情况，其他需交代的事项；出现下列情况时，值班人员应延时交班或按领导指示继续值班：

（1）当班出现的故障正在处置时。

（2）遇突发事件未处置完时。

（3）当班需完成的工作未完成时。

（4）机房尚有其他人工作时。

（5）因临时工作需要时。

交接班时，当交班值班员交代完毕本值情况，接班值班员确认接班后，方为交接班完毕。

值班期间必须严格认真，坚守岗位，按要求定时巡视系统软、硬件及机房辅助设施的运行情况（包括 EMS 系统、OMS 系统、电能量计量系统、UPS 电源、蓄电池、空调等），并认真作好记录，建立运行日志。

值班人员负责对值班期间出现的各种异常现象进行处理，处理不了时，应立即通知班长及相关专责处理。系统发生重要故障或事故，还必须及时汇报分管领导，同时抓紧时间进行恢复处理。

值班期间的运行日志必须填写规范，内容详尽。故障或缺陷的发现和处理过程必须及时在 OMS 缺陷处理模块中进行记录。对需要遗留至下一班的故障或缺陷，应在当班期间了解清楚情况，并在日志中做好记录，同时向下一班交待清楚。

值班期间负责机房的安全管理工作，熟悉消防器材的使用，严格按照《电力调度控制中心外来人员管理制度》，做好外来人员的管理和机房外来人员出入登记；前来参观、调研的外来人员，必须获得中心领导批准，由中心相关人员陪同；前来进行系统安装、调试、维护、缺陷处理等的外来人员，必须办理相关手续"检修申请单"或"工作联系单"。

值班期间保持自动化机房及值班场所运行环境的整洁。每个工作日白班结束前，值班人员应做好机房及值班场所的清扫、保洁工作。

3. 系统巡视管理

自动化运维班应在主站安排专人负责系统每日巡视和记录，自动化系统巡视工作主要分为设备巡视和应用情况巡视，以及机房动力环境巡视。

（1）自动化系统设备巡视。日常检查自动化机房内服务器、工作站、网络安防类等全部设备和调控中心调控大厅机房内调度大屏服务器、调度员工作站的运行工况（通过各指示灯、面板等），填写《自动化机房设备巡视记录表》，巡视频率不少于 1 次/d。

（2）自动化系统应用情况巡视。重点检查 220kV 厂站基础数据（遥信、遥测），日常检查能量管理系统（EMS）及备调的节点工况、功能服务、厂站通道、母线平衡、状态估计、电网跳闸信号、电子短信告警等，电能量计量系统的节点工况、数据采集情况、功能服务等，网络安全管理平台的节点工况、功能服务、紧急告警事件、厂站纵向加密在线率/密通率指标，调度管理系统的节点工况、功能服务，巡视频率不少于 1 次/d。

（3）自动化机房动力环境巡视。主要包括机房温度、湿度环境需要满足 A 类机房运行标准，机房 UPS 电源指示灯有无告警、有无过负荷、有无发热，巡视频率不少于 1 次/d。

（4）巡视人员务必认真、如实地依照《调度自动化主站系统巡视标准化作业指导卡》逐项填写巡视记录。巡视过程中发现异常情况，记录在巡视表备注栏。巡视过程中发现缺陷及隐患时，应按《自动化主站系统缺陷管理规定》规定的缺陷处理流程处理，并记录缺陷情况，不得省略相关缺陷处理手续而直接处置。巡视记录有序归档，保存一年。

二、调度自动化系统设备管理

1. 设备检修管理

自动化设备检修分为计划检修、临时检修和故障抢修。计划检修是指纳入年、月、日计划的检修工作；临时检修是指须及时处理的重大设备隐患、故障善后工作等；故障抢修是指由于设备健康或其他原因，影响业务正常运行，须立即进行抢修恢复的工作。

当电网一次设备和保护、通信等设备因基建、改造和检修工作影响自动化系统（设备）业务正常运行时，其检修工作票应经过自动化专业会签。

（1）下列工作应在 OMS 中办理自动化检修申请票。

1）220kV 变电站的单元设备修校试、改造调试、缺陷处理，以及母线、母联断路器、主变压器及三侧所属断路器、电压互感器、220kV 输电线路、电容器、站用变压器等一次设备需停电的工作。

2）220kV 变电站远动装置、电能量计量装置、保护信息子站、故障录波装置、调度数据网设备、二次系统安全防护设备的调试、处缺工作。

3）110kV 新能源发电厂远动装置、电能量计量装置、风光功率预测装置、调度数据网设备、二次系统安全防护设备的调试、处缺工作。

4）调度自动化系统主站工作。

5）其他影响省调自动化系统信息采集的工作。

（2）主站安排专人负责 OMS 检修申请票发起和周清理闭环检查。应在计划检修工作前两个工作日申报计划检修票，一般在每周最后一个工作日根据 OMS 系统首页挂网的下周停电计划，结合班组负责人通知的工作（提前两个工作日通知），申报下周计划检修申请票。临时检修工作应至少提前 4h 向省调填报自动化设备检修申请票。

（3）计划检修工作检修申请票中的计划开工时间，填写检修工作开工日 8:30，完工时间应尽量延后至当周的最后一个工作日的 18:00，且不得跨月。临时检修工作计划开工时间应滞后申请时间 2h，完工时间应尽量延后至两个工作日的 18:00，且不得跨月。

（4）自动化检修申请票应使用规范的设备名称、编号和规范的电网调度用语、自动化专业术语，并应严格按照"调度自动化系统、设备检修流程（SOP）"要求，明确填写检修对象和检修时间，详细描述检修工作内容和影响范围，并制定相应的安全措施。检修内容描述准确、详尽，影响范围按照：影响省调系统省调接入网/地调接入网实时业务、影响省调系统非实时业务、断路器/隔离开关位置频繁动作、影响虚位隔离开关遥信位置或状态4个方面综合填写，安全措施根据影响范围填写联系省调值班员/安防运维组/数据网运维组开工、封锁省调接入网/地调接入网104通道、检修设备挂牌、封锁隔离开关遥信位置、核对数据后方可报完工等。其中，省调系统非实时业务受影响的情况根据具体工作内容填写。

（5）故障抢修流程在故障抢修工作开始前发起并保存，完工后填写完成并"报省调"闭环归档，如实反映故障抢修情况，OMS检修票中无申请时间和计划开工、完工时间要求。另外，故障抢修工作应先由班组负责人与省调专责沟通，争取申报临时检修，否则按故障抢修流程。

（6）已批准的自动化检修申请票，地调自动化检修专责人应根据现场实际情况按规定开工前、完工后向省调自动化值班人员办理开工和竣工手续。

（7）临时检修申请票（故障抢修工作）和故障抢修申请票流程完成后，应根据省调专责要求，启动OMS缺陷流程，缺陷内容、影响范围、处理情况和各时间节点如实填写。

2. 设备缺陷管理

自动化缺陷定级，由自动化专业负责运维和归口。技术管理的系统和设备出现缺异常情况均列为缺陷，根据威胁安全的程度，分为紧急缺陷、重要缺陷和一般缺陷。

（1）紧急缺陷是指已经引发调度自动化系统、调度管理系统或厂站管理的故障或事故，必须马上处理的缺陷。紧急缺陷包括但不限于以下情况：

1）EMS设备或软件故障直接引发的功能应用异常，如系统平台、前置采集、图形显示、数据处理与存储、电网模型、状态估计、自动电压控制（AVC）、日前调度计划、系统对时、实时告警等核心功能应用。

2）与省级调度系统的计算机通信链路中断或上传数据不刷新。

3）OMS设备或软件故障直接引发的功能应用异常，如操作票管理、检修票管理、方式单管理、设备变更管理等核心功能应用。

4）调度数据网络主站骨干网、接入网设备故障。

5）二次系统安全防护主站核心节点设备故障。

6）可能导致自动化主机房精密空调双机故障停机，自动化小机房精密空调停机的设备缺陷。

7）可能导致调度自动化系统设备失去有效供电的设备缺陷，如UPS电源故障。

8）调度、监控、配调、县调或自动化全部工作站故障停机。

9）非计划性工作引起的省、地调主站接收厂站实时业务中断。

10）省调直采厂站调度数据网路由器单节点运行。

11）省调直采厂站远动通信工作站单节点运行。

12）省调直采厂站遥信、遥测数据异常。

（2）重要缺陷。指对调度自动化系统、调度管理系统或变电管理的正常运行有一定影响，但短时期内不会引发故障或事故，必须限期处理的缺陷。重要缺陷包括但不限于以下情况：

1）EMS 设备或软件故障直接引发的功能应用异常，如报表服务、历史数据调用、告警查询、Web 发布等一般功能应用。

2）TMR 设备或软件故障直接引发的功能应用异常，如系统平台、前置采集、数据处理与存储、Web 发布、同期线损接口等一般功能应用。

3）OMS 设备或软件故障直接引发的功能应用异常，如自动化工作任务单管理、监控信息接入管理等一般功能应用。

4）主站系统服务器单机运行。

5）可能导致自动化主机房精密空调单机故障停机的设备缺陷。

6）自动化环境监控系统、消防联动系统、电子值班告警故障停运。

7）调度、监控、配调、县调或自动化部分工作站故障停机。

8）地调主站与厂站实时业务正常但部分通道中断。

9）非计划性工作引起的省、地调主站接收厂站非实时业务中断。

10）厂站二次系统安全防护设备停运。

11）地调直采厂站大量遥信、遥测数据异常或不同通道上送数据不一致。

（3）一般缺陷。指对自动化系统、调度管理或变电管理无明显影响，在较长时间内不会引发故障或事故，但应安排处理的缺陷，包括但不限于以下情况：

1）地区变电站关口表计计量异常或采集失败。

2）省、地调主站接收实时业务遥信、遥测 SOE 时间不准。

3）地调直采厂站个别遥信、遥测数据异常。

缺陷处理时间要求：紧急缺陷应在 4h 内消除或降低缺陷等级，重要缺陷应在 24h 内处理并在 72h 内消除或降低缺陷等级，一般缺陷两周内消除。

（4）自动化缺陷发现、上报与处理。

1）调度自动化系统异常状况或缺陷主要由系统巡视、电子值班告警、日常维护、受支撑部门通知等手段发现。

2）发现人或受通知人应及时认真分析异常状况或缺陷，对缺陷进行定性，并将缺陷情况记录运行日志。判定为紧急缺陷或重要缺陷的，应立即向班组负责人报告。紧急缺陷还应由班组负责人立即向分管领导报告属自动化班运维设备或软件缺陷，由自动化班按缺陷流程处理，并督导相应的设备运维单位处理，由自动化运维班主站负责人安排专人配合处理。

3）紧急缺陷应在 1h 以内完成报告、分析。自动化班运维设备或软件缺陷若不能在 2h 内消除或需要厂家处理，必要时启动相应的自动化应急预案或联系受支撑部门采取有效措施降低影响范围。重要缺陷应在 2h 以内完成报告、分析。自动化班运维设备或软件缺陷应在发现缺陷起 72h 内处理。

4）一般缺陷应认真进行分析、定位，由自动化运维班主站责任人按责任单位分类后报自动化专责。

5）不论何种缺陷，影响地调调度、监控业务的，应立即向调度、监控汇报。影响省调业务正常运行或考核指标的，应立即联系省调自动化运维班值班人员，采取有效措施降低影响范围。

6）影响省调业务正常运行或考核指标的缺陷及所有自动化缺陷，均应纳入 OMS 系统缺陷管理流程。一般缺陷，录入 OMS 系统时间不晚于缺陷发现时间 24h；严重缺陷及紧急缺陷不晚于 4h。OMS 系统缺陷信息记录要符合相关规范要求。系统影响省调运行业务的缺陷及地调主站的紧急缺陷，必要时启动故障抢修流程，一般缺陷的处理按照计划或临时检修流程开展。

7）自动化运维人员应认真负责、勤于思考，善于沟通，遇到异常情况能够保持沉着冷静、随机应变，具备一定的问题分析和处理能力，并能够为相关责任部门提供有效信息，以配合缺陷处理。

8）缺陷处理后，主站负责人应进行消缺验收，确定恢复正常。发现人或受通知人应补全缺陷记录，完成 OMS 缺陷流程和故障抢修流程闭环归档。

3. 设备接入管理

电力调度控制中心自动化机房设备接入（以下统称接入）（异动、退役）管理工作应严格规范，保持自动化机房布局统一、标识规范，保障系统安全稳定运行。

（1）自动化运维班为自动化机房管理单位职责。

1）参与设备接入的方案审核。

2）参与设备接入的现场工程（含安全防护方案实施）验收。

3）负责设备接入的布局的统一规划，包括确定设备部署位置、统一分配 IP 地址、开放端口和协议、电源接入点规划。

4）负责设备接入的布局图、网络拓扑图、IP 地址管理表的更新与管理工作。

5）负责设备接入工作的管理，包括设备的线缆绑扎、端口封堵、标签规范等。

（2）设备接入规划与设计。

1）设备布局应统一规划，按安全区分区部署。

2）接入设备对应网络设备的 IP 地址、端口应统一规划。

3）接入设备应提交接入方案，至少应包括设备部署地点、设备互联的首端（未端）的设备与端口，与网络设备连接时需开放端口与协议。

4）接入设备应考虑开机电流、是否双电源配置、电源接入的要求，评估对机柜空气开关和 UPS 电源的影响。

5）禁止经国家相关管理部门检测认定并通报存在漏洞和风险的系统和设备进入自动化机房。

（3）设备接入施工。

1）设备接入施工应在调控中心对接入施工方案批复后方能开始。

2）设备接入应填报电力监控系统工作票。

3）设备投运前，应由接入建设单位委托专业测评机构开展上线等保测评及安全评估和加固工作，测评合格并经验收通过后方可投入运行。

4）接入建设单位应按要求将接入设备纳入网络安全监测装置的监测范围，实现对网络安全事件的监视和管理。

5）设备接入调试工作，必须采用经安全加固的便携式计算机及移动介质，严格按照分配的安全策略和网络资源实施；禁止以各种方式与互联网连接或跨安全大区直连。

6）设备接入施工应在开始施工前完成安全措施的部署。

7）设备接入施工应按批准的方案执行，包括布局图、网络拓扑图、IP 地址及端口等。

8）设备接入施工应完成设备的固定、标签标识的粘贴、接地线的连接、清除设备上影响散热的塑料膜等工作，布线应规范标准。

9）设备接入施工应完成施工场所的清理，保持机房的整洁、卫生。

10）接入设备应在调控云中正确录入设备台账。

（4）设备接入验收。

1）设备接入竣工前应完成接入验收相关工作。

2）设备接入验收应由相应设备接入建设单位（部门、专业）牵头，自动化机房管理单位（部门、专业）、施工单位等参与。

3）设备接入验收至少应包含功能验收、安全验收、台账验收、环境验收。

4）设备接入施工应完成接入验收过程提出问题的整改工作。

三、调度自动化系统技术管理

1. 电力调度数据网络管理

（1）发电厂、变电站基建竣工投运时，自动化数据传输通道应保证同步建成投运。

自动化运维班对调度数据网骨干网进行网络结构调整或参数修改时，应报上级调度机构审批。新接入调度数据网的单位，或网络接入单位对网络结构进行调整时，应报主管调度机构审批。新的业务接入调度数据网时，应将业务描述、业务 IP 地址、开放端口、安全要求、用户范围等信息报主管调度机构审批。

（2）通信人员需要中断数据传输通道时，应按有关规定事先取得自动化管理部门的同意后方可执行；当通信运行管理部门发现数据传输通道异常时，应立即通知相关自动化值班人员，并及时进行处理。

（3）自动化运维值班人员发现数据传输异常时，应立即会同通信运维部门进行处理，确保数据传输恢复正常。

自动化运维值班人员应及时发现、定位、排除电力调度数据网络故障，并将故障的产生原因、影响范围、处理过程和结果等情况上报上级调度机构，如不能及时排除故障，应立即向上级调度机构汇报，由其协调解决。

2. 电力二次系统安全防护管理

（1）网络安全管理平台的维护管理。定期巡视电力监控系统网络安全管理平台的运行状态，重点检查各个安全装置的日志记录，以便及时发现安全事故、非法入侵、安全漏洞及安全装置的故障，并及时处理和做好记录。

（2）常规设备及各系统的维护管理。在保证电力二次系统的正常运行的前提下，为了加强系统的安全性和实时性，及时妥善处理安全故障，应该做到如下几点：

1）对常规设备及各系统的安全漏洞及时进行防护或加固。

2）保管好各个设备及各系统的维护资料及维护工具。

3）制定各系统及设备故障处理的预案，准备好故障恢复所需的各种备份，并经常进行预演。

4）及时了解相关系统软件（操作系统、数据库系统、各种工具软件）漏洞发布信息，及时获得补救措施或软件补丁，及时对软件进行加固。

5）一旦出现安全故障，应该及时报告、保护现场、恢复系统。

（3）恶意代码（病毒及木马等）的防护。

1）在各个电力二次系统（各调度中心、各厂站）的安全三区的 WEB 服务器上设立专门的页面，向有关人员发布病毒及黑客攻击的敌情报告、最新的病毒库、相应的升级防病毒软件及各个公用系统软件（操作系统、数据库系统、工具软件等）的漏洞报告及相应的软件补丁。

2）在单位内部及时发布新病毒的预警报告，以及相应的升级防病毒软件。

3）及时在本单位的电力二次系统部署升级防病毒软件，并检查该软件的检、杀病毒的情况。

4）及时向上级报告新病毒入侵情况。

（4）审计管理。系统（包括操作系统、数据库系统、应用系统、网络系统等）日志维护：对与安全有关的所有操作人员及维护人员的操作，以及系统信息（包括各个系统输出的日志记录、告警、报错等）进行记录。该日志记录只能由具有特许授权的安全管理人员进行管理（查询、读取、删除），及时进行审计和分析，以发现系统的安全漏洞及内部人员的违规操作，并采取相应的措施。应有技术措施防止系统维护人员和操作人员访问该审计日志，此类访问被视为非法访问。

入侵检测系统日志的维护：认真保存入侵检测系统的日志。

及时定时分析日志，检查各种违规行动及黑客的攻击行为，并以此为依据制定相应的安全防护策略。根据目前黑客攻击的新手段，修改入侵检测系统的安全策略，以保证最大程度地记录和审计各种违规行为。

3. 数据及系统的备份管理

（1）数据备份。电力二次专业系统的实时数据库，以及历史数据库必须定期进行备份，备份的数据必须存储在可靠的介质中，并与系统分开存放；并制定详尽的使用数据备份进行数据库故障恢复的预案。

（2）运行环境与应用软件的备份。

1）电力专业二次系统的计算机操作系统、应用系统要有存储在可靠介质的全备份，软件及计算机和网络设备的配置和设置的全部参数也必须进行备份；与系统安装和恢复相关的软硬件、资料等应该放置在安全的地方。

2）制定完善可靠的针对系统各种故障状态使用备份进行系统快速恢复的方案。方案必须经过充分的测试，以保证实施的完全可靠。

（3）用户口令的管理。

1）人员的登录名及口令应该具有足够的长度和复杂度，及时更新。

2）系统的超级管理员的登录名及口令必须由专人保管和修改，严格限定使用范围。

3）用户丢失或遗忘登录名及口令，必须通过规定的流程向管理员申请新的登录名及口令。

4）用户调离单位后，管理员必须立即注销其登录名，并取消其相应的权限。

4. 自动化系统控制类功能建设和运行管理

（1）主要职责。

1）负责控制类功能建设与运行的归口管理。

2）负责调度自动化系统基础平台软件、关键硬件管理。

3）协同各专业完成控制类功能建设的可研立项，参与建设与改造方案审查。

4）负责组织相关各专业、技术专家，对控制类功能开展工厂验收、控制软件验证实验室专项测试、测试系统试运行和现场验收。

5）负责组织控制类功能的安装调试、更新升级、故障处理、配置变更、数据库迁移等现场实施工作。

6）负责建立控制类功能软件版本管理机制。

7）负责组织控制类功能运维人员资质审查，定期组织相关管理制度学习、安全教育、技能培训，开展控制类功能运维人员认证。

8）协同各专业完成控制类功能与电网特性适应性评估，及时发现风险隐患并落实整改。

9）负责组织控制类功能运维防误技术研究，组织修订标准化作业指导书，健全防误闭锁机制。

（2）主要风险辨识。

1）影响控制类功能安全稳定运行的主要风险包括：控制类功能软件异常带来的直接风险、支撑控制类功能的软件（含相关配置文件、动态库，以下统称软件）异常带来的间接风险、支撑控制类功能的关系数据库异常带来的间接风险、支撑控制类功能的关键硬件异常带来的间接风险，以及运维作业风险。

2）控制类功能软件主要风险包括 AGC/AVC 应用软件、实时平衡调度软件、一键顺控功能软件等软件异常。

3）控制类功能支撑软件的主要风险包括基础平台的服务总线、消息总线、实时数据库、数据交换、人机交互、前置应用软件等核心软件异常。

4）关系数据库的主要风险包括主备调数据库同步软件、数据库配置、系统表结构、前置/SCADA/AGC/AVC/实时平衡调度等关键应用表结构异常。

5）关键硬件的主要风险包括主干交换机、前置交换机、用于调控功能延伸交换机等局域网交换机异常，SCADA 服务器、前置服务器、AGC/AVC 服务器、实时平衡调度服务器、用于调控功能延伸用的代理服务器等应用功能服务器异常。

5. 控制类功能运行管理

（1）日常使用。按专业分工，开展控制类功能的运行与使用工作。各专业在日常工作中，发现控制类功能异常、关键量测数据异常时，应及时向自动化运维班反馈，必要时提交消缺需求表。

（2）日常巡视。自动化运维班负责控制类功能软件、支撑类软件、关键硬件、关键量测数据的日常巡视与运行维护工作，一旦出现可能影响控制类功能使用的异常情况时，应立即向各专业管理单位通报并迅速排除故障，恢复控制类功能的正常运行，必要时提交消缺需求表。

（3）缺陷处置。对于需要进行软件升级的缺陷，在功能开发、测试验证、现场实施等环节参照控制类功能建设工作流程，履行好各项质量管控要求。

6. 安全管理

控制类功能运维操作全部纳入关键操作进行管理，工作负责人由调控中心自动化运维班负责人或其授权自动化专责担任，相关各专业控制类功能负责人到现场履行监护职责，严格执行"双重监护操作、双重验证"。

调控中心组织培训中心、运维厂家开展控制类功能运维人员培训、考试、认证工作，持证人员方可开展系统运维工作。

在所有控制类功能的工作过程中，需加强对作业人员、调试工具和调试行为的现场管控，确保电力监控系统作业安全。

控制类功能必须按功能的服务对象分类，由调控中心自动化运维班统一分配运行、维护权限。

控制类功能的运行与维护必须在指定的计算机节点上进行。

7. 版本管理

所有控制类功能应纳入软件版本管理。

在软件投入运行或更新后，应及时向调控中心自动化运维班提交相关的信息资料，主要应包括软件版本信息、动态库版本信息、配置文件版本信息。

（1）软件版本信息主要有程序名、功能描述、责任处室、部署节点、部署路径、程序大小、程序开发商、程序开发责任人、程序部署（更新）时间、程序部署人等内容。

（2）动态库版本信息主要有应用名、动态库名、功能描述、动态库相关程序、责任处室、部署节点、部署路径、动态库大小、动态库开发商、动态库开发责任人、动态库部署（更新）时间、动态库部署人等内容。

（3）配置文件版本信息主要有配置文件名、配置文件路径、功能描述、配置文件相关程序、责任处室、部署节点、配置文件大小、配置文件开发商、配置文件开发责任人、配置文件部署（更新）时间、配置文件部署人等内容。

四、自动化作业风险管控

为落实公司安全生产工作部署，实现作业风险源头防范、分级管控，提高作业人员安全意识、作业风险辨识能力和现场安全管控水平，针对自动化专业实际情况，制定典型作业风险分级表和检修工序风险库，明确具体管控措施。

按照设备电压等级、设备类型、作业内容对变电站自动化检修作业进行分类，针对每类作业任务，从设备重要程度、作业管控难度、实施技术难度等维度确定风险等级，形成典型作业风险分级表，见表5-2，用于指导现场作业组织管理。

表 5-2　调度自动化班组典型作业风险分级

序号	设备类型	作业内容	1000kV，±400kV 及以上	500~750kV 其他直流	220~330kV	110kV 及以下
1	测控类装置	断路器、线路、主变压器、母线、高抗、串补等涉及遥控、遥测功能的测控装置改造	III	III	IV	IV
2		公用测控等其他测控装置改造	IV	V	V	V
3		测控装置校验、回路变更、配置修改、软硬件升级等作业	V	V	V	V
4	监控主机类	监控主机（数据服务器、主辅一体化监控主机等）改造	III	IV	IV	IV
5		监控主机（数据服务器、主辅一体化监控主机等）配置修改、软硬件升级等作业	V	V	V	V
6		综合应用主机改造	IV	V	V	V
7		综合应用主机配置修改、软硬件升级等作业	V	V	V	V
8	网关机类	I区数据通信网关机改造	III	III	IV	IV
9		I区数据通信网关机配置修改、软硬件升级等作业	V	V	V	V
10		II区、III/IV区数据通信网关机改造	IV	V	V	V

续表

序号	设备类型	作业内容	1000kV,±400kV 及以上	500～750kV 其他直流	220～330kV	110kV 及以下
11	网关机类	II区、III/IV区数据通信网关机配置修改、软硬件升级等作业	V	V	V	V
12	同步相量测量类	同步相量集中器/宽频处理单元改造	IV	V	V	V
13		同步相量集中器/宽频处理单元配置修改、软硬件升级等作业	V	V	V	V
14		模拟采样同步相量测量装置/宽频测量装置改造	III	IV	IV	V
15		数字采样同步相量测量装置/宽频测量装置改造	IV	V	V	V
16		同步相量测量装置/宽频测量装置校验、回路变更、配置修改、软硬件升级等作业	V	V	V	V
17	AVC 子站类	AVC 子站设备改造	III	IV	IV	V
18		AVC 子站设备配置修改、软硬件升级等作业	V	V	V	V
19	网络设备类	调度数据网（路由器、交换机、纵向加密）改造	IV	IV	V	V
20		调度数据网（路由器、交换机、纵向加密）配置修改、软硬件升级等作业	V	V	V	V
21		站控层交换机改造	IV	V	V	V
22		站控层交换机配置修改、软硬件升级等作业	V	V	V	V
23	时间同步装置类	时间同步装置改造	IV	V	V	V
24		时间同步装置回路变更、配置修改、软硬件升级等作业	V	V	V	V
25	不间断电源类	不间断电源（UPS）改造	IV	IV	V	V
26		不间断电源(UPS)回路变更、配置修改、软硬件升级等作业	V	V	V	V
27	电能量采集终端类	电能量采集终端改造	IV	V	V	V
28		电能量采集终端配置修改、软硬件升级等作业	V	V	V	V

可根据作业环境、作业内容、检修对象等实际情况，对复杂现场作业进行提级管控。

按照变电站自动化设备作业类型和作业流程提炼关键工序，综合考虑人身、电网、设备和网络安全风险，参照检修工序风险库，见表 5-3，根据本单位工作特点组织制定关键风险点，并针对性制定风险防范措施，用于指导现场勘察、风险辨识、检修方案的编制和关键环节的管控。

表 5-3　调度自动化班组检修工序风险库

序号	设备	工序	风险	风险等级	风险方法措施
1	测控装置	拆接二次回路	低压触电	高	二次电缆拆除前应用万用表交直流档位逐个测量端子排对地无电,防止发生低压触电,进行二次回路绝缘试验时,应通知相关作业人员撤离现场,确保试验时二次回路等间隔上无人工作
			TV 短路或接地、TA 开路		在带电的电压互感器二次回路上工作时,应采取措施隔离至运行 TV 的二次回路,严格防止短路或接地,短路电流互感器二次绕组,应根据端子排类型和接线位置,使用相应的短路片或短路线,禁止用导线缠绕
			直流短路或接地		断开改造设备相关直流电源时,应在直流分电屏断开直流电源接线,并在改造屏用万用表测量端子确无电压后,方可进行电缆施工配线等工作;新安装的装置或回路上电前,应检查受电回路有无短路或接地的情况,防止造成运行中的直流系统短路、接地和越级跳闸
			误碰运行设备		在相邻的运行屏前后应设有明显标志,同屏的其他间隔装置、端子排、压板等做好隔离,做好标记,防止误碰
2		修改配置	网络安全风险	中	使用专用的调试计算机及移动存储介质,调试计算机严禁接入外网
			误删改运行文件或数据		工作前应备份可能受到影响的程序、配置文件、运行参数、运行数据和日志文件等,确保防抖时间、遥测死区、同期定值等参数正确
3		遥控传动	断路器误伤人	高	进行传动试验时,应通知运维人员和相关一次作业人员,并由工作负责人或由他指派的专人到现场监视,确认无人员在场后方可进行
			误控一次设备		将全站运行设备远方就地把手切到就地位置,退出断路器隔离开关遥控出口压板;遥控中确定预置报文正确后,再执行遥控命令
4		遥信传动	直流短路或接地	低	短接遥信回路前,应仔细核对二次回路,确认无短路或接地的情况,防止造成运行中的直流系统短路、接地和越级跳闸
			误碰		在相邻的运行屏前后应设有明显标志,同屏柜的其他设备压板、端子用绝缘胶布包扎,做好防误碰措施,同屏的其他间隔装置做好隔离,做好标记,防止误碰
5		遥测传动	低压触电	中	螺丝刀等工具金属裸露部分除刀口外包绝缘;试验线应连接牢固,试验仪应接地
			TV 短路或接地、TA 开路		在带电的电压互感器二次回路上工作时,应挑开至运行 TV 的二次回路端子,断开相应 TV 二次空气开关,并严格防止短路或接地,使用绝缘工具,戴手套;短路电流互感器二次绕组,应根据端子排类型和接线位置,使用相应的短路片或短路线,禁止用导线缠绕
			上送主站数据跳变		遥测传动前通知主站自动化人员做好数据封锁,防止加量时遥测数据跳变

续表

序号	设备	工序	风险	风险等级	风险方法措施
6	监控后台	数据库、画面配置	监控系统配置错误	低	完整备份旧监控系统配置文件，依据旧监控系统配置认真完成新监控系统数据库、画面配置工作
7		安装调试	网络安全风险	中	使用专用的调试计算机及移动存储介质，调试计算机严禁接入外网；新监控后台按要求进行主机加固、帐号密码满足口令强度要求，安装网络安全监测装置探针
			网络冲突		合理配置新监控后台网络参数，防止与运行设备 IP 冲突
			冗余系统双机故障		工作开始时应检查工作对象及受影响对象的运行状态；在冗余系统中将检修设备切换成非主用状态时，应确认其余主机、节点、通道或电源正常运行；待更改配置的主机运行正常后，再更改另外一台主机
8		遥控传动（不停电）	误控一二次设备	高	将全站运行设备远方就地手切到就地位置，退出断路器隔离开关遥控出口压板遥控中确定预置报文正确后，立即撤销遥控预置命令
9		遥信传动	数据核对不全面	低	认真核对主图、电压等级分图、间隔分图显示正确；核对告警窗信息分类及动作行为正确；核对装置 SOE 时标及遥信品质正确；参与合成计算的，还需核对计算量正确
10		遥测传动	数据核对不全面	低	认真核对主图、电压等级分图、间隔分图显示正确；核对显示位数及遥测品质正确；参与合成计算的，还需核对计算量正确
11	数据通信网关机	网关机配置	网关机配置错误	低	完整备份旧数据通信网关机配置文件，依据旧数据通信网关机配置认真完成新数据网关机数据库、转发等配置工作
12		网关机安装调试	网络安全风险	中	使用专用的调试计算机及移动存储介质，调试计算机严禁接入外网；新数据通信网关机按要求进行主机加固、帐号密码满足口令强度要求，安装网络安全监测装置探针
			网络冲突		合理配置新数据通信网关机网络参数，防止与运行设备 IP 冲突
			冗余系统双机故障		工作开始时应检查工作对象及受影响对象的运行状态；在几余系统中将检修设备切换成非主用状态时，应确认其余主机、节点、通道或电源正常运行。待更改配置的主机运行正常后，再更改另外一台主机
13		遥控传动（不停电）	误控一二次设备	高	将全站运行设备远方就地把手切到就地位置，退出断路器隔离开关遥控出口压板，断开电动隔离开关控制电源；遥控预置前与主站值班员核对遥控起始地址、遥控点号、遥控类型正确；遥控中确定预置报文正确后，立即撤销遥控预置命令
14		遥信传动	数据核对不全面	低	根据调控序位表与主站值班员核对装置转发遥信正确性，核对 SOE 时标及遥信品质正确，尤其是合并信息的正确性
15		遥测传动	数据核对不全面	低	根据调控序位表与主站值班员核对装置转发遥测正确性，核对遥测品质正确；参与合成计算的，还需核对计算量正确

续表

序号	设备	工序	风险	风险等级	风险方法措施
16	同步相量测量装置/宽频测量	拆接二次回路	低压触电	高	二次电缆拆除前应用万用表交直流档位逐个测量端子排对地无电，防止发生低压触电；进行二次回路绝缘试验时，应通知相关作业人员撤离现场，确保试验时二次回路等间隔上无人工作
			TV 短路或接地、TA 开路		在带电的电压互感器二次回路上工作时，应采取措施隔离至运行 TV 的二次回路，严格防止短路或接地；短路电流互感器二次绕组，应根据端子排类型和接线位置，使用相应的短路片或短路线，禁止用导线缠绕
			直流短路或接地		断开改造设备相关直流电源时，应在直流分电屏断开直流电源接线，并在改造屏用万用表测量端子确无电压后，方可进行电缆施工配线等工作；新安装的装置或回路上电前，应检查受电回路有无短路或接地的情况，防止造成运行中的直流系统短路、接地和越级跳闸
			误碰运行设备		在相邻的运行屏前后应设有明显标志，同屏的其他间隔装置、端子排、压板等做好隔离，做好标记，防止误碰
17		安装调试	网络安全风险	低	使用专用的调试计算机及移动存储介质，调试计算机严禁接入外网
			误删改运行文件或数据		工作前应备份可能受到影响的程序、配置文件、运行参数、运行数据和日志文件等
			冗余系统双机故障		工作开始时应检查工作对象及受影响对象的运行状态；在冗余系统中将检修设备切换成非主用状态时，应确认其余主机、节点、通道或电源正常运行；待更改配置的主机运行正常后，再更改另外一台主机
18		数据传动	数据核对不全面	低	根据接入设备间隔顺序，与主站人员依次加量核对同步相量动态数据上送的准确性，验证变比等参数设置的正确性
19	AVC子站	装置安装	低压触电	低	二次电缆拆除前应用万用表交直流档位逐个测量端子排对地无电，防止发生低压触电
20		修改配置	网络安全风险	中	使用专用的调试计算机及移动存储介质，调试计算机严禁接入外网；帐号的密码应满足口令强度要求
			误删改运行文件或数据		工作前应备份可能受到影响的程序、配置文件、运行参数、运行数据和日志文件等
21		调试传动	断路器误伤人	高	进行传动试验时，应通知运维人员和相关一次作业人员，并由工作负责人或由他指派的专人到现场监视，确认无人员在场后方可进行
			误控一二次设备		将全站所有容抗器测控远方就地把手切到就地位置，将开关遥控压板打开，发送的电压指令在 220kV 母线电压范围内，防止 SVG 等一次设备动作

续表

序号	设备	工序	风险	风险等级	风险方法措施
22	交换机、路由器、纵向加密	装置安装	低压触电	低	二次电缆拆除前应用万用表交直流档位逐个测量端子排对地无电，防止发生低压触电
23		修改配置	网络安全出器风险	低	使用专用的调试计算机及移动存储介质，调试计算机严禁接入外网；帐号的密码应满足口令强度要求
			误删改运行文件或数据		工作前应备份可能受到影响的程序、配置文件、运行参数、运行数据和日志文件等
24	时间同步装置	拆接二次回路	低压触电	中	二次电缆拆除前应用万用表交直流档位逐个测量端子排对地无电，防止发生低压触电；进行二次回路绝缘试验时，应通知相关作业人员撤离现场，确保试验时二次回路等间隔上无人工作
			直流短路或接地		断开改造设备相关直流电源时，应在直流分电屏断开直流电源接线，并在改造屏用万用表测量端子确无电压后，方可进行电缆施工配线等工作；新安装的装置或回路上电前，应检查受电回路有无短路或接地的情况，防止造成运行中的直流系统短路、接地和越级跳闸
			智能站合并单元采样遥测数据跳变		工作前联系主站做好数据封锁安全措施，防止失步造成遥测数据跳变
25		安装调试	网络安全风险	低	使用专用的调试计算机及移动存储介质，调试计算机严禁接入外网
26		对时天线安装	高处坠落	高	对时天线高处安装时，应采取防止坠落的安全措施，禁止将工具和材料上下投掷
27	UPS不间断电源	拆接二次回路	低压触电	中	二次电缆拆除前应用万用表交直流档位逐个测量端子排对地无电，防止发生低压触电
28			直流短路或接地		拆除直流时确认电源断开后，方可拆除，防止直流接地短路的措施及运行设备失电
29			交直流混电		工作中加强监护，防止出现交直流混电，直流一二段混电等情况
30		安装调试	负荷两路交流电源失电	中	UPS电源安装调试过程中，电源切换前确保单UPS可带全部负荷，切换时确保负荷不失去交流电源
31	电能量采集终端	装置安装	低压触电	低	二次电缆拆除前应用万用表交直流挡位逐个测量端子排对地无电，防止发生低压触电
32		修改配置	网络安全出器风险	中	使用专用的调试计算机及移动存储介质，调试计算机严禁接入外网；帐号的密码应满足口令强度要求
33			误删改运行文件或数据		工作前应备份可能受到影响的程序、配置文件、运行参数、运行数据和日志文件等

第六章　新能源管理

第一节　新能源概述

一、新能源发展现状

新能源发电是指利用传统能源以外的各种能源形式，包括太阳能、风能、生物质能、地热能、潮汐能、生物质能源等发电的过程。

在国家能源战略引领和政策驱动下，我国新能源发电行业从无到有、从小到大，在能源结构优化和绿色发展中发挥了重要作用。经过 20 年的努力，我国新能源发展走在了世界前列。截至 2022 年底，我国风电、光伏发电新增装机容量突破 1.2 亿 kW，达到 1.25 亿 kW，连续 3 年突破 1 亿 kW，再创历史新高。2022年可再生能源新增装机 1.52 亿 kW，占全国新增发电装机的 76.2%，已成为我国电力新增装机的主体。

二、分布式新能源发展现状

分布式新能源发电是指利用传统能源之外的各种能源形式，在用户所在场地或附近建设安装，运行方式以用户侧自发自用为主、多余电量上网，以在配电网内消纳为特征的发电方式。分布式新能源发电装机容量小、装机数量大、并网点多、电源种类多，较为典型的风力发电和光伏发电都具有随机性和波动性的特点。我国分布式能源发展起步较晚，但近年来发展迅速，主要以分布式光伏、天然气分布式、分散风电为主。据统计，截至 2022 年，我国分布式能源累计装机容量约为 25000.49 万 kW，其中，分布式光伏与小水电累计装机容量分别约为 14487万 kW 与 3744 万 kW。我国分布式光伏发展迅速，但天然气分布式、分散式风电发展低于预期。我国大多数分布式光伏、天然气分布式、分散式风电为单体独立项目，未能形成多能互补，未能有效提高能源利用率；单独的分布式光伏和分散式风电受制于风、光的间歇性和随机性特征，未能提供稳定、持续的电能输出。据统计，2022 年我国分布式光伏新增装机容量约为 5010.55 万 kW，其中，分布式风电与分布式光伏新增装机容量分别约为 1020.5 万 kW 与 3744 万 kW。

三、新能源发电的特点

1. 资源依赖性

最佳的风能和太阳能资源是基于特定的地点，而不像煤炭、天然气石油或铀，不易输送到电网最佳的发电地点。新能源发电必须与资源本身并置。对于大多数国家来说，新能源通常集中在局部区域内，导致新能源发电在这些地区的集中发展。例如，我国在华北、东北和西北地区（"三北"地区）拥有丰富的风能资源，占全国陆地风能资源总量的 80%。相应地，风力发电的发展也集中在这些地区，占我国现有装机容量的 80% 以上，而西部太阳能发电量约占全国总量的 50%。

区域集中的新能源发电可以达到平滑功率的效果，因为阵风不会同时影响所有的风电机组，发电量变化的百分比将显著下降。然而，功率变化的绝对值将相当高，可能会对局部电力系统造成电压控制和安全稳定的挑战。

2. 随机性和不确定性

新能源电站使用的资源，在数秒到数天的时间尺度上波动，所以其发电功率根据资源（风、云、雨、浪、潮等）上下波动。以风为例，根据贝茨理论，风电最大功率随风速的立方而变化，风速增加 10% 将导致理论风电功率增加 30%。由于风电机组的损耗，其实际输出功率通常小于理论功率，其输出功率还是随着风速的变化而变化。

新能源的消纳问题主要源于新能源随机性和不确定性的特点，使得传统的电力系统评价体系、电力系统运行模拟方案都不再适用。新能源的波动性是导致目前新能源无法大规模并网、弃风弃光率高居不下的主要原因，因此，有必要对新能源的出力特性进行研究，准确可靠地模拟新能源的出力曲线是电网规划和经济调度的基础。

3. 弱稳定性和脆弱性

（1）新能源发电的弱稳定性。

当扰动发生时，新能源发电的弱稳定性表现为较小的稳定裕度，其中一个主要因素是新能源发电机组的弱惯性。惯性是电力系统设备的核心特性之一，影响着电力系统的频率稳定性。在以同步发电机为主导的电力系统中，每台同步发电机往往通过转子的物理质量，对系统产生固定的惯性。

然而，随着并网的新能源越来越多，设备因其多时间尺度的强可控性，对系统表现出具有可控惯性。基于电力电子技术的新能源发电机组具有强可控性，改变了系统原有惯性特性，给电力系统的稳定性分析带来了很大的挑战。目前，基于电力电子技术的新能源发电机组一般不响应系统的频率变化，导致其对系统表现为零惯量或弱惯量特性，从而导致新能源发电的稳定性变差。

另一个主要因素是新能源发电机组的暂态特性。在传统的电力系统中，时域的机电暂态受到发电机励磁控制的影响，而时域的电磁暂态完全由电路控制。新能源发电机组的时域电磁暂态也受到诸如交流电感电流控制器和直流电容电压控制器的影响。此外，由于电力电子设备承受过电压和过电流的能力有限，新能源发电机组通常配备适当的保护，以避免损坏。因此，暂态过程的指令切换控制和保护使得新能源发电的暂态特性非常复杂，导致暂态中新能源发电的弱稳定性。

基于电力电子的新能源发电之间的强相互作用，也可能导致新能源发电的弱稳定性特征。由于基于电力电子的新能源发电机组的容量通常很小，大型新能源电站中的发电机组的地理分布区域较广。受空间地理位置的影响，新能源发电设备的输出功率不同，导致大规模新能源的空间和时间分布特征有显著区别。这种时空分布特征往往给功率平衡带来问题，设备之间具有较强的动态耦合，在弱网络结构中更为突出。此外，基于电力电子的新能源发电机组具有很强的可控性，使得设备之间的耦合因素极为复杂。因此，含大规模新能源发电的电力系统非常复杂，给系统稳定运行带来了挑战。

（2）新能源发电的脆弱性。

新能源发电的脆弱性特征表现为故障期间耐受过电流、过电压等能力弱。许多新能源发电机组采用电力电子接口连接到电力系统。由于半导体开关的惯性较低，逆变器的电流和电压都受到限制，因此，与同步发电机短路电流［5～10（标幺值）］相比，逆变器的故障电流贡献［1～2（标幺值）］相对较小。经过研究，广大科研工作者已经认识到，尽管逆变器控制的灵活性使其能够在正常运行时提供有效的电网服务，但其有限的电流和电压耐受能力会导致过电流和过电压保护在故障时动作，从而使新能源发电机组变得脆弱。

四、新能源发电技术介绍

1. 风能发电

风力发电包含两个能量转换过程，即风力机将风能转换为机械能，发电机将机械能转换为电能。风力发电所需要的装置称为风力发电机组（简称风电机组）。风电机组从风中捕获能量，并通过风力机、传动系统，以及与其连接的发电机，最终将捕获的能量转换成电能。

在并网运行的风电机组中，当风以一定速度吹向风力机时，在风轮的叶片上产生的力驱动风轮叶片低速转动，将风能转换为机械能，通过传动系统向增速齿轮箱增速，将动力传递给发电机，发电机把机械能转变为电能。

2. 太阳能发电

太阳能发电分为太阳能光发电与太阳能热发电。太阳能光发电是指无需通过热过程直接将光能转变为电能的发电方式，它包括光伏发电、光化学发电、光感应发电和光生物发电。光伏发电是利用太阳能级半导体电子器件有效地吸收太阳光辐射能，并使之转变成电能的直接发电方式，目前光伏发电是我国太阳能发电的主流方式。

通过水或其他工质和装置将太阳辐射能转换为电能的发电方式称为太阳能热发电。太阳能热发电有多种类型，主要有以下 5 种：塔式系统、槽式系统、盘式系统、太阳池和太阳能塔热气流发电。前 3 种是聚光型太阳能热发电系统，后两种是非聚光型太阳能热发电系统。

3. 生物质能发电

生物质发电是利用生物质所具有的生物质能进行的发电，是新能源发电的一种，包括农林废弃物直接燃烧发电、农林废弃物气化发电、垃圾焚烧发电、垃圾填埋气发电、沼气发电。与燃煤发电原理相同，生物质直接燃烧发电与燃煤火力发电在原理上没有本质区别，主要区别体现在原料上，火力发电的原料是煤，而生物质直接燃烧发电的原料主要是农林废弃物和秸秆。

第二节 新能源并网技术要求

2012 年 6 月和 2013 年 6 月，GB/T 19963—2011《风电场接入电力系统技术规定》和 GB/T 19964—2012《光伏发电站接入电力系统技术规定》正式开始实施，对通过 110（66）kV 及以上电压等级线路与电力系统连接的新建或扩建风电场，通过 35kV 及以上电压等级并网，以及通过 10kV 电压等级与公共电网连接的新建、改建和扩建光伏电站做出技术要求。

依据国家标准中的相关条款，并结合其他相关标准，本节从有功功率控制、功率预测、无功功率和电压控制、低电压穿越、运行适应性、电能质量、仿真模型和参数、二次系统、接入系统测试等方面介绍新能源场站需要达到的技术水平。

一、有功功率控制

新能源场站需要具备参与电力系统调频、调峰和备用的能力，配置有功功率控制系统，能够接收并自动执行电网调度机构下达的有功功率及有功功率变化的控制指令。在正常情况下，有功功率变化需要满足电力系统安全稳定运行的要求，其限值由电网调度机构确定。其中，允许出现光伏电站因辐照度降低，有功功率变化速率超出限值的情况。在电力系统事故或紧急情况下，新能源场站应根据调度机构指令快速控制其输出的有功功率，严重情况下切除整个新能源场站。事故处理完毕，电力系统恢复正常运行状态后，新能源场站按调度指令并网运行。

二、功率预测

风电场装机容量 10MW 及以上的光伏电站要配置功率预测系统，系统具有 0~72h 短期功率预测，以及 15min~4h 超短期功率预测功能：每 15min 自动向调度机构滚动上报未来 15min~4h 的功率预测曲线，时间分辨率为 15min；每天按规定时间上报未来 0~72h 功率预测曲线，时间分辨率为 15min，详细内容见第六章第三节。

三、无功功率和电压控制

风电场的无功电源包括风电机组及风电场无功补偿装置，光伏电站的无功电源包括光伏并网逆变器及光伏电站无功补偿装置。对于直接接入公共电网的风电场和通过 110（66）kV 及以上电压等级并网的光伏电站，其配置的容性无功容量能够补偿新能源场站满发时场内汇集线路、感性无功及新能源场站送出线路的一半感性无功功率之和，其配置的感性无功容量能够补偿新能源场站自身的容性充电无功功率，及新能源场站送出线路的一半充电无功功率。

此外，风电场和通过 110（66）kV 及以上电压等级并网的光伏电站，需要配置无功电压控制系统。根据电网调度机构指令，自动调节其发出（或吸收）的无功功率，实现对风电场并网点电压的控制。

四、低电压穿越与动态无功电流注入

新能源场站应具备低电压穿越能力。电力系统发生不同类型故障，引起并网点电压跌落时，在一定的电压跌落范围和时间间隔内，新能源场站能够保障不脱网连续运行，否则，允许切出。对故障期间没有切出的新能源场站，其有功功率在故障清除后应迅速恢复，风电场和光伏电站分别以至少 10%额定功率/s 和 30%额定功率/s 的功率变化率恢复至故障前的值。

五、运行适应性

针对不同的并网点电压、电能质量，以及系统频率范围，对新能源场站运行提出要求。要求新能源场站在标称电压的 90%～110%能够正常运行；并网点电能质量满足相关标准规定时，新能源场站应能正常运行；在频率为 49.5～50.2Hz，新能源场站应能连续运行。也就是说，新能源场站在电网正常的电压、频率和电能质量区间内，应能正常并网运行。

六、电能质量

新能源发电设备可能造成电能质量问题，新能源场站并网点的电压偏差、电压波动和闪变、谐波和电压不平衡度等电能质量指标应满足相关标准的要求；新能源场站配置电能质量监测设备，若不满足相关标准电能质量要求，新能源场站需要安装电能质量治理设备。

七、仿真模型和参数

为了更好地模拟和预知新能源稳定特性,新能源场站需要建立风电机组/光伏发电单元、电站汇集线路及电站控制系统模型及参数，用于新能源场站接入电力系统的规划设计及调度运行，并随时将最新情况反馈给调度机构。

八、二次系统

新能源场站的二次设备及系统应符合电力二次系统技术规范、电力二次系统安全防护要求及相关设计规程。新能源场站与电网调度机构之间的通信方式、传输通道和信息传输由电网调度机构作出规定，包括提供遥测信号、遥信信号、遥控信号、遥调信号及其他安全自动装置的信号,提供信号的方式和实时性要求等。新能源场站二次系统安全防护应满足国家电力监管部门的有关要求。

风电场向电网调度机构提供的信号一般包括以下方面：

（1）单个风电机组运行状态。

（2）风电场实际运行机组数量和型号。

（3）风电场并网点电压。

（4）风电场高压侧出线的有功功率、无功功率、电流。

（5）高压断路器和隔离开关的位置。

（6）风电场测风塔的实时风速和风向。

光伏电站向电网调度机构提供的信号一般包括以下方面：

（1）每个光伏发电单元运行状态，包括逆变器和单元升压变压器运行状态等。

（2）光伏发电站并网点电压、电流、频率。

（3）光伏发电站高压侧出线有功功率、无功功率和发电量。

（4）光伏发电站高压断路器和隔离开关的位置。

（5）光伏发电站主升压变压器分接头挡位。

（6）光伏发电站气象监测系统采集的实时辐照度、环境温度和光伏组件温度。

九、接入系统测试

新能源场站并网运行后，需要向电网调度机构提供由具备相应资质机构出具的新能源场站接入电力系统测试报告，并在测试前 30 日将测试方案报所接入地区的电网调度机构备案。新能源场站在全部机组/组件并网调试运行后 6 个月内向电网调度机构提供有关新能源场站运行特性的测试报告。测试内容包括以下几个方面：

（1）有功功率/无功功率控制能力测试。

（2）电能质量测试，包含电压波动、闪变和谐波。

（3）低电压穿越能力测试。

（4）电压、频率适应性测试。

第三节　新能源功率预测技术

一、光伏发电功率预测技术分类

光伏发电功率预测技术从不同的角度有不同的分类方式，常用的光伏发电功率预测技术主要基于时间尺度、预测对象和预测方法进行分类。

1. 基于时间尺度分类

世界各国对光伏发电功率预测的应用场景不同，因此，国际上对光伏发电功率预测时间尺度的划分没有统一的标准。归纳来看，目前最常用的预测时间尺度可划分为短期、超短期和分钟级三类。分钟级功率预测是为了解决光伏发电功率快速波动对系统稳定运行的影响。多云天气下的地表辐照度受云团生消与运动的影响，其变化具有随机、快速、剧烈等特点，传统预测算法在短期和超短期两个时间尺度上基本无法解决该问题。

（1）光伏发电短期功率预测。根据国内相关标准的规定，光伏发电短期功率预测应能预测次日零时起至未来 72h 的光伏电站输出功率，时间分辨率为 15min。光伏发电短期功率预测一般需要以数值天气预报（Numerical Weather Prediction，NWP）的辐照度、温度等气象要素预报结果作为预测模型的输入，主要预测方法有物理方法、统计方法及组合方法等。

（2）光伏发电超短期功率预测。根据国内相关标准的规定，光伏发电超短期功率预测应能预测未来 15min～4h 光伏电站输出的有功功率，时间分辨率为 15min。常用的光伏发电超短期功率预测方法包括统计外推法、持续法及机器学习算法等。

（3）光伏发电分钟级功率预测。在光伏发电分钟级功率预测方面，尚未出台相关的标准给予明确的时间尺度规定，但该内容是目前的研究热点。比较普遍的时间尺度是预测未来 0～2h 的有功功率，时间分辨率不低于 5min。光伏发电分钟级功率预测利用图像处理、模式识别等技术，预估云团在未来时段对太阳的遮挡，进而实现光伏发电分钟级功率预测。

2. 基于预测对象分类

根据预测对象的不同，光伏发电功率预测技术可分为分布式光伏发电功率预测、单光伏电站功率预测、光伏集群功率预测。

（1）分布式光伏发电功率预测。分布式光伏发电功率预测的预测对象是区域分布式光伏的总功率，由于分布式光伏具有数量多、地理分布广的特点，其预测方法与集中式光伏发电有差异，通常采用网格化、统计升尺度等预测方法。

（2）单光伏电站功率预测。单光伏电站功率预测指以单个光伏电站的输出功率为预测目标的预测技术，是目前的研究和应用重点。

（3）光伏集群功率预测。光伏集群功率预测指对较大空间内多个光伏电站组成的光伏集群进行整体功率预测，常用的预测方法有累加法、统计升尺度法和空间资源匹配法等。

3. 基于预测方法分类

根据不同的功率预测方法，光伏发电功率预测可分为物理方法、统计方法和组合方法。

（1）物理方法。物理方法是根据光伏电站的发电原理，利用地理位置、装机容量、光伏电池板的特性参数、光伏组件的安装倾角等信息，建立描述光伏发电功率与太阳辐照度关系的预测模型。该方法最大的特点是不需要光伏电站历史运行数据，适用于新建或运行数据较少的光伏电站。但由于该方法需要模拟光伏发电的物理过程，存在由于模型不准确、基础信息有误等原因导致的系统性偏差。

（2）统计方法。统计方法以光伏电站历史运行数据和历史 NWP 数据的关联性进行统计分析为基础，建立 NWP 数据与光伏电站输出功率之间的映射关系。与物理方法相比，统计方法原理简单，但对突变信息的处理能力较差。对于新建的光伏电站，由于历史数据不足，统计方法也不能适用。

人工智能方法属于统计方法，但较传统的统计方法更为先进。传统的统计方法使用解析方程来描述输入和输出之间的关系，而人工智能方法是以历史数据、NWP 数据或局部时序外推的结果数据作为输入信息，建立输出量和多变量之间的非线性映射关系。人工智能方法需要大量的历史观测数据来建立模型，具有精确度高的特点。人工智能方法同时适用于光伏发电分钟级、超短期和短期功率预测。由于人工智能方法需要大量历史数据，也存在与统计方法相同的局限性。

（3）组合方法。组合方法是指结合光伏发电功率数据、气象数据的特点，通过对物理方法、统计方法、人工智能方法等不同预测方法，采取合适的权重进行加权平均的光伏发电功率预测方法，以便于最大化发挥各个方法的优势，提高光伏发电功率预测精度，如基于时间序列和神经网络的组合预测等。

二、风力发电功率预测技术分类

风电功率预测技术从不同的角度有不同的分类原则，主要有基于时间尺度的分类、基于空间范围的分类、基于预测方法的分类、基于预测结果形式的分类等。常用的风电功率预测技术分类见表 6-1。

表 6-1　风电功率预测技术分类

分类标准	类别	特点与适用范围
基于时间尺度的分类	超短期功率预测	预测风电场未来 0~4h 的有功功率，时间分辨率不小于 15min，主要用于电力系统实时调整及修正短期预测结果
	短期功率预测	预测风电场次日零时起 3 天的有功功率，时间分辨率为 15min，用于日前发电计划制订、备用容量安排等
	中长期电量预测	预测风电场月度和年度电量，主要用于年月电量平衡，安排场站、电网输变电设备检修及燃料计划等
基于空间范围的分类	单机功率预测	对单台风电机组进行功率预测
	单风电场功率预测	对单个风电场进行功率预测
	风电集群功率预测	对多个风电场组成的风电集群进行整体功率预测
基于预测方法的分类	物理方法	不需要历史功率数据，以风电场地形、地表粗糙度、风电机组功率曲线等基础信息为建模数据，可用于不同时间尺度的功率预测

续表

分类标准	类别	特点与适用范围
基于预测方法的分类	统计方法	采用人工神经网络、支持向量机、遗传算法等建立NWP数据与风电场发电功率之间的映射关系，或以实时发电数据、实时测风数据为输入，采用时间序列分析、卡尔曼滤波等方法预测风电场发电功率
	组合方法	通过对物理方法、统计方法等不同预测方法以集合NWP为输入，获取多种可能的风电场发电功率，并根据各结果性能进行最佳组合
基于预测结果形式的分类	确定性预测	预测结果为不同时刻对应的发电功率确定值
	概率预测	对未来风电功率可能波动范围的预测，预测结果具有概率属性，包括区间预测、爬坡事件预测、情景预测等

1. 基于时间尺度分类

各国对风电功率预测的应用场景不同，因此，国际上对风电功率预测时间尺度的划分没有统一的标准。归纳来看，现有预测时间尺度可划分为超短期、短期和中长期3类。

（1）超短期功率预测。我国对风电超短期功率预测的定义是预测未来0~4h，时间分辨率为15min，每15min滚动预测一次。超短期预测主要用于电力系统实时调整及修正短期预测结果，常用的超短期功率预测方法包括统计外推法、持续法等。

（2）短期功率预测。我国对短期预测的明确要求是预测次日0时起未来72h的风电功率，时间分辨率为15min。美国阿贡国家实验室规定短期预测的预测上限为48h或72h。短期风电功率预测一般需要以数值天气预报的风速、风向等气象要素预报结果作为预测模型的输入，预测方法主要有物理方法、统计方法及组合方法等。

（3）中长期功率、电量预测。中长期预测一般是指3d至若干周的功率预测，以及月度、年度的电量预测。中期预测主要用于优化机组组合、制订常规电源开机计划及海上风电运维检修，长期预测主要用于年、月电量平衡及安排电网输变电设备检修计划等。

2. 基于空间范围的分类

风电功率预测方法根据预测对象的不同可分为单机功率预测、单风电场功率预测、风电集群功率预测。

（1）单机功率预测的预测对象是单台风电机组，预测精细化程度高，建模工作量较大。

（2）单风电场功率预测是指以单个风电场的发电功率为预测目标的功率预测，目前也是研究和应用的重点。

（3）风电集群功率预测是指对较大空间内多个风电场组成的风电集群进行整体功率预测，常用的风电集群功率预测方法包括累加法、统计升尺度法和空间资源匹配法等。

3. 基于预测方法的分类

根据不同的功率预测方法，风电功率预测可分为物理方法、统计方法和组合方法。

（1）物理方法。物理方法是根据风电场内部及周边的地形、粗糙度、风电场布局、风电机组特征参数等信息，采用微观气象学理论或流体力学方法，建立描述风电场风能资源分布特征的模型，结合风电机组功率曲线，进而对风电场发电功率实现预测的方法。该方法最大的特点是不需要风电场历史运行数据，适用于新建或数据不完善的风电场。但该方法需要模拟风速、风向等气象要素在风电场局地效应下的变化过程，建模复杂度高，不确定性环节多，受模型准确性、模拟能力的限制，可能出现系统性偏差。

（2）统计方法。统计方法不考虑风速、风向变化的物理过程，以对历史运行数据和历史 NWP 数据的关联性进行统计分析为基础，建立 NWP 数据与风电场发电功率之间的映射关系。统计方法相对物理方法而言，方法简单，使用的数据单一，但对突变信息的处理能力较差，同时，预测建模需要大量的历史运行数据。因此，对于新建或数据不完善的风电场，由于历史数据不足，统计方法无法适用。

（3）组合方法。组合方法是指在特定预测对象的多个预测结果基础上，通过分析单一预测结果的历史表现，建立多预测结果的线性或非线性累加模型，以最小预测误差为目标，通过优化算法赋予单一预测结果不同的权重，进而实现对场站的功率预测。组合预测方法便于发挥各个模型的优势，预测结果一般优于单一预测结果。

4. 基于预测结果形式的分类

根据预测结果形式的不同，可将风电功率预测分为确定性预测和概率预测。

（1）风电功率确定性预测。风电功率确定性预测是对未来风电功率水平的预测，预测结果是未来不同时刻对应的发电功率值。物理方法、统计方法和组合方法等都可以应用于风电功率确定性预测中。确定性预测不能定量反映风电功率的不确定性。

（2）风电功率概率预测。风电功率概率预测是对未来风电功率波动范围的预测，预测结果为可反映具体时刻风电功率的波动范围及其概率，包括区间预测、情景预测和事件预测。概率预测可分为参数化方法和非参数化方法。典型的参数化方法包括向量自回归、广义误差分布等；典型的非参数化方法包括分位数回归、核密度估计等。

第四节　新能源发电调度

一、新能源发电中长期调度

电力调度运行管理通过年度、月度、日前、日内和实时等多个时间尺度相互配合、时序递进的平衡方式开展，以逐步消除预测偏差，实现系统安全稳定运行。年度和月度属于中长期调度时间尺度，新能源的中长期调度即为年月调度。

新能源中长期调度主要作用有如下 3 点：

（1）协调新能源与常规电源电量计划，将新能源发电量纳入年度计划中，争取新能源电量消纳空间。

（2）优化系统检修方式，将设备检修安排在风光资源较少的时段，减少因设备检修带来不必要的新能源限电。

（3）提前考虑全网电力平衡和新能源消纳情况，形成应对措施，减少新能源限电。

二、新能源发电日前/日内调度

新能源发电出力具有很强的随机性和间歇性，随着其在电网中比例的加大，电网调峰、调频压力越来越大，系统安全稳定运行受到威胁。当新能源发电功率的大小与负荷预测偏差的大小相当或者接近时，有必要将新能源发电纳入日前和日内调度计划的范畴，加强对新能源场站的运行管理，防止其处于"自由"运行状态而导致限电。通过将新能源发电纳入日前和日内调度计划，可以统筹协调安排常规机组和新能源发电计划，保障常规机组日前计划的有效性及新能源发电空间，减少实时控制中的机组计划调整及新能源限电量。

三、新能源消纳能力评估

在以常规电源为主的电力系统日前/日内调度计划中考虑新能源，首要解决的问题是掌握电力系统当前状态下还能消纳多少新能源发电；当前电力系统消纳能力不足，需要新能源限电时，能否通过常规电源深度调峰、联络线短期支援、负荷侧参与调峰等措施提升新能源消纳。由于这些提升新能源消纳的措施涉及协调工作，需要调度运行人员能够及时准确地掌握新能源消纳能力，因此，在日前/日内时间尺度，准确评估新能源发电消纳能力是优先消纳新能源、制定合理新能源发电计划的基础。

四、出力计划制定及实施

1. 新能源发电中长期调度计划制定

新能源中长期调度计划主要制定年度及分月电量计划，其结果是短期运行的约束条件。考虑到时间尺度长，边界条件可能发生变化，一般每月/每季度可根据年度计划完成情况滚动修正未完成月份的计划。其中，年度计划制定涉及政府部门、电网企业和发电企业多个单位，持续时间长，管理过程更加复杂，是中长期调度计划中最重要的环节。整体上，新能源中长期调度计划依据新能源场站多年气象情况及电网安全运行约束，综合考虑设备检修、新设备投产，以及送出工程投产计划等因素分析电力系统电力电量平衡情况，计算得到可纳入电力系统的新能源发电量和限电量，制定过程中采用的技术为新能源时序生产模拟技术。

从电网调度管理角度来看，新能源中长期调度计划一般包括管辖区域内（含下级调度机构调管）新能源场站的年气象情况预计，年发电量、分月发电量预测，年、月发电出力（最大、平均），新能源时序生产模拟分析结果及存在的主要问题和建议等内容。

新能源场站是新能源年度计划的发起者和受益者，需要首先提出自身发电需求，参与调度计划编制。新能源中长期调度计划制定流程主要包括以下部分：

（1）各新能源场站每年 10 月前向电网调度机构上报次年风/光发电资源预测，调度机构根据中长期气象预测及新能源历史运行数据，利用风电、光伏发电时间序列建模方法生成全网范围内风/光发电理论发电能力。

（2）电网调度机构根据《电力系统安全稳定导则》开展大电网安全稳定运行方式计算，得到考虑各种暂态和稳态条件下的电网安全运行边界条件，并作为新能源时序生产模拟的约束边界。

（3）综合考虑电网、新能源场站的检修计划，新能源场站投产、电网送出工程投产计划及电网安全约束，制定新能源中长期调度计划，形成新能源发电和限电调度计划建议预计划。

（4）组织有关部门会商协调，依据全网和各新能源场站年度发电计划，以优先消纳新能源电量为目标，确定新能源年度及月度电量计划。

（5）在实际执行过程中，根据各类电源年度计划完成情况、负荷情况及新能源发电情况，按月/季度向相关部门提出年度计划调整建议。

2. 新能源发电日前/日内调度计划制定

基于新能源功率预测结果，新能源发电和常规电源一样需要制定日前调度计划曲线，但是，由于新能源出力的不确定性及预测结果的不准确性，新能源出力的计划曲线将有别于常规机组的 96 点计划曲线，新能源发电的计划将是包含预测不确定度的计划带。在制定新能源出力计划时，首先进行日前消纳能力评估，若出现新能源场站出力限制，即新能源发电进入限电运行时段，在该时段，由于系统不期望新能源有过多的出力，新能源发电的计划将只设定运行上限，只要新能源场站出力低于该限值，甚至出力为零均可以接受，运行下限可不设约束。因此，从时段上来分，整个新能源发电的计划应分限电时段计划和非限电时段计划，在限电时段和非限电时段，计划范围设定原则分别考虑。调度运行人员在做全网计划时，需要首先考虑新能源发电在设定的区间范围内运行，合理安排其他机组的计划。

第五节　新能源厂站调度运行管理

我国新能源场站并网调度运行主要依据相关标准依法合规开展调度管理。新能源优先调度参考 Q/GDW 11065—2013《新能源优先调度工作规范》，风电场调度运行参考 NB/T 31047—2013《风电调度运行管理规范》，光伏电站调度运行参考 NB/T 32025—2015《光伏发电站调度技术规范》，分布式新能源管理主要参考 Q/GDW 11271—2014《分布式电源调度运行管理规范》开展。

一、新能源优先调度工作规范

为切实提高新能源利用水平，减少新能源限电现象的发生，2013 年，国家电网公司发布 Q/GDW 11065—2013《新能源优先调度工作规范》，规定国家电网公司系统新能源优先调度职责分工、工作内容与要求。《新能源优先调度工作规范》内容主要包括新能源优先调度计划编制与新能源实时调度与调整。

1. 新能源计划编制相关要求

新能源计划编制以新能源功率预测为基础，在确保电网和新能源场站安全的前提下，优先消纳新能源。根据电力电量平衡周期，新能源计划可分为年度计划、月度计划、日前计划和实时计划。新能源优先调度计划编制依据有关调度规程及场站设计文件、新能源场站实际气象情况及预期气象情况、电网与新能源场站签订的购售电合同、电网和新能源场站的安全运行约束，并遵循以下原则。

（1）新能源发电计划的制定考虑装机容量的变化、线路的输送能力约束等，在确保电网和新能源场站安全运行的前提下，合理安排运行方式，优先消纳新能源。

（2）年度计划建议根据年度气象预测及电网安全运行约束制定，并为新能源留出充足的电量空间，供电力电量平衡时参考。一般包括管辖区域内（含下级调度机构调管）新能源场站的年气象情况预计、年发电量、分月电量预测、年/月发电出力（最大、平均）、新能源消纳能力分析及存在的主要问题和建议等内容。

（3）月度计划在年度分月发电预测的基础上，根据电网运行方式及近期气象预测，对年度分月发电计划进行调整，并为新能源留出充足的电量空间，制定月度发电计划。一般包括管辖区域内（含下级调度机构调管）新能源场站月电量预测、月发电出力（最大、平均）、新能源消纳能力分析及存在的主要问题和建议等内容。

（4）日前计划包括各新能源场站发电计划曲线，计划曲线编制在系统最大消纳能力评估基础上，参考新能源场站上报发电计划形成。新能源日前发电计划协同常规电源发电计划进行全网安全校核。一般包括次日及未来 3 天的短期新能源功率预测、直调新能源场站次日 96 点总计划曲线、各新能源场站次日 96 点计划曲线和日发电量等内容。

（5）实时计划在日前计划的基础上，参考超短期新能源功率预测及电网运行情况对新能源消纳能力进行评估，及时对发电计划进行调整，必要时采取紧急控制手段。实时计划一般包括超短期新能源功率预测结果和后续时段计划曲线。

（6）日前和实时发电计划编制时，由于电网电力电量平衡原因不能全部消纳新能源时，应逐级向上一级调度机构申请联络线电力电量计划调整。上一级调度机构在规定的时间内答复下一级调度机构的调整请求。

（7）由于调峰原因不能全部消纳新能源时，电网旋转备用容量要求满足 SD 131—1984《电力系统技术导则》的要求；由于电网输送能力不足不能全部消纳新能源时，送出线路（断面）利用率要求不低于 90%。

（8）电网设备检修应与新能源场站设备检修协调安排，尽量减小新能源场站送出设备检修对新能源发电的影响。

2. 新能源实时调度和调整相关要求

调度运行人员负责直调新能源场站计划的执行，在实际运行中，根据新能源超短期预测结果、电网及新能源场站发输电设备运行等情况，对新能源场站出力适时进行调整。当调度端新能源超短期预测结果与日前计划偏差超过 5% 时，调度运行人员将对火力发电厂、新能源场站出力进行调整。当偏差为正时，调度运行人员增加新能源场站的出力，同时降低火力发电机组出力；当偏差为负时，调度运行人员直接修正新能源场站的发电曲线，同时增加火电机组出力。

当电网实时系统不足以消纳新能源出力时，调度运行人员将联系上级调度运行人员修改网间联络线计划。上级调度运行人员接到下级调度提出的联络线计划修改要求后，综合考虑所辖电网内其他调度区域的受电能力、电网约束条件，判断是否可对网间联络线计划进行调整。

当电网调节容量无法满足调频需要，或电网约束条件发生变化影响新能源场站上网送出能力时，综合考虑系统安全稳定性、电压约束等因素，以及新能源场站自身的特性和运行约束，实时调整新能源场站的出力；相对于火力发电机组，新能源场站出力调整时应遵循先增后减的原则。

二、风电场调度运行管理

当前我国风电场调度运行主要根据 NB/T 31047—2013《风电调度运行管理规范》等相关管理规定进行管理，主要针对集中式风电场，包括并网管理、调试管理、调度运行管理、发电计划管理、继电保护和安全自动装置管理、通信运行管理、调度自动化管理等方面。

电网调度机构综合考虑风电场规模、接入电压等级和消纳范围等因素确定对风电场的调度关系。电网调度机构依法对风电场进行调度，风电场应服从电网调度机构的统一调度，遵守调度纪律，严格执行电网调度机构制定的有关规程和规定。风电场运行值班人员严格、迅速和准确地执行电网调度值班调度员的调度指令。

风电场有义务配合电网调度机构保障电网安全，严格按照电网调度机构指令参与电力系统运行控制。在电力系统事故或紧急情况下，电网调度机构通过限制风电场出力或暂时解列风电场来保障电力系统运行安全。事故处理完毕，系统恢复正常运行状态后，电网调度机构应及时恢复风电场的并网运行。风电场及风电机组在紧急状态或故障情况下退出运行，以及因频率、电压等系统原因导致机组解列时，应立即上报电网调度机构，不得自行并网，经电网调度机构同意后按调度指令并网。风电场做好事故记录并及时上报电网调度机构。

风电场需要参与地区电网无功功率平衡及电压调整,保证并网点电压满足电网调度机构下达的电压控制曲线。当风电场的无功补偿设备退出运行时,风电场需要立即向电网调度机构汇报,并按指令控制风电场运行状态。风电场需要具备在线有功功率和无功功率自动调节功能,并参与电网有功功率和无功功率自动调节,确保有功功率和无功功率动态响应符合相关标准规定。当电网出现特殊运行方式,可能影响风电场正常运行时,电网调度机构应将有关情况及时通知风电场。

电网输电线路的检修改造应综合考虑电网运行和风电场发电规律及特点,尽可能安排在小风季节实施,减少风电场的电量损失。系统运行方式发生变化时,电网调度机构综合考虑系统安全稳定性、电压约束等因素,以及风电场特性和运行约束,通过计算分析确定允许风电场上网的最大有功功率。运行方式计算分析时,按照新能源所有可能出现的出力情况开展分析,并考虑风电功率波动对系统安全稳定性的影响。

并网后的每一天,风电场进行功率预测并制定发电计划,每日在规定时间前向电网调度机构申报发电计划曲线。风电场每 15min 自动向电网调度机构滚动申报超短期功率预测曲线。电网调度机构根据功率预测申报曲线,综合考虑电网运行情况,编制并下达风电场发电计划曲线。电网调度机构可根据超短期功率预测结果和实际运行情况对风电场计划曲线做适当调整,并提前通知风电场值班人员。风电场严格执行电网调度机构下达的计划曲线(包括滚动修正的计划曲线)和调度指令,及时调节有功功率。电网调度机构根据有关规定对风电场功率预测和计划申报情况进行考核。风电场按照电网调度机构的要求定期进行年度和月度电量预测,并统计、分析、上报风电场运行情况数据。

三、光伏电站调度运行管理

当前,我国光伏电站调度运行主要依据 NB/T 32025—2015《光伏发电调度技术规范》等相关管理规定进行管理,主要针对集中式光伏电站,包括光伏电站基本要求、光伏电站并网调试、光伏电站调度运行管理、光伏电站发电计划、光伏电站设备检修、光伏电站调度自动化系统、光伏电站继电保护和安全自动装置、光伏电站通信系统等。

光伏电站运行值班人员应执行电网调度机构值班调度员的调度指令。电网调度机构调度管辖范围内的设备,光伏电站按照调度指令执行操作,并如实告知现场情况,答复电网调度机构值班调度员的询问。电网调度机构调度许可范围内的设备,光伏电站运行值班人员操作前报电网调度机构值班调度员,得到同意后方可按照电力系统调度规程及光伏电站现场运行规程进行操作。光伏电站在紧急状态或故障情况下退出运行时，应立即向电网调度机构汇报，经电网调度机构同意后按调度指令并网。光伏电站做好事故记录并及时上报电网调度机构。光伏电站参与地区电网无功功率平衡及电压调整，保证并网点电压满足电网调度机构下达的电压控制曲线。当光伏电站的无功补偿设备因故退出运行时，光伏电站应立即向电网调度机构汇报，并按指令控制光伏电站运行状态。光伏电站出力为零时，无补偿设备也需具备电网调用的能力。

光伏电站应在规定时间向电网调度机构申报次日发电计划，每15min自动向电网调度机构滚动申报超短期发电计划。光伏电站按照电网调度机构的要求定期进行年度和月度电量预测，并申报年度、月度发电量计划。光伏电站执行电网调度机构下达的计划曲线（包括滚动修正的计划曲线）和调度指令。光伏电站定期统计分析发电计划执行情况，并根据电网调度机构要求上报。

四、分布式新能源调度运行管理

本节介绍的分布式新能源调度运行管理要求主要涉及以下类型分布式电源：10（6）kV及以下电压等级接入，且单个并网点总装机容量不超过6MW的分布式电源；10（6）kV电压等级接入，且单个并网点总装机容量超过6MW，年自发自用电量大于50%的分布式电源；35kV电压等级接入，年自发自用电量大于50%的分布式电源。分布式电源的类型包括太阳能、天然气、生物质能、风能、地热能、海洋能、资源综合利用发电等。分布式电源主要依据《分布式电源调度运行管理规范》等相关管理规定开展管理，包括并网与调试管理、运行管理、检修管理、继电保护及安全自动装置管理、通信运行和调度自动化管理等。

1. 分布式电源运行的基本要求

（1）省级和地市级电网范围内，分布式光伏发电、风电、海洋能等发电项目总装机容量超过当地年最大负荷的1%时，电网调度部门需要建立技术支持系统，对其开展短期和超短期功率预测。省级电网公司调度部门分布式电源功率预测主要用于电力电量平衡，地市级供电公司调度部门分布式电源功率预测主要用于母线负荷预测，预测的时间分辨率为15min。

（2）省级和地市级电网范围内，分布式电源项目总装机容量超过当地年最大负荷的1%时，电网调度部门需建立技术支持系统，对其有功功率进行监测，监测的时间分辨率为15min。

（3）分布式电源运行维护方服从电网调度部门的统一调度，遵守调度纪律，严格执行电网调度部门制定的有关规程和规定。10（6）～35kV 接入的分布式电源，项目运行维护方根据装置的特性及电网调度都门的要求制定相应的现场运行规程，报送地市供电公司调度部门备案。

（4）10（6）～35kV 接入的分布式电源项目运行维护方，及时向地市供电公司调度部门备案各专业主管或专责人员的联系方式。专责人员应具备相关专业知识，按照有关规程、规定对分布式电源装置进行正常维护和定期检验。

（5）10（6）～35kV 接入的分布式电源，项目运行维护方指定具有相关调度资格证的运行值班人员，按照相关要求执行地市供电公司调度部门值班调度员的调度指令。电网调度部门调度管辖范围内的设备，分布式电源运行维护方必须严格遵守调度有关操作制度，按照调度指令、电力系统调度规程和分布式电源现场运行规程进行操作，并如实告知现场情况，答复调度部门值班调度员的询问。

2. 分布式电源正常运行方式下应满足的要求

（1）分布式电源的有功功率控制、无功功率与电压调节满足（GB/T 29319—2012）《光伏发电系统接入配电网技术规定》和（NB/T 32015）《分布式电源接入配电网技术规定》的要求。

（2）通过 10（6）～35kV 电压等级接入的分布式电源，纳入地区电网无功电压平衡。地市供电公司调度部门根据分布式电源类型和实际电网运行方式确定电压调节方式。

3. 分布式电源在特殊运行方式下应满足的要求

（1）电网出现特殊运行方式，可能影响分布式电源正常运行时，地市供电公司调度部门将有关情况及时通知分布式电源项目运行维护方和地市供电公司营销部门；电网运行方式影响 380/220V 接入的分布式电源运行时，相关影响结果通过地市供电公司营销部门转发。

（2）电网运行方式发生变化时，地市供电公司调度部门综合考虑系统安全约束，以及分布式电源特性和运行约束等，通过计算分析确定允许分布式电源上网的最大有功功率和有功功率变化率。

4. 分布式电源在事故或紧急控制下应满足的要求

（1）分布式电源应配合电网调度部门的要求以保障电网安全，严格按照电网调度部门指令参与电力系统运行控制。

（2）在电力系统事故或紧急情况下，为保障电力系统安全，电网调度部门限制分布式电源出力或暂时解列分布式电源。10（6）～35kV 接入的分布式电源按地市供电公司调度部门指令控制其有功功率；380/220V 接入的分布式电源需要具备自适应控制功能，当并网点电压、频率越限或发生孤岛运行时，应能自动脱离电网。

（3）分布式电源因电网发生扰动脱网后，在电网电压和频率恢复到正常运行范围之前，不允许重新并网。在电网电压和频率恢复正常后，通过 380/220V 接入的分布式电源需要经过一定延时后才能重新并网，延时值应大于 20s，并网延时时间由地市供电公司调度部门在接入系统审查时给定，避免同一区域分布式电源同时恢复并网；通过 10（6）～35kV 接入的分布式电源恢复并网，必须经过地市供电公司调度部门的允许。

（4）10（6）～35kV 接入的分布式电源因故退出运行，应立即向地市供电公司调度部门汇报，经调度部门同意后按调度指令并网。分布式电源需要做好事故记录，并及时上报调度部门。

第七章　新型电力系统

一、新型电力系统介绍

1. 新型电力系统的概念

新型电力系统是以新能源为供给主体，以确保能源电力安全为基本前提，以满足经济社会发展电力需求为首要目标，以坚强智能电网为枢纽平台，以源网荷储互动与多能互补为支撑，具有清洁低碳、安全可控、灵活高效、智能友好、开放互动基本特征的电力系统。

2. 新型电力系统的基本特征

（1）高比例新能源广泛接入。新型电力系统核心特征在于新能源占据主导地位，成为主要能源形式。随着我国碳达峰与碳中和目标的提出，新能源在一次能源消费中的比重不断增加，加速替代化石能源。未来我国电源装机规模将保持平稳较快增长，呈现出"风光领跑、多源协调"态势。

（2）高弹性电网灵活可靠配置资源。新型电力系统需要解决高比例新能源接入下系统强不确定性与脆弱性问题，充分发挥电网大范围资源配置的能力。未来电网将呈现出交直流远距离输电、区域电网互联、主网与微电网互动的形态。特高压交直流远距离输电成为重要的清洁能源配置手段。分布式电源按电压等级分层接入，实现就地消纳与平衡。储能与需求侧响应快速发展，预计 2060 年需求响应规模有望达到 3.6 亿 kW 左右，储能装机将达 4.2 亿 kW 左右，两者将成为未来电力系统重要的灵活性资源，保障新能源消纳和系统安全稳定运行。

（3）高度电气化的终端负荷多元互动。在未来终端用能结构中，电气化水平持续提升，电能逐步成为最主要的能源消费品种。电能替代、电动汽车、清洁供暖、屋顶光伏、家用储能设备及智能家居的广泛应用使用电负荷朝着多元化方向发展。在能源互联网背景下，既是消费者，又是生产者的全新模式改变着能源电力服务形态，需求侧响应、虚拟电厂及分布式交易越来越多地成为用户的新选择。

（4）基础设施多网融合数字赋能。我国正在建设的能源互联网是推动能源革命的技术路径。在物理层，能源互联网需要建设以新一代电力系统为基础，与天然气、交通、建筑等多个领域互联互通的综合能源网络。在信息层，电力网络逐步与现代通信网络融合，共同构建信息物理社会系统。在数据层，电力行业进行数字化转型，建设具有活力的电力数字生态。

3. 新型电力系统的发展阶段

（1）传统电力系统转型期。新能源快速发展，"双高"影响处于"量变"阶段，常规电源仍是电力电量供应主体，新能源作为补充。发用电的实时平衡仍然是主要特征，依靠以抽水蓄能为主体的成熟储能技术基本满足日内平衡需求。跨区输电、交流电网互联的规模进一步扩大并"达峰"。本阶段内，充分开发现有资源，挖掘可用技术潜力，同步开展支撑更高比例新能源的颠覆性技术研发。

（2）新型电力系统形成期。新能源成为装机主体，具备相当程度的主动支撑能力；常规电源功能逐步转向调节与支撑；大规模储能技术取得突破，实现日以上时间尺度的平衡调节。存量电力系统向新形态转变，交直流互联大电网与局部全新能源直流组网、微电网等多种形态共存。在此阶段，"双高"影响转入质变，已有的技术和发展模式面临瓶颈，颠覆性技术逐步成熟并具备推广应用条件。

（3）新型电力系统成熟期。依托发展成熟的颠覆性技术，完成全新形态的电力系统构建，新能源成为主力电源，发用电基本实现解耦。新能源以多种二次能源形式、多种途径传输和利用，将因地制宜地发展多种形态（如输电与输氢网络共存等）。这一阶段，颠覆性技术高度成熟并获得广泛应用，新型电力系统基本构建完成。

二、构建新型电力系统的关键技术介绍

（一）智能微电网

1. 智能微电网的概念

智能微电网指由分布式电源、储能装置、能量转换装置、负荷、监控和保护装置等组成的小型发配电系统，通过采用先进的互联网及信息技术，实现分布式电源的灵活、高效应用，同时具备一定的能量管理功能。一般来说，智能微电网

是规模较小的分散的独立系统，是能够实现自我控制、保护和管理的自治系统，既可以与外部电网并网运行，也可以孤岛运行。

2. 智能微电网的特征

智能微电网技术是新型电力电子技术、分布式发电技术、热电冷联产技术，以及储能技术的综合应用。其具有如下主要特点：

智能微电网中的电源大多是混合的，一般包括多个分布式发电（Distributed Generation，DG），如光伏电池、燃料电池、风力发电、生物质能、微型燃气轮机等，可以减少环境污染，提高能源利用效率，符合电力可持续发展要求。

当主网发生故障或扰动后，智能微电网可以从并网运行模式转换为孤网运行模式，能实现即插即用和无缝切换，具有独立运行能力，充分利用 DG 发电能力继续向重要负荷供电，提高向用户供电的可靠性。智能微电网不仅解决了 DG 大规模并网的问题，还发挥了它的效能，是能源互联网的基础，将促进能源互联网在需求侧应用的落地。

3. 智能微电网的应用

我国在可再生能源综合利用方面，微电网变流器、控制器等设备技术水平和世界同步，多能互补独立微电网系统示范规模世界领先。我国在可再生能源和电力行业的很多公司进行了研究部署，建立了多个示范系统。在国家 863 计划、科技支撑计划支持下，我国重点在边远地区、沿海岛屿建立了一批示范系统：建成世界第一个且海拔最高的青海玉树 10MW 级水、光、柴、储互补微电网示范工程，建立了浙江省东福山岛、鹿西岛、南鹿岛等 3 座兆瓦级风、光、柴、储互补微电网，浙江省摘辖山岛风、光、海流能、储互补微电网，广东省珠海市两座兆瓦级风、光、波浪能、柴、储互补微电网，山东省即墨大管岛波浪能、风、光互补发电系统等示范工程。

（二）虚拟电厂

1. 虚拟电厂的概念

虚拟电厂（Virtual Power Plant，VPP）指将分布式电源、可控负荷和储能系统、电动汽车等有机结合，通过配套的调控技术、通信技术实现对各类分布式能源进行整合调控和协调优化的载体，以作为一个特殊电厂参与电力市场和电网运行，对外等效成一个可控的电源。这个系统对外既可以作为"正电厂"向系统供电，也可以作为"负电厂"消纳系统的电力，起到灵活地削峰填谷等作用。从某种意义上讲，虚拟电厂可以看作是一种先进的区域性电能集中管理模式，为配电网和输电网提供管理和辅助服务。

2. 虚拟电厂的发展方向

虚拟电厂是对大规模新能源电力进行安全高效利用的有效形式。以风能和太阳能为代表的新能源具有显著的间歇性和强随机波动性，以此为一次能源的发电方式不仅会将这些特性继承下来，还会随时空范围的变化产生规律性改变。因此，若将单一形式的多台新能源发电机组规模化地接入大电网，将产生较严重的系统稳定性问题，这将是制约新能源电力大规模开发利用的瓶颈。虚拟电厂提供的新能源电力与传统能源和储能装置集成的模式，能够在智能协同调控和决策支持下对大电网呈现出稳定的电力输出特性，为新能源电力的安全高效利用开辟了一条新的路径。

虚拟电厂的建设对于完善我国的电力市场体制具有重要的促进作用。在对多种能源发电形式进行有效集成的同时，虚拟电厂在参与电力市场运营过程中，不仅具有传统发电厂具有的稳定出力和批量售电特征，还具有多样化电源集成的互补性和丰富的调控手段。因此，虚拟电厂在电力市场中既可以参与前期市场、实时市场，也可以参与辅助平衡市场，这将从根本上改变可再生能源发电依靠国家补贴，在电力营销中毫无优势的被动局面。

3. 虚拟电厂的社会效益

（1）解决电网局部阻塞问题。组织灵活可调节资源参与电网互动，实现削峰填谷，有效解决电网局部阻塞、过载重载问题，实现能效最大化。

（2）促进新能源消纳。挖掘负荷侧可调节资源潜力，促进分布式光伏等新能源全量接入和消纳。

（3）带动地方产业发展。通过培育虚拟电厂加强分布式资源聚合与管控能力，促使用户侧工商业、楼宇等进行智慧改造，加装自动功率控制装置等，衍生新产业、新业态。

（三）储能系统

1. 储能系统的概念

由储能元件组成的储能装置和由电力电子器件组成的电网接入装置成为储

能系统的两大部分。储能装置重要实现能量的储存、释放或快速功率交换。电网接入装置实现储能装置与电网之间的能量双向传递与转换，实现电力调峰、能源优化、提高供电可靠性和电力系统稳定性等功能。

2. 储能技术的分类

储能技术主要分为 3 类，分别为物理储能，如抽水蓄能、压缩空气储能、飞轮储能等；化学储能，如各类蓄电池、可再生燃料动力电池、液流电池、超级电容器等；以及电磁储能，如超导电磁储能等。

物理储能中最成熟、应用最普遍的是抽水蓄能，重要用于电力系统的调峰、填谷、调频、调相、紧急事故备用等。抽水蓄能的释放时间可以从几个小时到几天，其能量转换效率为 70%～85%。抽水蓄能电站的建设周期长且受地形限制，当电站距离用电区域较远时，输电损耗较大。压缩空气储能早在 1978 年就实现了应用，但由于受地形、地质条件制约，没有大规模推广。飞轮储能利用电动机带动飞轮高速旋转，将电能转化为机械能存储起来，在要时飞轮带动发电机发电。飞轮储能的特点是寿命长、无污染、维护量小，但能量密度较低，可作为蓄电池系统的补充。

化学储能种类比较多，技术发展水平和应用前景也各不相同，蓄电池储能是目前最成熟、最可靠的储能技术，根据所使用化学物质的不同，可以分为铅酸电池、镍镉电池、镍氢电池、锂离子电池、钠硫电池等。铅酸电池具有技术成熟，可制成大容量存储系统，单位能量成本和系统成本低，安全可靠和再利用性好等特点，也是目前最实用的储能系统，已在小型风力发电、光伏发电系统以及中小型分布式发电系统中获得广泛应用。

3. 储能在新型电力系统中的定位与应用

（1）新型电力系统赋予了储能更为重要的战略地位，使"源-网-荷-储"成为新型电力系统中不可或缺的要素。建设以新能源为主体的新型电力系统，关键是提高系统灵活调节能力，平抑新能源的短时波动，提高较长时段的系统平衡能力。储能可以进行大规模容量充放电，能有效地满足新能源大规模接入和用户用能方式升级带来的系统平衡新需求，支撑新型电力系统长时间尺度电力电量供需平衡，提高电力系统的安全性。目前，储能已在电力系统的发、输、配、用等各个环节均发挥重要作用，具有广泛的应用前景。

（2）储能技术重要的应用方向有：①风力发电与光伏发电互补系统组成的局域网，用于偏远地区供电、厂及办公楼供电；②通信系统中作为不间断电源和应急电能系统；③风力发电和光伏发电系统的并网电能质量调整；④作为大规模电力存储和负荷调峰手段；⑤电动汽车储能装置；⑥作为国家重要部门的大型后备电源等。

三、构建新型电力系统对电网调度工作的挑战

构建新型电力系统对省级和地市电网调度体系带来巨大挑战，具体体现在 3 个"变化"上。

（一）平衡模式发生显著变化

（1）从"省级平衡"到"省地县多级平衡"。在我国，省级电网作为独立平衡区的控制模式，已经持续几十年。对于地市电网而言，不存在平衡调节问题，装机和负荷的规模可能相差很大。分布式电源的发展改变了这一现状，以整县推进分布式光伏为例，一个市或一个县的分布式电源装机规模基本与其负荷水平相当，市、县级电网本身即可实现功率平衡。同时，以园区为主体的微电网和虚拟电厂不断涌现，对于连接在地市电网节点的一些微电网，其依靠自身冷热电联供、分布式光伏、储能储热等实现内部的功率平衡，只在个别时段和主网进行功率交换。因此，新型电力系统将是"省-地-县-微网"的多级平衡，地市电网将成为新的平衡主体，并支持和协调县级电网和微网的平衡。

（2）从"源随荷动"到"源荷互动"。在传统的平衡模式下，负荷是自变量，各类电源的出力都是根据负荷的变化而调整变化，是因变量。而新能源出力具有随机性、波动性和间歇性，无法像火电等传统电源出力跟随负荷变化，可能出现负荷高峰时段新能源出力很小或负荷低谷时段新能源出力很大的情况。因此，在新型电力系统的构建过程中，必须充分挖掘负荷侧的调节潜力，一方面充分利用市场机制引导负荷侧自发调整，另一方面要大力发展可调节负荷，将可调节负荷、储能等纳入电力电量平衡，实现可控负荷、储能和各类电源的协调互动。电源出力不必严格跟踪负荷曲线，二者实现解耦。考虑到火力发电动辄百万千瓦级别的装机，分布式光伏、可调节负荷、储能装机容量一般在兆瓦级别，省级电网很难直接调控一个个的小容量电源，未来地、县级电网将承担小电源汇集管理的责任，成为源荷互动的管理主体和执行主体。

（3）从"省调预测"到"省地融合预测"。与电网平衡模式相适应，传统的新能源功率预测是以省调为主体，负荷预测也是在地市负荷预测结果的基础上进行加总，得到省网负荷预测曲线，从而进行机组发电计划安排。在新型电力系统下，从个体来看，微网或虚拟电厂的运营商作为市场参与主体，需要对内部的新

能源和负荷分别进行预测，并将并网点的净功率交换计划提交给调度部门。从地县调来看，大量分布式光伏和分散式风电的接入使负荷曲线的形状发生根本性改变，单纯进行负荷预测已失去意义，必须对新能源和负荷进行分别预测，尤其是分布式新能源，并将预测结果进行融合分析。对地调而言，为了更精确地上报负荷预测，必须构建分布式新能源发电精准预测体系，并将分布式和负荷的预测也将进一步融合。对省调而言，在关注集中式新能源预测的基础上，将进一步融合分布式新能源预测，要求地市上报分布式新能源精准预测。

（二）运行控制发生显著变化

（1）从控制传统电源到控制新型电源（源荷储）。传统的电网运行控制对象是火、水、核等电源，近年来，集中式风电、光伏也被纳入控制体系，控制方式是通过有功控制系统、无功电压控制系统等下发指令，直接控制机组有功和无功出力。在新型电力系统下，随着源网荷储各类资源的涌现，新型控制对象除了传统的电源类型外，还包括分布式光伏、新型储能、可控负荷、微电网、虚拟电厂等。其中，分布式光伏的可调、可控是一个必然的方向，要在做好分层分级和经济化的基础上，逐步实现区域性有功控制，甚至于无功电压控制。新型储能将作为一类特殊电源参与到电网运行控制中，分散配置的储能可以和火电、风电、光伏等作为一个整体接收调度指令，集中式大规模的储能电站可单独接收调度指令，参与电网调节。虚拟电厂作为一个新型电源主体，本质是减少用电，其可以按照事先设定的发电计划曲线运行，也可作为独立的控制对象接收调度机构下发的有功、无功指令，对电网频率、电压进行调节。

（2）从省调集中控制到省地分散协同控制。电网运行的传统控制方式是分层分级集中控制，国-网-省-地-县五级调度中心大致按照设备等级分工协作，国调负责跨区域联络线路和变电设备的调度管理以及跨区域送电机组的出力控制；网调负责省间联络线路及变电设备的运行管理，控制网内点对网送电的机组出力；省调负责省内输配电设备和省内机组出力的控制。随着各类分布式电源、微电网、可控负荷的大量接入，以省调为主体的集中控制模式将导致控制成本急剧上升，因此，必须逐步向地调、县调下沉，采取省地分散协同的控制模式。对于每一个虚拟电厂或微电网，都有自己的控制中心，负责控制内部的各类可调节资源。对于整县开发的分布式光伏，也要建立县域的控制中心，根据接入电压等级，地调可对于每个控制中心下发总的控制指令，实现分散下的集中控制。如果条件成熟，在不同的控制中心之间也可以开展数据通信，实现更高级的自愈控制。

（3）从应对简单事件到复杂严重事件。电力系统发生极端严重故障的概率并不高，沿用多年的"N-1"和"N-2"可靠性标准确保了电网在经受简单预想故障时的安全运行。大量新能源的接入可能放大常规事件对电网的影响，事实上放大了系统的脆弱性。例如，连续月度的阴雨天气、冬季风机大规模覆冰，在光伏、风电装机占比不高时，对电网的影响并不显著；但在高比例新能源接入的条件下，可能导致供电能力不足，威胁电网安全运行。极端天气也会使严重故障越来越多，这种影响很容易突破"N-2"，导致多重故障的发生。电网运行必须做好面对更加复杂严重事件的准备。对地调而言，地区可调资源更少、平衡能力更弱，更亟待建立复杂严重事件的应对预案。

（三）体制机制发生显著变化

（1）从调度大电网到输配电网协同调度。随着高比例新能源的接入，尤其是分布式电源的大规模并网，对配电网的调度管理提出了更高要求。在技术手段上，地、县调要通过调度技术支持系统实现配电网设备运行信息的感知，实现对分布式电源的可观、可测、可调、可控，实现对可调节负荷的精准控制，配电网将变得更加友好和透明。在调度管理上，分布式电源外送的输变电设备也将纳入调度管理范围，在检修计划、方式安排、应急处置等方面，省调与地、县调的联系将更加紧密，实现输配电网的协同调度。

（2）从以省调作为新能源调度主体到省地两级调度作为新能源调度主体。集中式新能源场站接入的电压等级从 35～220kV，这一组电压等级恰好是省、地两级调度的调管范围。在实际运行中，对于风电机组和光伏单元，往往是由省调牵头负责从前期并网手续到后期运行管理的各项工作，并直接调度其有功出力，地调负责新能源站内升压设备的调度和管理。分布式电源多采用自发自用模式，调度很少进行干预。随着新能源并网规模的增加，一方面大量集中式新能源项目并网和运行已超过省调的业务承载能力，部分集中式新能源场站的调度管理业务需要下放给地调。另一方面，分布式和微电网的发展强化了地调对新能源的管理，地调在分布式电源的调度管理上将承担更多的责任。因此，省、地两级调度都会成为新能源调度和管理的主体。

（3）从计划到市场。当前部分省份正在试点进行电力现货市场改革，市场化改革的推进将使得电网生产组织方式发生根本变化。对于省级电网调度而言，在建立中长期、现货、辅助服务等省级各类市场有序衔接的市场体系基础上，还需要建立促进新能源消纳的市场机制，充分发挥新能源发电边际成本低的优势。对于地市调度而言，要积极参与省内电力市场建设，发挥基层能动性，主动推动省内辅助服务市场建设，吸引海量的储能、分布式、可调节负荷等各类资源进入市场。

（四）需要加强与开展的工作

（1）发挥地调在保障新型电力系统安全运行方面的支撑作用。在保障电力供应方面，发挥地县多级平衡的优势，快速响应省调平衡能力需求，构建源网荷储协同控制体系，完善平衡支撑手段，将现有平衡模式转变为全面考虑各类资源的一次、二次能源综合平衡。在保障安全稳定方面，加强研究分布式新能源、可控负荷、储能接入后对电网稳定特性的影响，改变传统上只考虑高电压等级、忽视低电压等级的不足，进行输配电网、源荷储的精细化建模，形成对新型电力系统的态势感知和控制决策能力。

（2）加强地县调协同管理，打造省地县融合的新型调度体系。随着整县分布式光伏的建设推进和微电网、虚拟电厂的接入，地调将成为分布式新能源调度运行和管理的新主体，县调也将成为新的控制中心。地县调应加快建设适应有源配电网调控运行的技术支持系统，并因地制宜地探索各类数据接入方式，实现分布式、负荷、微网等各类可控资源的可观、可测、可调和可控，并与省调调度计划、有功/无功自动控制等技术支持系统实现衔接。在管理上，建立省、地、县一体化的运行管控体系，实现各级调度业务的深度融合。

（3）构建分布式新能源管理体系，做好精准负荷预测和分布式新能源预测。随着分布式新能源逐渐成为区域电力和电量供应的主体，必须在地市电网构建分布式新能源管理体系，做好相关管理能力的提前布局，同时加强调度、营销、配网等多部门协同，实现营配调数据贯通、管理协同。全面构建分布式新能源精准预测体系，做好地区精准负荷预测，并与省调新能源功率预测系统联动，结合可调节负荷的计划制定，借助辅助服务市场，加强地区日内平衡管理。